DIXIA GUANDAO FUSHI
YU FANGHU JISHU

地下管道腐蚀与防护技术

冯拉俊 沈文宁 翟 哲 李善建 编著

化学工业出版社
·北京·

本书系统阐述了地下管道的腐蚀现状、土壤性质及土壤腐蚀评价方法、杂散电流腐蚀、表面防腐技术、电化学保护和其他防护方法以及地下管道的检测与维护等理论与技术，特别是对土壤的腐蚀评价、杂散电流腐蚀、管道内涂层的制备、新型添加稀土牺牲阳极、管道内缝隙腐蚀防护、地下管道的腐蚀检测与维护等进行了重点论述。本书还结合大量工程实践对已运行的石油管道腐蚀及防护效果进行了全面分析，给出了完善的整改方案，对新的研究成果和发展趋势也进行了综述。

本书涉及多学科领域，内容丰富，知识面广，可作为石油、化工、冶金、制药、电力等行业相关专业高校本科和研究生教材或教学参考书使用，也可供广大从事腐蚀防护的市政人员以及地下管道设计、施工、维护人员和电力设计科研人员、工程技术人员等参考。

图书在版编目（CIP）数据

地下管道腐蚀与防护技术/冯拉俊等编著. —北京：
化学工业出版社，2018.11
ISBN 978-7-122-33016-1

Ⅰ.①地… Ⅱ.①冯… Ⅲ.①地下管道-防腐
Ⅳ.①TU990.3

中国版本图书馆 CIP 数据核字（2018）第 214063 号

责任编辑：朱 彤 仇志刚　　　　　　　文字编辑：向 东
责任校对：王素芹　　　　　　　　　　　装帧设计：刘丽华

出版发行：化学工业出版社（北京市东城区青年湖南街 13 号　邮政编码 100011）
印　　装：北京科印技术咨询服务有限公司数码印刷分部
787mm×1092mm　1/16　印张 13½　字数 356 千字　2019 年 3 月北京第 1 版第 1 次印刷

购书咨询：010-64518888　　售后服务：010-64518899
网　　址：http://www.cip.com.cn
凡购买本书，如有缺损质量问题，本社销售中心负责调换。

定　　价：88.00 元　　　　　　　　　　　　　　　　版权所有　违者必究

前言

管道和管线是国民经济建设、人们生活的重要基础设施，是保障供应的主要通道。随着我国经济的快速发展，管道和管线运输已广泛应用于石油、化工、冶金、制药、电力、能源等行业。近年来，我国地下输油管线、天然气输送管线、输水管线、热力管线、排污管线，甚至包括输煤管线、电力通信管线等高速发展，在推动经济发展、造福民生的同时，如果管理和使用不当，造成的事故也屡有发生。管道安全运行事关国家经济安全，事关人民群众生命安全与健康。

地下管道服役环境苛刻，造成的危害往往比人们预想的大得多，如早在1977年4月沙特阿拉伯东部阿卜凯克的油井管线就发生了腐蚀爆裂，油气泄漏发生大火，造成巨大损失。在我国，此类现象也时有发生，地下管线往往会出现多种腐蚀同时发生或交错发生的状况，使地下管线的腐蚀更加严重，即使对于采取防护措施的管线，仍会出现地下输气管线爆炸、输水管线爆裂、热力管线漏气等事故。这主要是由于地下管道的腐蚀比普通介质腐蚀机理复杂，防腐蚀难度大。例如，地下管道内壁受输送介质的腐蚀，而外壁受土壤腐蚀，输送介质性质差异大，土壤环境复杂；地下管道杂散电流又加速了腐蚀，甚至有些常规防护手段在杂散电流的干扰下成为加速腐蚀的措施；地下管道的使用年限一般较长，检测困难，很多腐蚀只有在事故后才被发现，甚至有些腐蚀规律人们至今还没有完全掌握，导致常规的腐蚀防护技术难以达到防护要求。因此，做好管线腐蚀防护，及时采取有力的预防控制措施，有助于保障管线安全平稳运行。

本书以编著者多年研究为基础，将近年来地下管道腐蚀与防护的研究成果及实践经验进行总结和整理，主要包括对影响地下管道腐蚀的因素、腐蚀机理进行系统分析；对地下管道的防护技术、检测技术进行补充和完善，特别是对土壤的性质及腐蚀评价进行了讨论；还专门对已经运行多年的石油输送管道腐蚀防护效果进行解析和探讨。本书还结合大量工程实践对已运行的石油输送管道腐蚀及防护效果进行了全面分析，给出了完善的整改方案，对新的研究成果和发展趋势也进行了综述，以满足更多读者的实际需要。

本书在编写时还针对管道特点及地下管道腐蚀机理、土壤性质及腐蚀评价、杂散电流腐蚀、管道表面防护、电化学防护、其他防护技术、腐蚀检测及防护维护等内容顺序编写，层次清楚，希望能为石油、化工、冶金、制药、电力、能源等行业从事管道风险研究、运行监管及相关从业人员提供依据和参考。本书在编写过程中，作者的研究生进行了资料整理，并对书中插图进行了绘制。本书还得到了西安理工大学材料科学与工程学院、陕西省腐蚀与防护重点实验室的支持，在此表示感谢。

鉴于地下管道腐蚀的复杂性，防护技术的多样性，实验室研究的局限性，工程实践资料的不全面性以及作者知识水平所限，书中疏漏与不当之处在所难免，敬请读者批评、指正。

编著者

2018年6月

目录 ▶▶▶
CONTENTS

地下管道腐蚀概述

仅仅是几十年前，大多数农村人还挑水、做饭、洗衣，许多人还早晨倒马桶；即使生活在城市的人，能够使用液化气已是一项福利；许多化工厂、炼油厂采用油罐车拉油、运输石油产品；煤矿企业门前运煤车排长队，成为企业兴旺的标志。然而发展到今天，农村基本通了自来水，安装了下水道；城市用上了天然气；化工厂、炼油厂不再采用油罐车运输，而是采用了输油、输气管道；煤炭也被制成水煤浆输送到各大化工厂、发电厂。通过西气东输工程的建设，新疆的油气不仅通到北京，甚至输送到广州、上海等城市和地区。除此之外，还建设了中国和国外几个国家和地区之间的油气输送管网，使国外的油气直接输送到中国。这一切的一切，使国民经济建设的效率大大提高，人民的生活幸福指数倍增。然而输送管道越来越多，出现的问题也越来越多，特别是输送油气管线必须在城市地下铺设，一旦发生腐蚀破裂，将带来灾难性的事故。近年来，国内外油气管线破裂的事故时有发生，为此，减少地下管道的腐蚀、延长管道的使用寿命、减少灾难性事故的发生不仅是政府部门，而且是科技工作者必须面对的问题。要研究地下管道的防腐，首先必须了解地下管道的特征、腐蚀介质的特性以及腐蚀的类型。本章首先介绍地下管道的特征，然后介绍地下管道的腐蚀状况，为地下管道的防腐奠定基础。

第一节　地下管道基本概念

管道由于用途不同，制备的材料、加工工艺也是不同的。一般提及管道的特征参数是指材料、管径、厚度、粗糙度、长度、管件，更严格的还可分为无缝管、有缝管、螺旋管、压力管等。材料是管子的第一特征，它不仅关系到管子的使用寿命，而且关系到管子的耐压能力以及安装方式。管件是将管子连接构成管道的主要部件，涉及管子的连接、分叉、拐弯以及输送流体的控制。因此，它属于管道的一部分，一般管道都有相对应的管件。

一、管道常用材料

大多数金属材料、高分子材料、无机材料都可以加工成不同尺寸的管子，但为了通用性和互换性，没有特殊要求时，常用的地下管子有规范的尺寸和材料。常用的地下管道主要有以下五种。

1. 普通碳钢管

标准的碳钢管长度一般为 6m，为普通低碳钢材料，主要用于自来水管网、热力管道、煤气的进户管网等。为了防止腐蚀，常在管子表面进行镀锌防护。

碳素钢是指含碳量小于 1.35%，并含有少量的硅、锰、镍等其他合金元素的铁碳合金。按钢中碳的质量分数分类，碳素钢可分为碳含量≤0.25%的低碳钢、碳含量在 0.25%～0.6%的中碳钢和碳含量大于 0.6%的高碳钢。合金元素中锰含量小于 0.8%，硅含量小于 0.5%，镍、铬含量小于 0.3%。碳素钢按杂质硫、磷的质量分数可分为：硫含量≤0.055%、磷含量≤0.045%的普通碳素钢，硫含量≤0.040%、磷含量≤0.040%的优质碳素钢，硫含量≤0.030%、磷含量≤0.035%的高级优质钢。

2. 地下水管

地下水管道主要分为供水管道和排水管道。目前市售地下供水管道系统中，采用灰口铸铁、球墨铸铁及不锈钢材质的管道占了我国供水管道的大部分。灰口铸铁是碳含量在 2.7%～4.0%之间的铸铁管道，可在高压下使用，并具有耐腐蚀、成本低等优点，但灰口铸铁也存在硬而脆的缺点，且质量大、施工难度较高。球墨铸铁是由灰口铸铁铁水经球化处理后获得的，析出的石墨呈球状，具有较高的强度、韧性和塑性，已逐渐取代传统的灰口铸铁，但其价格较高。对于城市给水管道，在使用过程中为了保证水质，管道内部会使用水泥砂浆作衬里，外壁用沥青等防腐材料进行涂刷。

3. 输油管

目前，我国国内用于输送含硫原油的管线材质通常是 16Mn 钢，其化学成分为：碳含量 0.12%，硅含量 0.33%，硫含量 0.017%，锰含量 1.27%，磷含量 0.020%。16Mn 钢的屈服强度为 341MPa，拉伸强度为 490MPa，断裂伸长率为 293%。

4. 天然气输送管

由于早期天然气的输送动力仅靠天然气井口的压力，所以对输送管道的抗压要求不高，早期采用的管道为竹木管，后改为铸铁管。随着输送压力的逐渐提高，19 世纪 90 年代，天然气管道开始采用钢管。由于输送距离越来越长，以及世界对天然气需求量的日益增加，输送管道朝大口径、高压力方向发展。西气东输工程中主要使用的是我国试制的 X70 螺纹钢管，管径为 1016mm，壁厚为 14.6～26.3mm，输送压力为 10MPa。X70 管线钢中碳含量≤0.16%，硅含量≤0.45%，锰含量≤1.70%。在西气东输二线工程中已经成功使用 X80 管线钢，其管径为 1219mm，壁厚为 22mm，输送压力为 12MPa。而对于更高级别的 X90、X100 管线钢和管线焊管仍处于实验研究阶段。2012 年，我国立项了"X90、X100 高强度管线钢（管）技术开发及应用"的专项课题，旨在"西气东输"三期工程中进行该级别管线的试验铺设。

5. 高分子管

高分子管材与传统的金属、水泥管道相比，具有质轻、耐腐蚀、热导率小、绝缘性能好、内部不易结垢、流动阻力小、易加工、施工安装和维修方便等优点。发达国家早在 20 世纪 30 年代就开始生产应用，目前已经广泛用于住宅建筑、市政工程、农业和工矿企业等各个领域。其中，硬聚氯乙烯（UPVC）管是各种高分子管道中消费量最大的品种，它可用于非压力管网，例如给水管道、市政排污管、工业下水管、电工穿线管等。聚乙烯（PE）管则主要用于给水管和燃气管。除此之外，无规共聚聚丙烯（PPR）管也被大量使用，主要用于冷、热水管道及工业上的腐蚀性气体、液体、固体粉末的工艺管和排放管。

二、管壁粗糙度

铺设管道按其材质的性质和加工情况，大致可分为光滑管与粗糙管。通常把玻璃管、黄铜管、塑料管等列为光滑管；把钢管和铸铁管等列为粗糙管。实际上，即使是采用同一材质管子铺设的管道，由于使用时间的长短与腐蚀、结垢的程度不同，管壁的粗糙度也会产生很大的差异。

管壁粗糙度可用绝对粗糙度与相对粗糙度来表示。绝对粗糙度是指壁面凸出部分的平均高度，以 ε 来表示。表1-1列出了某些工业管道的绝对粗糙度数值。在选取管壁的绝对粗糙度 ε 值时，必须考虑到流体对管壁的腐蚀性、流体中的固体杂质是否会黏附在壁面上以及使用情况等因素。相对粗糙度是指绝对粗糙度与管道直径的比值，即 ε/d。

表1-1　某些工业管道的绝对粗糙度数值

管道类别		绝对粗糙度/mm
金属管	无缝黄铜钢管、不锈钢管及铝管	0.01～0.05
	新的无缝钢管或镀锌铁管	0.1～0.2
	新的铸铁管	0.3
	具有轻度腐蚀的无缝钢管	0.2～0.3
	具有显著腐蚀的无缝钢管	0.5 以上
	旧的铸铁管	0.85 以上
非金属管	干净的玻璃管	0.0015～0.01
	橡皮软管	0.01～0.03
	木管	0.25～1.25
	陶土排水管	0.45～6.0
	很好整平的水泥管	0.33
	石棉水泥管	0.03～0.8

三、管子直径

管子直径的表示方法分为公称直径、平均直径、管子内径、管子外径乘壁厚等几种表示方法。

1. 水煤气管

水煤气管用于输水、输煤气等时，大多采用公称直径表示管子直径。公称直径既不是管子的内径，也不是管子的外径。它是管子内径的数字取整后的一种表示方法。这种表示方法工程上被长期采用，并一直延续下来，一般用 in（1in＝0.0254m）表示。例如，1″管子，其管子的外径为33.5mm，厚度为3.25mm，则内径为27mm，内径接近1″，因此人们称为1″水管。水煤气管规格如表1-2所列。

表1-2　水煤气管规格

公称直径		外径	壁厚/mm	
mm	in	mm	普通管	加厚管
6	1/8	10	2	2.5
8	1/4	13.5	2.25	2.75
10	3/8	17	2.25	2.75
*15	1/2	21.25	2.75	3.25
*20	3/4	26.75	2.75	3.5
25	1	33.5	3.25	4
*32	5/4	42.25	3.25	4
*40	3/2	48	3.5	4.25
50	2	60	3.5	4.5
*70	5/2	75.5	3.75	4.5
*80	3	88.5	4	4.75
*100	4	114	4	5
125	5	140	4.5	5.5
150	6	165	4.5	5.5

注：1. YB 234《水、煤气输送管》适用于输送水、煤气及采暖系统和结构零件用的钢管。

2. "＊"为常规规格，目前1/2″、3/4″供应很少（符号"″"表示in）。

3. 依表面情况分镀锌的白铁管和不镀锌的黑铁管；依是否带螺纹分带螺纹的锥形或圆柱形螺纹管与不带螺纹的光滑管；依壁厚分普通钢管、薄壁钢管和加厚钢管。

4. 无螺纹的黑铁管长度为4～12m；带螺纹的黑铁管和白铁管长度为4～9m。

2. 无缝钢管

无缝钢管大多采用外径乘壁厚的方法表示管子直径。例如，$\phi 108mm \times 4mm$，表示管子的外径为 108mm，壁厚为 4mm；无缝钢管厚度变化较多，适用于不同的高压场合，因此必须给出管子的壁厚。普通热轧无缝钢管规格和常用冷轧无缝钢管规格如表 1-3、表 1-4 所列。

表 1-3　普通热轧无缝钢管规格

外径/mm	壁厚/mm	外径/mm	壁厚/mm
32	2.5～8	140	4.5～36
38	2.5～8	152	4.5～36
45	2.5～10	159	4.5～36
57	3～(13)	168	5～(45)
60	3～14	180	5～(45)
63.5	3～14	194	5～(45)
68	3～16	203	6～50
70	3～16	219	6～50
73	3～(19)	245	(6.5)～50
76	3～(19)	273	(6.5)～50
83	3.5～(24)	299	(7.5)～75
89	3.5～(24)	325	8～75
95	3.5～(24)	377	9～75
102	3.5～28	426	9～75
108	4～28	480	9～75
114	4～28	530	9～75
121	4～30	560	9～75
127	4～32	600	9～75
133	4～32	630	9～75

注：1. 壁厚（mm）有 2.5、2.8、3、3.5、4、4.5、5、5.5、6、(6.5)、7、(7.5)、8、9、(9.5)、10、11、12、(13)、14、(15)、16、(17)、18、(19)、20、22、(24)、25、(26)、28、30、32、(34)、(35)、36、(38)、40、(42)、(45)、(48)、50、56、60、63、(65)、70、75。

2. 括号内的尺寸不推荐使用。

3. 钢管长度为 4～12.5m。

表 1-4　常用冷轧无缝钢管规格

外径/mm	壁厚/mm	外径/mm	壁厚/mm
5	0.25～1.6	63	1.0～12
8	0.25～2.5	70	1.0～14
10	0.25～3.5	75	1.0～12
16	0.25～5.0	85	1.4～12
20	0.25～6.0	95	1.4～12
25	0.40～7.0	100	1.4～12
28	0.40～7.0	110	1.4～12
32	0.40～8.0	120	(1.5)～12
38	0.40～9.0	130	3.0～12
44.5	1.0～9.0	140	3.0～12
50	1.0～12.0	150	3.0～12
56	1.0～12.0		

注：1. 壁厚（mm）有 0.25、0.30、0.40、0.50、0.60、0.80、1.0、1.2、1.4、(1.5)、1.6、1.8、2.0、2.2、2.5、2.8、3.0、3.2、3.5、4.0、4.5、5.0、5.5、6.0、6.5、7.0、7.5、8.0、8.5、9.0、9.5、10、12、(13)、14。

2. 钢管长度：壁厚≤1mm，长度为 1.5～7m；壁厚＞1mm，长度为 1.5～9m。

3. 铸铁管

铸铁管常用于城市下水管道，有些也用于低压供水管。铸铁管一般用管子内径表示管径，例如 $\phi_{内} 75mm$，也被称为公称直径为 75mm 的铸铁管。部分铸铁管规格如表 1-5 所列。

表 1-5 部分铸铁管规格

公称直径/mm	内径/mm	壁厚/mm	有效长度/mm
75	75	9	3000
100	100	9	3000
125	125	9	4000
150	151	9	4000
200	201.2	9.4	4000
250	252	9.8	4000
300	302.4	10.2	4000
(350)	352.8	10.6	4000
400	403.6	11	4000
450	453.8	11.5	4000
500	504	12	4000
600	604.8	13	4000
700	705.4	13.8	4000
800	806.4	14.8	4000
900	908	15.5	4000

注：括号内的尺寸不推荐使用。

4. 塑料管

塑料管是近些年发展起来的，为了与现有钢铁管相匹配，因此，一般的塑料管的管径没有特别说明，与钢铁管的规格是相同的，常采用无缝钢管的表示方法，即管子外径乘壁厚。

5. 管件

管件是管道的重要部分，管件包括活接头、变径接头、阀门、弯头、三通、四通、堵头、流量计等，它的管径一般与所连管道的直径相同时，才便于安装。即使管道材料与管件材料不同，但其连接部位的管径是相同的。例如，水煤气管道中使用的连接活接头，若水煤气管直径为 4″，连接活接头也为 4″，但 4″活接头的内径和外径显然与主管道不同，但仍称为 4″活接头，是指它可以把 4″管子连接起来，方便工程施工和安装。

四、管道长度与直径设计

1. 管道长度设计

管道直径设计与管道的长度、管道的流量是密切相关的。一般来讲，工业生产的标准管子长度为 6m，而管道是一节一节管子连接而成的。管道设计得长，不仅浪费材料，而且由于流体在管道内产生阻力，使同样管径的管道流速变小，达不到预期流量。因此，在管道设计时，应尽可能使管道长度变短；若管道长度变短，同样流量下管道的直径也可能变小。在化工设计中，为了节约钢材，化工设备中使用的列管一般以 6m、3m、2m、

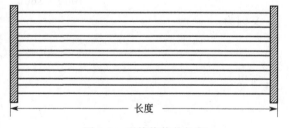

图 1-1 列管换热的长度

1m 的长度为宜，这样一根 6m 的管子截下部分也可以作为另一列使用。列管换热的长度如图 1-1 所示。

2. 经济管径设计

经济管径是指管道投资费用和管道内流体流动需要的动力费用均为最低时的管道直径。一般来讲，管道直径小，需用的钢材少，则投资低，但要完成一定的流体输送量时，管道直径小，流体在管内的流速高，高流速消耗的动力大，则日常用于动力的消耗费用高。两者之和为

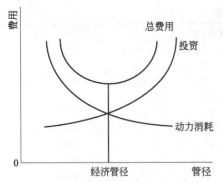

图 1-2 管径与费用关系

最低时的管径为经济管径，如图 1-2 所示。

经济管径取决于管道内的经济流速，根据物料守恒定律：

$$V=\frac{\pi}{4}d_{内}^{2}u \qquad (1-1)$$

式中，V 为体积流量；$d_{内}$ 为管子直径；u 为管内平均流速。

$$d_{内}=\sqrt{\frac{4V}{\pi u}} \qquad (1-2)$$

根据经验，管道内经济流速的范围见表 1-6。

表 1-6　某些流体在管道内的经济流速的范围

液体的类别及情况	流速范围/(m/s)	液体的类别及情况	流速范围/(m/s)
自来水(3×10^{5}Pa 左右)	1～1.5	一般气体(常压)	10～20
水及低黏度流体($1\times10^{5}\sim1\times10^{6}$Pa)	1.5～3.0	鼓风机吸入管	10～15
高黏度液体	0.5～1.0	鼓风机排出管	15～20
工业供水(8×10^{5}Pa 以下)	1.5～3.0	离心泵吸入管(水一类液体)	1.5～2.0
锅炉供水(8×10^{5}Pa 以下)	>3.0	离心泵排出管(水一类液体)	2.5～3.0
饱和蒸汽	20～40	往复泵吸入管(水一类液体)	0.75～1.0
过热蒸汽	30～50	往复泵排出管(水一类液体)	1.0～2.0
蛇管、螺旋管内的冷却水	<1.0	液体自流速度(冷凝水等)	0.5～1.0
低压空气	12～15	真空操作下的气体流速	<10
高压空气	15～25		

经济管道的计算方法如下所示。

【例】　某输水管道要求输水 50000kg/h，水的密度取 1000kg/m³，试选一合适的输水管。

解　根据物料守恒定律

$$\omega=V\rho$$

式中，ω 为质量流量，kg/h；V 为体积流量，m³/h；ρ 为密度。

计算出体积流量

$$V=\frac{50000}{1000\times3600}=0.0139(\text{m}^{3}/\text{s})$$

又因为

$$V=\frac{\pi}{4}d_{内}^{2}u$$

所以

$$d_{内}=\sqrt{\frac{4V}{\pi u}}$$

由表 (1-6) 可知，水的经济流速为 1.5～3.0m/s，因此选择供水的流速为 2m/s，即

$$d_{内}=\sqrt{\frac{4\times0.0139}{3.14\times2}}=0.094(\text{m})$$

查水煤气管规格表，所选的管径与 ϕ108mm×4mm 相近，则选用 ϕ108mm×4mm。

由于所选管径与计算的管径不相同，因此必须重新核定管内的流速，只有管内流速在经济流速范围内，所选的管径才是经济管径。选 ϕ108mm×4mm 无缝钢管，管内径为 $d_{内}=108-2\times4=100$(mm)，则

$$u = \frac{0.0139}{\frac{\pi}{4} \times 0.1^2} = 1.77 (\text{m/s})$$

管内流速在 $1.5 \sim 3\text{m/s}$ 的经济流速范围内，因此，所选管径为经济管径。

第二节　地下管道的腐蚀

地下管道腐蚀的最大特点是管道内、外同时腐蚀。一般提到的地下管道腐蚀是指管道内、外腐蚀最严重的一侧腐蚀，腐蚀较轻的一侧腐蚀往往放在次要位置。例如自来水管道的腐蚀，由于自来水的 pH 值在 7 附近，视为中性，自来水对管道的腐蚀较轻，因此，自来水管道的腐蚀主要以管道外的土壤腐蚀为主；而对于采油管道，管道内的 CO_2、H_2S、$NaCl$ 等腐蚀远远高于管道外的土壤腐蚀，这时一般强调管道内腐蚀，而管道外腐蚀与自来水管道外腐蚀相同。对于地下管道的腐蚀，应该同时考虑管道内、外的腐蚀。管道外的土壤腐蚀将在第二章土壤性质对地下钢铁管道的腐蚀速率影响一节中专门讨论，本节主要讨论管道内介质对地下管道的腐蚀影响。

一、输水管道的腐蚀

1. 清水管道的腐蚀

我国城市供水管道中金属管道占 90%，无论是铸铁还是碳钢管道，长期运行均会产生腐蚀和结垢。随着使用年限的增加，金属管道内的腐蚀越来越严重，腐蚀、结垢后的管道常会引起"红水""黑水"等二次污染的现象，给人们的日常生活带来安全隐患。此外，管道的腐蚀和管垢的生成还会降低管道的有效过水截面，增加水头损失，提高供水成本；同时会使水质恶化，水内微生物含量增加，从而进一步恶化水质并加速管网的腐蚀，服务年限超过 60 年的 100mm 铸铁管道有效过水截面已不到初始时的 30%。

对于给水管道内铁的腐蚀，金属铁作为阳极，发生氧化反应，释放电子，生成亚铁离子：

$$\text{Fe(s)} \longrightarrow \text{Fe}^{2+} + 2e^- \tag{1-3}$$

电子受体可以是溶解氧、氯或氢离子。大多数清水管道中的水呈中性，当溶解氧存在时，氧气的还原反应作为主要的阴极反应：

$$2H_2O + O_2 + 4e^- \longrightarrow 4OH^- \tag{1-4}$$

饮用水中的消毒剂 HOCl 和 NH_2Cl 也可以作为电子受体参与阴极反应，但通常情况下，这些物质的浓度远低于溶解氧的浓度。

$$\text{HOCl} + H^+ + 2e^- \longrightarrow Cl^- + H_2O \tag{1-5}$$

$$NH_2Cl + 2H^+ + 2e^- \longrightarrow Cl^- + NH_4^+ \tag{1-6}$$

在无氧或无消毒剂的情况下，析氢反应作为阴极反应：

$$2H^+ + 2e^- \longrightarrow H_2 \tag{1-7}$$

从热力学可行性分析，此反应只有在水的 pH 值小于 4 时才会发生。但也有研究表明，在缺氧和中性溶液中，伴随着金属氧化，有氢气生成。电化学反应生成的亚铁离子溶解释放到水中，或进一步发生化学反应沉淀在金属表面形成管垢，部分反应式如下所示：

$$\text{Fe}^{2+} + 2OH^- \longrightarrow \text{Fe(OH)}_2(s) \tag{1-8}$$

$$4\text{Fe(OH)}_2 + 2H_2O + O_2 \longrightarrow 4\text{Fe(OH)}_3 \tag{1-9}$$

$$2\text{Fe}^{2+} + 0.5O_2 + 4OH^- \longrightarrow 2\text{FeOOH}(s) + H_2O \tag{1-10}$$

$$\text{Fe}^{3+} + 3OH^- \longrightarrow \text{Fe(OH)}_3(s) \tag{1-11}$$

$$Fe(OH)_3(s) \longrightarrow \alpha\text{-}FeOOH(s) + H_2O \tag{1-12}$$

$$Fe^{2+} + CO_3^{2-} \longrightarrow FeCO_3(s) \tag{1-13}$$

$$3FeCO_3(s) + 0.5O_2 \longrightarrow Fe_3O_4(s) + 3CO_2 \tag{1-14}$$

$$2FeCO_3(s) + 0.5O_2 + H_2O \longrightarrow 2FeOOH(s) + 2CO_2 \tag{1-15}$$

$$(1-x)Fe^{2+} + S^{2-} \longrightarrow Fe_{(1-x)}S(s) \tag{1-16}$$

一方面，铁的腐蚀产物沉淀导致管垢的形成，降低铁腐蚀速率；另一方面，铁的腐蚀产物也会溶解到水中，加速铁腐蚀。此外，给水管网中还会发生微生物腐蚀，导致腐蚀的两类微生物分别为好氧类细菌（如铁细菌）和厌氧类细菌（如硫酸盐还原菌）。由于给水管道内的特殊环境，这两类细菌均存在并得以繁殖，其代谢过程与电化学腐蚀过程同时发生，这些微生物可直接参与并干扰电化学腐蚀过程，从而导致了微生物腐蚀的发生。虽然水体消毒剂 HOCl 和 NH_2Cl 能够杀死铁细菌和硫细菌等微生物，但是微生物腐蚀仍然会在管网末端和死角盲区发生。

铁细菌会将低价铁氧化为高价铁，并排出大量沉积物积累在管壁上，促进铁的阳极溶解过程，有时会堵塞管道；铁细菌又会在管道内壁附着生长形成结瘤，导致氧浓差局部腐蚀。铁细菌可分为自养型、异养型以及兼性型三种。存在于给水管道中的铁细菌多为自养型铁细菌，这种铁细菌利用自身新陈代谢作用将亚铁离子氧化为铁离子时有催化作用，促进了阳极去极化作用。同时，反应中生成的铁离子与体系中的氢氧根离子作用，生成大量氢氧化铁；这些氢氧化铁沉积物积累在管壁上，促进铁的阳极溶解过程，有时会堵塞管道。除此之外，生成的沉积物比较疏松，这些疏松的微孔使金属管道形成小阳极点，它与水中高浓度氧存在的大范围阴极区形成原电池，发生局部点蚀。其反应式如下：

$$Fe \longrightarrow Fe^{2+} + 2e^- \tag{1-17}$$

$$O_2 + 2H_2O + 4e^- \longrightarrow 4OH^- \tag{1-18}$$

$$Fe^{2+} + 2OH^- \longrightarrow Fe(OH)_2(s) \tag{1-19}$$

$$2Fe(OH)_2(s) + 0.5O_2 + H_2O \longrightarrow 2Fe(OH)_3(s) \tag{1-20}$$

总反应式为：

$$4Fe + 6H_2O + 3O_2 \longrightarrow 4Fe(OH)_3(s) \tag{1-21}$$

硫酸盐还原菌是一种厌氧菌，革兰氏阴性，在无氧条件下，促进了阴极去极化过程，即将硫酸盐还原成硫化物，加快管道的腐蚀结垢速率。硫酸盐还原菌造成的腐蚀常为点蚀，腐蚀产物为黑色硫化物。机理反应式如下：

$$Fe - 2e^- \longrightarrow 2Fe^{2+} \tag{1-22}$$

$$2H^+ + 2e^- \longrightarrow H_2 \tag{1-23}$$

$$SO_4^{2-} + 8H^+ \longrightarrow S^{2-} + 4H_2O \tag{1-24}$$

$$S^{2-} + 2H^+ \longrightarrow H_2S \tag{1-25}$$

$$Fe^{2+} + H_2S \longrightarrow FeS + 2H^+ \tag{1-26}$$

由于微生物腐蚀的机理是一个复杂过程，这个过程涉及化学学科、腐蚀学科、生命学科等，所以目前对于金属的微生物腐蚀机理尚不明确，虽可以用阴极去极化理论、浓差电池理论、沉积物下的酸腐蚀理论、阳极区固定理论、局部电池作用理论、代谢产物腐蚀理论等来解释微生物腐蚀，但都是对特定条件的分析，因此本节不再讨论。

2. 影响清水管道腐蚀的因素

清水管道的腐蚀过程受很多因素影响，如管道的材质、水力条件、pH 值、溶解氧浓度、碱度、温度、硫酸盐浓度、氯离子浓度、消毒剂种类及含量、天然有机物含量等。

（1）pH 值

pH 值是管网中铁的释放和管网腐蚀的重要影响因素，我国 2006 年颁布的《生活饮用水卫生标准》（GB 5749—2006）规定，出厂水的 pH 值应不小于 6.5 且不大于 8.5。由于管网中的二次污染，给水管道中的 pH 值可能略大于或略小于此值。有研究表明，低 pH 值可能增加腐蚀速率以及氧化剂浓度，高 pH 值可能有利于形成金属表面钝化膜，控制管网腐蚀及铁的释放。pH 值变化还会影响铁的各种氧化物和氢氧化物形成，进而影响铁的腐蚀速率和铁的释放。硫酸盐还原菌在 pH 值为 5.5～9.0 的环境下可以生存，最佳 pH 值为 7.0～7.5；铁细菌在 pH 值为 5.4～8.0 之间可以生存，最佳 pH 值为 5.4～7.2。调节清水 pH 值是控制管网腐蚀、微生物含量和铁的释放较为简便且有效的方法之一。较适宜的 pH 值应控制在 7.5～8.5 之间。

（2）碱度

增加水体的碱度可以提高其缓冲能力，进而能够辅助控制水体 pH 值变化，并影响 HCO_3^- 和 CO_3^{2-} 的存在。HCO_3^- 和 CO_3^{2-} 的浓度会影响很多铁腐蚀反应，如形成碳酸层的保护膜和由 $FeCO_3$ 和 $CaCO_3$ 组成的钝化膜。提高碱度通常还会降低管道失重和腐蚀速率，也会增加水中的离子强度和电导率，提高水体缓冲能力，降低"红水"现象的出现概率。

（3）溶解氧浓度

溶解氧是金属铁腐蚀的主要电子受体。因此，溶解氧浓度对管网腐蚀具有重要的影响作用，增加溶解氧浓度可能会加快铁的腐蚀速率。也有研究发现，钢管在水流静止时的腐蚀速率是其在水流流动时的 13 倍左右，这主要是由于流动水使溶解氧在管道表面形成钝化层，溶解氧浓度较高时会氧化二价铁，进而形成具有更强保护性能的氧化膜，如 Fe_3O_4 和 $FeOOH$ 等物质。此外，溶解氧还会影响水体中缓冲离子的作用。例如，当水中溶解氧浓度小于 1mg/L 时，会大幅度降低磷酸盐对管网腐蚀的抑制作用；而当溶解氧浓度在 1～6mg/L 之间时，趋势正好相反。另外，溶解氧也为微生物的生存代谢提供了条件：一方面，由于引起腐蚀的铁细菌属于好氧菌，溶解氧的存在对铁细菌的生存有利；另一方面，由于硫酸盐还原菌是一种厌氧菌，溶解氧的存在对其生长有不利影响；故溶解氧浓度对管道的电化学腐蚀及微生物腐蚀都有重要意义。因此，一般在锅炉热力管道中都要进行除氧，特别是热力管道，即使在夏季，也要在管网中注入清水。注水后氧主要溶解在水中，显然，溶解在水中的氧要比空管道中空气的含氧量低，把这种注水降低腐蚀的方法称为水保护。

（4）硫酸盐浓度和氯离子浓度

氯离子和硫酸根离子会干扰钙、铁保护层的形成，能够取代钝化层金属离子内相互连接的氢键，从而破坏钝化膜，与管垢发生化学反应，生成溶解态的亚铁离子，使附着在管垢上的钝化层被铁锈取而代之，从而加快管道腐蚀速率，也增加管网铁的释放。

$$FeOOH + Cl^- \Longleftrightarrow FeOCl + OH^- \tag{1-27}$$

$$FeOCl + H_2O \Longleftrightarrow Fe^{3+} + Cl^- + 2OH^- \tag{1-28}$$

$$2FeOOH + SO_4^{2-} \Longleftrightarrow (FeO)_2SO_4 + 2OH^- \tag{1-29}$$

$$(FeO)_2SO_4 + 2H_2O \Longleftrightarrow 2Fe^{3+} + SO_4^{2-} + 4OH^- \tag{1-30}$$

此外，硫酸根离子还会参与管网中的微生物反应。当水体中含有大量的硫酸根离子时，硫酸盐还原菌会发生硫酸盐的还原反应。

$$Fe^{2+} + 4Fe + SO_4^{2-} + 4H_2O \Longleftrightarrow 4Fe(OH)_2 + FeS \tag{1-31}$$

具有侵蚀性的氯离子，会加快铁的腐蚀速率，引起点蚀。氯离子浓度较大时，水体中离子活性增大、离子强度增加、离子迁移速率增大、腐蚀电流的电阻减小，加速了腐蚀反应，导致水中总铁含量增加。同时，水中余氯可杀灭参与腐蚀反应的细菌，这间接地影响了腐蚀速率，从而影响腐蚀效果。

（5）硝酸根离子浓度

硝酸根离子对铁的腐蚀影响较小，早期的中性水钝化液选用 $NaNO_3$ 溶液。然而在酸性溶液中，硝酸根离子会和铁单质进行反应，并生成铵根离子污染水体，且铵根离子会导致溶解氧的快速消耗。对于大多数细菌来说，铵根离子相对于硝酸根离子而言是一个更好的氮源，铵根离子的生成会引发微生物的生长及铁的腐蚀。

（6）温度

许多钢铁腐蚀因素都随着温度的变化而变化，例如溶解氧的浓度、溶液的性质（如黏性和离子活性）、亚铁离子的氧化速率、管垢的热力学性质（导致不同的形成过程或产物）、微生物活性等。此外，温度也会使管垢在物理性质上具有很大的不同，例如管垢密度和热力学膨胀系数。如果管垢暴露在不同梯度的温度中，有时会引起管垢脱落或破裂。

（7）总溶解性固体浓度

总溶解性固体浓度影响水中的离子强度，两者呈正相关并且总溶解性固体浓度增加会改变水中离子活性，增加水体电导率，进而加快腐蚀速率。此外，总溶解性固体浓度还影响管壁钝化膜的形成。若总溶解性固体主要含有 Cl^- 和 SO_4^{2-}，则会加速铁腐蚀；若总溶解性固体中主要含有 CO_3^{2-}、HCO_3^- 等离子，则会抑制铁腐蚀。

（8）流速

流速一方面提供充足的氧气加速腐蚀反应，另一方面又加速保护层的沉淀。当溶解氧达到饱和状态时，加快流速会加速钢铁腐蚀。若水中加入缓蚀剂，在较高流速下容易生成更致密的缓蚀保护层。一般在低流速或停滞状态，磷酸盐缓蚀剂效果很差，甚至有研究表明：在此种状态下，磷酸盐缓蚀剂没有效果，反而加速了铁的腐蚀。流速过高，会冲刷掉一些腐蚀产物，导致颗粒物的吸附与再悬浮，引起"红水"现象。

（9）BDOC 及 AOC

BDOC 中能被细菌直接合成细胞体的部分被称为可同化有机碳（AOC）。由于出厂水中残存的 BDOC 和 AOC 是管网中细菌生长和繁殖的主要诱因，因此二者是评价管网生物稳定性的两个重要参数。研究表明，AOC 值和 BDOC 值升高，将导致微生物量增加，从而导致腐蚀反应速率随之变化。

二、污水管道的腐蚀

城市排水系统是收集、输送、处理和排放城市污水和雨水的工程设施系统，是城市基础设施的重要组成部分，主要由室内排水设施、城市排水管道、污水泵站、污水处理厂和雨水处理设施等组成。城市排水管道是城市排水系统中收集和输送城市污水和雨水的环节。城市排水系统可分为合流制和分流制。合流制是指将生活污水、工业废水和雨水混合在一套管线进行收集、输送、处理和排放。分流制则是指将以上三类水分别在两套管线进行收集、输送、处理和排放，其中生活污水和工业废水由排水管道进行收集，进入污水处理厂进行处理；雨水进入雨水排水管道进行收集，排放到受纳水体。

生活污水含有大量有机物，工业废水多为工矿企业排放的生产废水、化工企业的化学试验废水及用来输送某些特定物料后的污水，这些污水对人们的身体健康都有很大的不利影响。而排水管道在输送这些污水的过程中，污水中的无机物、有机物、细菌微生物之间会发生一系列生物化学反应，使污水 pH 下降呈酸性，从而对管道内壁造成严重的腐蚀破坏，严重时管道会出现渗漏现象，进而带来一系列安全问题。

由于排水管道多处在比较恶劣的环境中，且输送的污水具有高腐蚀性，故多采用大口径混凝土管道，但经长时间使用后，管道内部仍会出现严重的腐蚀破坏。最初人们认为污水系统混凝土管道的腐蚀破坏只是化学反应造成的，但新近研究发现污水内的酸性物质并不会对混凝土排水管造成严重腐蚀，而是对钢铁管道造成腐蚀。

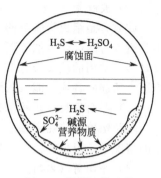

图 1-3　混凝土管壁的污水腐蚀作用机理

直至 1945 年，Parker 在墨尔本的研究报告中指出：排水管道中微生物新陈代谢产生的生物硫酸是导致混凝土管道严重腐蚀的重要原因之一。报告还给出了微生物对混凝土进行腐蚀的作用机理，如图 1-3 所示。在无氧环境下，某些还原菌会使管道底部的硫酸盐发生还原反应，从而生成 H_2S；随后被硫氧化细菌通过氧化反应形成硫酸。该硫酸渗入混凝土后，与混凝土内部的 $Ca(OH)_2$ 发生反应，分解了水泥的水化产物，从而使管道产生腐蚀。污水管道腐蚀的影响因素与清水管道相同，只是这些离子浓度要高于清水。

三、热力管道的腐蚀

1. 热力管道的腐蚀特点

热力管道一般为清水或蒸汽，高压清水对管道的腐蚀与清水管道相同，只是清水温度较高。常见的热力管道腐蚀为氧腐蚀，由于水中的溶解氧在高温下会析出，高温又加快了氧的腐蚀速率，因此热力管道除氧是极为重要的。氧腐蚀管道一般生成 Fe_2O_3。这种锈层结构疏松，使管道一层一层剥落，剥落的垢层又会堵塞管道或管件。

2. 热力管道的管件腐蚀破坏

热力管道的重要部件是波纹管膨胀节。波纹管膨胀节（波形补偿器）是为补偿因温度变化差异和机械振动等引起的附加应力而设置在管道上的一种挠性结构，是热动力管网热补偿的关键部件，其作用除了位移补偿外，还具有减振降噪和密封的功能。

波纹管膨胀节由波纹管和其他零件组成。其中，波纹管是一种柔性结构。膨胀节的位移补偿性能基本上是由波纹管提供的。简单的膨胀节基本结构如图 1-4 所示，实物图如图 1-5 所示。

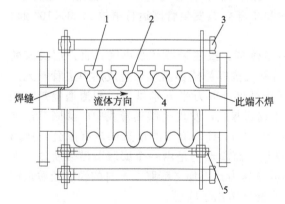

图 1-4　膨胀节的基本结构
1—均衡环；2—波纹管；3—导向螺栓；
4—内筒；5—固定螺栓

图 1-5　膨胀节实物图

（1）均衡环

用来增强波谷和波峰壁耐压能力并能使各波压缩位移均匀分布的"T"形截面圆环。此外，在 U 形波纹管膨胀节中用来增强波谷和波峰处耐压能力的圆形或者圆环形截面部件也称为均衡环。

（2）波纹管

波纹管是组成膨胀节的主要部件，是母线呈波纹形的回转薄壳体。它主要由耐蚀的奥氏体不锈钢或者耐蚀合金加工而成；也有非金属波纹管，如聚四氟乙烯（PTFE）波纹管、橡胶波纹管等。常用的波纹管有 U 形、C 形、S 形等，一般有单层和多层波纹管之分。膨胀节在实际应用中所起的各项功能（压缩、拉伸、吸振等）均由波纹管提供，是膨胀节的核心部件。

（3）导向螺栓（又称限位螺栓）

限位螺栓连接在膨胀节上，以限制波纹管在正常工作状态下的位移范围。在主固定支架失效的情况下，限位螺栓会承受全部的内压推力，还能防止波纹管过度伸长和防止其破裂。

（4）导向筒（内筒）

导向筒用于减小流体对波纹管内表面的冲刷和管内流体压力的损失，主要是用于输送高压高速流体的管道，一般带有内衬筒的膨胀节需根据介质流向焊于设备壳体或者管道上的焊缝，位于流体上游，不能装反。

（5）固定螺栓

固定螺栓用于防止波纹管在运输过程中因颠簸振动或者撞击而损坏，在现场待膨胀节安装完毕后拆除。

3. 波纹管膨胀节的失效现象

波纹管膨胀节有些安装在地下的井内，有些裸露在大气中，但在供热管网中膨胀节不同程度地浸泡在污水中，有半浸，有全浸，即使未浸的，井内也存在 $200 \sim 400mm$ 深的污水，井内气氛潮湿，膨胀节表面常常被淤泥、水垢等覆盖。膨胀节处于高温、高压状态，有时还伴有强腐蚀性介质，比如硫离子、氯离子、连多硫酸根等有害离子，金属波纹管在加工中的残余应力，以及工作中的介质压力和因位移而产生的工作应力等，导致波纹管膨胀节破裂失效，造成管内流体泄漏，引起很多安全事故。

2006 年住房和城乡建设部对我国北方城市集中供热管网的调查表明：我国自 $1981 \sim 2005$ 年，城市供热管道的长度由 280km 增长到 $7.13 \times 10^4 km$；架空敷设的管道长度为 6009km，只占总长度的 8.4%，其余均采用地下敷设，占总长度的 91.6%；按每 1km 一个膨胀节来计算，24 年的时间内新增了大概 6 万个膨胀节。$2001 \sim 2005$ 年，共发生管网运行事故 2.23×10^5 起，发生重大事故约 1400 起。

2013 年 2 月，长春市由于补偿器老化造成管道爆裂，致使附近 2 个小区几百户居民家的供热受影响；2013 年 11 月，郑州市某区供热主管网大拉杆补偿器撕裂，造成热力主管网无法运行，抢修时间 10 天；2013 年 12 月初，哈尔滨市某区 300 万平方米供热面积遭遇停热，经过关闭供水干线阀门、放水、开挖检查，2 天后才找到漏点，发现是供热管线中的膨胀节出现了泄漏，导致管道供热压力不足。另外，2010 年 12 月 14 日，哈尔滨市某供热有限公司所属的一根供热管道出现泄漏，影响了 16 万户居民供热，而漏点仍是由一个膨胀节破裂所致。由于冬季气温过低，常引发地下土层因受冻而产生异常压力，再加之膨胀节本身的性能及质量问题，导致近些年供热管网事故频发，故障原因多是膨胀节出了问题。

鉴于膨胀节容易爆裂，膨胀节常采用较耐蚀的材料，即使管道为碳钢，膨胀节也选择不锈钢材料，并适当地进行加厚处理，这种处理方式仅仅减少了膨胀节的均匀腐蚀，无法减少局部腐蚀。膨胀节局部腐蚀为应力腐蚀、点蚀和晶间腐蚀、焊缝腐蚀，它们相互作用、相互促进从而加速膨胀节破坏；对已破裂的膨胀节进行分析，发现膨胀节破坏主要是应力腐蚀开裂。

（1）应力腐蚀

应力腐蚀断裂（stress corrosion cracking，SCC）是不锈钢波纹管膨胀节腐蚀失效最常见的形式之一，是金属材料在某些特定腐蚀介质和应力（尤其是拉应力）作用下，腐蚀介质与应力共同作用产生的脆性断裂现象。

应力腐蚀的特征是形成腐蚀-机械裂纹，这种裂纹不仅可以沿晶间发展，还可以穿过晶粒。由于裂纹向金属内部发展，使金属或者合金结构的强度大大降低。通常只发生在对应力腐蚀敏感的材料和特定介质条件下，它是材料使用中失效乃至断裂的重要原因之一。一般情况下，金属大多数表面未受到破坏，但一些细小裂纹已经贯穿到材料内部，这种细微裂纹很难被检测到，其破坏也很难被预测，往往会发生不可预见的突然开裂。工程上常用的材料，如不锈钢、铜合金、碳合金、碳钢和低合金高强度钢等，在特定的介质中都能产生应力腐蚀。

(2) 点蚀和晶间腐蚀

不锈钢点蚀也是引发波纹管失效的主要原因之一。Kolotyrkin 及 Szklaska Smialowska 先后于 1963 年及 1974 年评述了这方面的工作。点蚀是金属材料在腐蚀介质中腐蚀一段时间后，在整个暴露于腐蚀介质中的表面上少数点或局部微小区域内出现腐蚀小孔，大部分表面不发生或发生轻微腐蚀，点蚀往往发生在易钝化的金属或合金表面上。

在实际应用中，由于不锈钢表面的钝化膜成分不均匀，组织结构复杂，如材料中存在夹杂物、贫铬区，加之介质中侵蚀性离子（Cl^-、S^{2-} 等）存在，会破坏金属表面钝化膜连续性，导致不锈钢点蚀发生。膨胀节制造的冷加工过程中材料发生了较大的塑性变形，使得材料晶粒发生滑移，产生大量位错露头。在膨胀节服役过程中，表面受到灰尘、杂物、侵蚀性离子的污染，使膜在这些区域较为脆弱，容易被破坏。一旦点蚀源产生，就会在点蚀源附近产生应力集中，微裂纹就会出现。图 1-6 为某企业热力管网膨胀节表面检测到的点蚀照片。

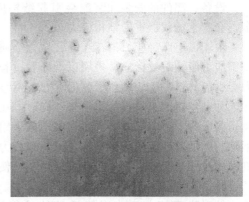

图 1-6 某企业热力管网膨胀节表面点蚀照片

当腐蚀沿着金属晶粒边界进行时，这种局部选择性腐蚀被称为晶间腐蚀。晶间腐蚀是由于晶界和晶粒之间电化学电位不均一性造成的。存在晶间腐蚀的不锈钢，表面看起来较为光亮，但轻轻敲击便会破碎成小的细粒。由于晶间腐蚀检查难度大，破坏很难被预测，所以危害性极大。统计资料认为这类腐蚀约占腐蚀破裂的 10.2%。20 世纪 30 年代初，Bain 等用贫铬理论阐述了奥氏体不锈钢的晶间腐蚀。晶界区杂质理论和第二相选择性溶解理论都从不同角度解释了晶间腐蚀。产生晶间腐蚀的原因是晶界物质的电化学电位与晶体本身不同，晶界处能量比较高，晶界处的刃型位错和空位较多，晶界处溶质原子和形成的杂质原子容易形成偏析，产生晶界吸附现象，导致晶界原子排列混乱无序，原子间距变大。在晶界处新相容易形成，造成某些合金元素的沉积。另外，有时新形成的相本身能量较高，容易腐蚀，引起晶界区腐蚀倾向增大。

4. 波纹管膨胀节遭受应力分析

拉应力是导致膨胀节应力腐蚀发生的必要条件之一，实际引起不锈钢波纹管膨胀节应力腐蚀的拉应力大致分为四种。

(1) 工作应力

即在工作载荷作用下产生的内力。波纹管膨胀节位移补偿过程是沿垂直于轴向的方向不断地进行热膨胀和冷伸缩，服役过程中必然会产生应力，称为工作应力。

(2) 残余应力

不锈钢在生产过程和设备制造加工过程中，在材料内部产生了内应力。所谓内应力，是指材料在无外加载荷作用下存在于其内部并保持平衡的一种应力。根据其影响范围的大小，内应力又可分为宏观和微观两种。设备中的残余应力，主要来源于冷加工成形和在加工过程中由于焊接或者加热、冷却工艺而引起的应力。冷加工可使零件的残余应力骤升到 500MPa，有些零件在焊接后，在与焊缝相同的方向上，零件的焊接残余应力可达 600MPa。因此，残余应力有时会大大超过工作应力，比工作应力更易引起波纹管的应力腐蚀。波纹管膨胀节在成形过程中，波峰和波谷产生的塑性变形差别很大，造成两处均有残余应力。加之焊接也会产生残余应力，造成波峰和波谷的内应力差别很大。

（3）热应力

热应力是由温差引起的应力。膨胀节在服役过程中，由于管道内流体温度会发生较大的变化，因此热应力存在于管道内的任何区域。

（4）结构应力

设备、部件的安装和装配会引起结构应力。膨胀节的加工、装配过程较为复杂，结构较多，会产生比较严重的结构应力。

由于以上四种应力的存在，在腐蚀介质的共同作用下，导致材料产生应力腐蚀。应力在不锈钢应力腐蚀裂纹形成、扩展以及断裂过程的作用主要有以下几个方面。①使钝化膜破裂，应力会引起材料产生较多新滑移面，在新滑移面上产生塑性变形，从而使位错移动造成钝化膜破坏，并且使新的金属面暴露出来；同时，还会增大钝化膜再形成的阻力。②使氯离子及氢氧根离子的吸附加速，应力变大时，氯离子吸附速度加快、数量增加，使得不锈钢耐应力腐蚀性能下降。③加速金属的阳极溶解过程。当应力增大到一定程度时，应力产生的腐蚀裂纹尖端会被机械式拉开或者产生新的塑性变形，从而使得不锈钢破裂加快。

5. 波纹管腐蚀破裂实例分析

针对陕西某电厂热力管道的波纹管漏气的实际问题，对失效波纹管进行检查分析。图 1-7 为热力波纹管膨胀节腐蚀破坏的外观照片。该热力管道的使用环境为内部有 90℃的软化水，外部暴露在波纹管井中。

图 1-7(a) 为清洗前的膨胀节外表面宏观照片，可以发现：锈蚀比较严重，表现出了严重的点蚀，表面有白色物质沉积。图 1-7(d) 为用除锈剂清洗后的膨胀节内表面宏观照片，可以看出：裂纹较多，从试样腐蚀情况来看，与土壤接触的膨胀节外表面沉积物和锈蚀产物沉积较多，而与管内流体接触的内表面存在多处裂纹。裂纹主要集中在波峰处，并且轴向裂纹［图1-7(c)］的数量多于横向裂纹［图 1-7(b)］，裂纹处没有明显的塑形变形，具有明显的方向性。

（1）膨胀节断口形貌和成分分析

在波纹管断裂处用机械切割方法取一小片带有断口的试样（规格为 8mm×8mm×2mm），切割过程中保证断口不受冲击和摩擦，用乙醇在超声波清洗器清洗断口，然后做断口扫描电镜形貌以及成分分析。图 1-8 为膨胀节断口处扫描电镜图，表 1-7 为膨胀节断口处主要元素的种类以及含量。

表 1-7 膨胀节断口处主要元素的种类以及含量

元素	质量分数/%	质量分数误差	原子百分数/%
O	4.63	0.50	14.37
Cr	18.22	0.90	17.39
Mn	2.68	0.75	2.42
Fe	64.15	1.41	56.75
Ni	8.20	1.21	6.93
Cl	2.21	0.31	2.13

从图 1-8(a) 可以看出：断口表面凹凸不平，呈泥纹状或者河流状花样，断面有塑性流变

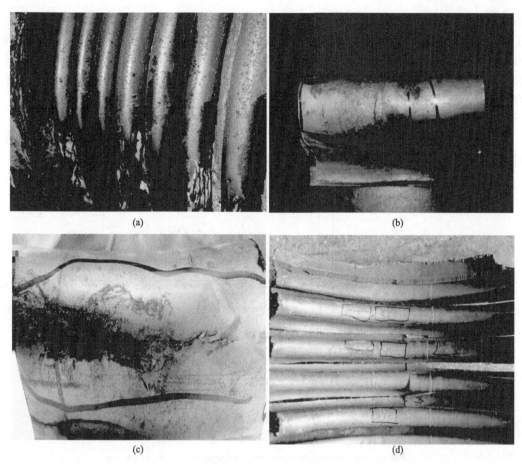

图 1-7　热力波纹管膨胀节腐蚀破坏的外观照片
（a）外表面；（b）横向裂纹；（c）轴向裂纹；（d）内表面

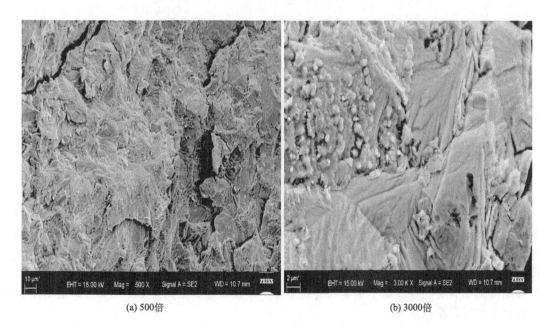

（a）500倍　　　　　　　　　　　　　（b）3000倍

图 1-8　膨胀节断口处扫描电镜图

痕迹和裂纹分叉现象，表面有微小裂纹产生，还发现撕裂状和一些二次裂纹。能谱显示断口处存在氯元素，含量为 2.21%。图 1-8(b) 为 3000 倍的断口形貌，断口有台阶状条纹，众多台阶相互交错，形成了图 1-8(a) 中的河流状花样，还发现存在一些较大台阶。这是由许多小台阶汇合而成，相邻台阶变化处为小角度的倾斜晶界，台阶的方向和裂纹扩展方向一致，具有阳极溶解型穿晶准解理断裂的特征。

（2）膨胀节表面沉积物、铁锈、盐垢的 XRD 分析

取波纹管外表面沉积物、内表面盐垢和锈蚀产物进行 X 射线衍射分析。图 1-9 和图 1-10 分别为膨胀节外表面沉积物和内表面盐垢的 XRD 谱图。

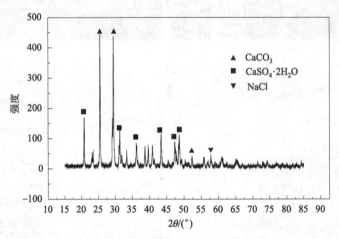

图 1-9　外表面沉积物 XRD 谱图

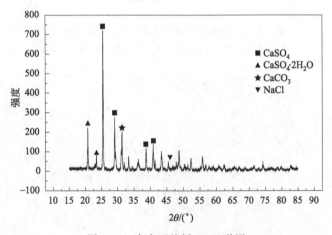

图 1-10　内表面盐垢 XRD 谱图

波纹管外表面沉积物和内表面盐垢经 XRD 测试后，结果显示：所含物相种类大体一致，主要为 $CaSO_4$ 盐和 $CaCO_3$ 盐。另外，还有相对较多量的 Cl^- 和 S^{2-} 等。这是由于供热管网的膨胀节埋设于地下，而土壤是由气、液、固三相物质构成的复杂混合体系，土壤中含有的侵蚀性离子，如 Cl^-、SO_4^{2-}、CO_3^{2-} 等都会在波纹管外表面产生沉积物，附着在外管壁上。而管内的高温流体中含有的一些离子也会在管内壁上产生沉积物，尤其是 Cl^- 和 S^{2-}，会对不锈钢波纹管产生比较严重的点蚀。

（3）波纹管表面裂纹的 SEM 分析

从波纹管断口附近切取带有微小裂纹的试样（5mm×4mm×2mm），用砂纸打磨到光亮，

用10％硝酸乙醇清洗试样，对其表面形貌进行观察。图1-11为波纹管膨胀节表面裂纹的SEM照片。

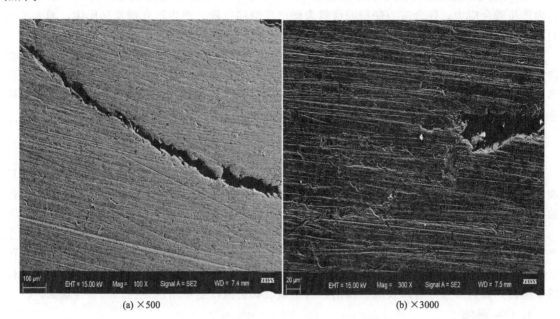

(a) ×500   (b) ×3000

图1-11　波纹管膨胀节表面裂纹的SEM照片

图1-11中清晰可见，波纹管中不仅存在较大的裂纹而且存在相当数量的小裂纹。

（4）表面点蚀坑分析

图1-12为膨胀节波峰处点蚀坑的宏观形貌和显微镜下的微观形貌。

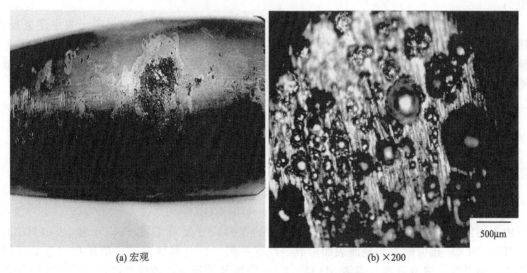

(a) 宏观   (b) ×200

图1-12　膨胀节波峰处点蚀坑的形貌

从图1-12(a)可以看出，点蚀坑主要出现在波纹管的波峰处，波纹管的外表面较多，由于波峰处应力较大，而且与含侵蚀性离子环境的接触较多，导致点蚀较多。

通过对陕西某热电厂提供的失效波纹管膨胀节试样的宏观检测、断口和裂纹的SEM分析、表面沉积物和铁锈的XRD分析以及波纹管的金相分析，可以得出如下结论。

① 波纹管膨胀节开裂属于应力腐蚀开裂，不锈钢中形变马氏体、残余应力、介质中氯离

子等侵蚀性离子的存在以及因素耦合作用，使膨胀节出现应力腐蚀开裂。

② 波纹管膨胀节加工成型和服役过程中，波峰、波谷和波侧处塑性变形的不一致，使波形内产生残余应力，残余应力使得波纹管表面出现滑移台阶，产生形变诱发马氏体，增大了应力腐蚀敏感性。膨胀节随着残余应力造成的应变滑移而加速溶解，符合滑移溶解机理。

③ 波纹管常年浸渍在地下，因高温介质水的加热冲击作用和地下复杂环境的影响，土壤和管内水中 Cl^- 以及其他侵蚀性离子使不锈钢钝化膜破裂，产生点蚀坑，点蚀坑使应力集中而形成裂纹源。由众多点蚀坑引起的腐蚀裂纹源发展形成微细裂纹，微细裂纹又沿着点蚀坑的轨迹发展，延伸扩展成宏观裂纹，致使膨胀节破裂失效。

四、石油管道的腐蚀

在油田开采过程中，油套管普遍存在腐蚀问题，这对整个油田开采过程具有一定的负面影响。特别是随着油田的不断开采，高温、高含水、高 CO_2、高 H_2S 井已是油田开采常态化的油井，使过去的油管耐蚀性大大降低。

采油管道常见的腐蚀问题主要集中在油水井、管线和相应机械设备，涉及整个油田的生产、输送和油气处理等全过程。由于各个油田生产环境不同，管道材质和防腐蚀性能以及腐蚀状况存在差异，但总体来说，油水井的管道腐蚀并不是均匀腐蚀，在一定情况下管道内壁不仅越来越薄，而且形成油管螺纹腐蚀沟槽，内壁呈坑状腐蚀以至于出现穿孔、开裂等现象。

1. CO_2 腐蚀

在油气开采中，CO_2 是一种常见的伴生气，主要来自于钻井时酸化工艺中盐酸等与地壳中碳酸盐的化学反应及人为注入 CO_2 驱油工艺等。CO_2 对金属极易造成局部腐蚀，在油气工业中，局部腐蚀对管道的穿透速率会比全面腐蚀高一个甚至多个数量级，因此 CO_2 腐蚀对集输管线的威胁远胜于全面腐蚀，我国新疆、四川、长庆等地油田正面临着严峻的 CO_2 腐蚀问题。

CO_2 溶于水形成碳酸使水溶液呈弱酸性，碳酸解离出氢离子，易夺取电子发生还原反应，促进金属的溶解腐蚀进程并生成难溶的 $FeCO_3$、$Fe(HCO_3)_2$，而且氢离子尺寸很小，可进入碳钢组织内部，氢离子反应生成氢气不断在钢材组织中聚集，产生非常大的应力，最终造成氢鼓泡或金属开裂。CO_2 溶于水后对钢铁的腐蚀可由下列化学式描述：

$$CO_2 + H_2O \Longleftrightarrow H_2CO_3 \tag{1-32}$$

$$H_2CO_3 \Longleftrightarrow H^+ + HCO_3^- \tag{1-33}$$

$$2HCO_3^- + 2e^- \Longleftrightarrow 2CO_3^{2-} + H_2 \tag{1-34}$$

$$Fe \Longleftrightarrow Fe^{2+} + 2e^- \tag{1-35}$$

$$Fe^{2+} + 2HCO_3^- \Longleftrightarrow Fe(HCO_3)_2 \tag{1-36}$$

$$Fe^{2+} + CO_3^{2-} \Longleftrightarrow FeCO_3 \tag{1-37}$$

由上述化学方程式可知，电化学反应产物的主要成分是难溶性 $FeCO_3$ 盐、$Fe(HCO_3)_2$ 盐，其中 $FeCO_3$ 盐可附着在金属表面形成一层保护膜，但其晶体形态、溶度积与金属基体的附着力受到温度、溶液流速、溶液 pH 值、CO_2 分压等的影响，该保护膜可以很大程度地影响钢铁的腐蚀速率。

（1）温度

温度是 CO_2 腐蚀的重要影响因素，随着温度升高，腐蚀产物的化学成分会发生变化。温度低于 50℃时，浸在 CO_2 水溶液中的碳钢表面会形成一种钝化膜，但该膜层较薄，且属于热力学不稳定状态，对金属的保护性较差；当温度升到 50~60℃时，虽然碳钢的腐蚀速率增大，但较高的温度却加速了腐蚀产物膜的形成和生长，使其厚度有所增加，且生成的腐蚀产物膜具有很低的溶解性,故可对金属表面起到很好的保护作用,使得此时碳钢的腐蚀表现为均匀腐蚀;当温度在 $60 \sim 110℃$ 范围时,生成的碳酸亚铁附着在金属表面,穿过阻挡层的传质过程决定着碳钢腐蚀速率,此时腐蚀产物疏松、晶粒粗大且分布不均,局部腐蚀现象严重;当温度高于 $150℃$ 时,腐蚀生成的 $FeCO_3$ 保护膜非常致密且与金属基体结合力很强,具有很好的保护作用。

一般来讲,温度较低时,无法形成 $FeCO_3$ 保护膜,随着温度的升高,碳钢的腐蚀速率增大,亚铁离子的生成速率增大,而在静态腐蚀介质中的亚铁离子无法快速扩散到主体溶液中,于是造成在碳钢表面富集的现象,进而导致 $FeCO_3$ 的生成速率增大。由于 $FeCO_3$ 的溶解度很小,于是在碳钢表面附着下来,$FeCO_3$ 的沉积速度越快,则保护膜的致密性越高,从而对金属的保护作用增强。但是,温度对金属腐蚀本身具有显著的加速作用。因此,温度造成的加速作用与产物膜的保护作用共同决定着金属腐蚀速率。

(2) CO_2 分压

CO_2 分压是影响 CO_2 腐蚀的直接因素。当 CO_2 分压过低时,不会对金属腐蚀造成明显影响;而随着环境中 CO_2 分压的升高,碳钢腐蚀速率出现先增大后减小的趋势。当 CO_2 分压在 $0 \sim 0.5MPa$ 时,钢材表面多为均匀腐蚀;当分压在 $1.5 \sim 2.0MPa$ 时,碳钢表面出现了局部腐蚀。

对于碳钢和低合金钢,CO_2 腐蚀环境中金属腐蚀速率可用 Waard 经验公式来估算:

$$\lg v = 0.671 \lg p_{CO_2} + C \tag{1-38}$$

式中,v 为腐蚀速率,mm/a;p_{CO_2} 为二氧化碳分压,MPa;C 为温度校正系数。

$$C = 7.96 - \frac{2320}{t+273} - 5550t \tag{1-39}$$

式中,t 为腐蚀环境中的温度,$℃$。

但上述公式具有一定的局限性,当温度低于 $60℃$ 且 CO_2 分压低于 $0.2MPa$ 时,计算结果基本符合实际情况;但当温度高于 $60℃$ 且 CO_2 分压大于 $0.2MPa$ 时,公式的计算结果高于实验测得的碳钢腐蚀速率,这主要是较高的 CO_2 分压下产生腐蚀产物膜的缘故。腐蚀产物膜对碳钢基体具有一定的保护作用,而且公式的局限性还在于没有包括腐蚀介质流动速率与金属元素含量分布对腐蚀速率的影响。

(3) 流体流动状态

腐蚀介质流动状态是 CO_2 腐蚀的一个重要影响因素,相对于静态腐蚀而言,动态腐蚀不仅要承受电化学腐蚀作用的侵蚀,还要承受流体力学因素带来的侵蚀,同时流动能够加强溶液的搅拌,及时向金属表面补充新鲜溶液,促进腐蚀介质扩散,导致金属腐蚀。腐蚀产物层会由于流体的流动而产生机械疲劳,阻碍腐蚀产物膜的形成或破坏腐蚀产物膜,将新鲜的碳钢基体不断暴露于腐蚀介质中遭受流体冲刷和腐蚀,最终导致腐蚀速率增大。

(4) pH 值

油气的 pH 值对 CO_2 腐蚀速率影响较大。对于不含其他强酸的 CO_2 溶液来说,pH 值对腐蚀的影响较小。当 pH 值 $\leqslant 4$ 时,N80 钢油套管在含饱和 CO_2 的 3% NaCl 溶液中的腐蚀速率随着 pH 值的增大而减小,这是因为强去极化剂 H^+ 浓度的减小减弱了溶液对钢的腐蚀;而当 pH 值 > 9 时,腐蚀速率会随着 pH 值的增大而减小,这是因为在碱性条件下,pH 值越高则腐蚀产物 $FeCO_3$ 的溶解度越低,加快了腐蚀产物在碳钢表面上的沉积速度,使腐蚀产物膜的覆盖程度提高,从而有效保护金属免受更严重的腐蚀;当溶液的 pH 值在 $4 \sim 9$ 之间时,改变溶液 pH 值却不会影响碳钢的腐蚀速率。

（5）金属热处理方式

油气集输钢管在加工后续处理中通常会进行热处理，以使金属组织结构发生改变，达到改善并控制金属的物理、化学和力学性能的目的。钢的热处理工艺一般为退火、正火、淬火、回火及表面热处理等，处理工艺一般经过加热、保温、冷却三个阶段，有时会省掉保温过程。热处理的管材表现出较好的耐蚀性。

2. H_2S 腐蚀

在油气田开采过程中的各类腐蚀性伴生气体中，H_2S 在水溶液中的溶解度最高，H_2S 溶于水溶液后立即发生电离，使溶液呈现酸性，从而对钢材产生腐蚀破坏作用。在 H_2S 的腐蚀环境中，其腐蚀类型通常包括两类：一类为电化学反应导致钢材 H_2S 环境开裂，其主要表现有硫化物应力开裂（SSC）和氢诱发裂纹（HIC），后者包括氢脆（HE）、氢鼓泡（HB）、氢致台阶式开裂（HIBC）等几种形式的破坏；另一类为电化学反应过程中阳极铁溶解形成的局部腐蚀或均匀腐蚀，这一点与 CO_2 腐蚀类型相似，其局部腐蚀表现为点蚀穿孔导致管材容易被刺穿，均匀腐蚀主要表现为管材的壁厚减薄。

H_2S 溶于水溶液后立即发生电离，从而加速钢材的电离反应：

$$H_2S \rightleftharpoons HS^- + H^+ \tag{1-40}$$

$$HS^- \rightleftharpoons H^+ + S^{2-} \tag{1-41}$$

在硫化氢溶液中，含有 H^+、HS^-、S^{2-} 和 H_2S 分子，它们对金属的腐蚀是氢去极化作用过程：

阳极反应 $$Fe \longrightarrow Fe^{2+} + 2e^- \tag{1-42}$$

阴极反应 $$2H^+ + 2e^- \longrightarrow H_{ad} + H_{ad} \longrightarrow H_2 \downarrow \tag{1-43}$$

$$H_{ad} \longrightarrow 钢中扩散$$

阴极反应的产物：

$$xFe^{2+} + yH_2S \longrightarrow Fe_xS_y + 2yH^+ \tag{1-44}$$

H_2S 的腐蚀中间产物和腐蚀产物主要有 FeS、Fe_9S_8、Fe_3S_4、FeS_2 等。由于腐蚀条件的差异，生成的腐蚀产物也会不同。当 H_2S 含量较低时，能够产生致密性较好的 FeS 和 FeS_2 腐蚀产物膜，它与基体结合良好，会抑制钢材的持续腐蚀，甚至可以使钢材达到近钝化状态；当 H_2S 含量较高时，则会生成疏松分层状或粉状的硫化铁产物膜，该产物膜不仅不能阻止 Fe^{2+} 再次接触腐蚀介质，反而还会与金属基体形成宏观电池，加速钢材的腐蚀。

有研究认为，H_2S 腐蚀环境中随着环境条件的变化，既可能加快钢材腐蚀，也可能抑制钢材腐蚀。在酸性介质溶液中，H_2S 促进阴极反应析出氢原子和加快阳极铁溶解速度，从而使腐蚀速率相应加快；而当 H_2S 在介质中浓度含量低于 0.44×10^{-3} mol/L 和 pH 值介于 $3 \sim 5$ 之间时，H_2S 对钢材的腐蚀作用很弱，归其原因是此条件下生成的 FeS 保护膜比较致密。

H_2S 在低浓度时的腐蚀作用，是由以下反应导致的。

$$Fe + H_2S + H_2O \longrightarrow FeHS_{ad}^- + H_3O^+ \tag{1-45}$$

$$FeHS_{ad}^- \longrightarrow Fe(HS)_{ad} + e^- \tag{1-46}$$

$$Fe(HS)_{ad} \longrightarrow FeHS^+ + e^- \tag{1-47}$$

腐蚀的中间产物 $FeHS^+$ 在电极表面不仅可以发生反应形成 FeS_{1-x}，也可以生成 Fe^{2+}，相关反应如下：

$$FeHS^+ \longrightarrow FeS_{1-x} + xHS^- + (1-x)H^+ \tag{1-48}$$

$$FeHS^+ + H_3O^+ \longrightarrow Fe^{2+} + H_2S + H_2O \tag{1-49}$$

H_2S 腐蚀形成最终腐蚀产物 FeS 的过程中首先形成中间产物 FeS_{1-x}。即使 H_2S 在介质溶液中浓度很低，当介质溶液 pH 值介于 3~5 之间，在腐蚀初期，H_2S 腐蚀速率也会较大，但随着时间的增长，平均腐蚀速率会逐渐下降。这是因为随着 FeS_{1-x} 逐渐转化为 FeS 和 FeS_2，能够起到屏蔽腐蚀产物膜下钢材与腐蚀介质接触的作用，此时 H_2S 抑制腐蚀的作用就表现出来。其中，影响硫化氢腐蚀的因素有：H_2S 浓度、pH 值、温度、CO_2 浓度、流速、腐蚀时间、氯离子等。

（1）H_2S 浓度

钢铁腐蚀速率与水溶液中 H_2S 浓度的关系如图 1-13 所示。由图 1-13 可知，在钢铁表面存在硫化铁保护膜的情况下，H_2S 超过一定值时，腐蚀速率反而下降，高浓度 H_2S 不一定比低浓度 H_2S 腐蚀更严重。当 H_2S 浓度在 1800mg/L 以后，H_2S 浓度对腐蚀速率几乎没有影响。如果含 H_2S 介质中还含有其他腐蚀性组分，如 CO_2、Cl^-、残酸等，将促使 H_2S 对钢材的腐蚀速率大幅度增高。

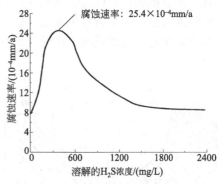

图 1-13 钢在不同浓度的
H_2S 水溶液中的腐蚀

（2）pH 值

H_2S 水溶液的 pH 值将直接影响钢铁腐蚀速率，通常 pH 值为 6 是一个临界值。当 pH 值小于 6 时，钢铁的腐蚀速率高，腐蚀液呈黑色，浑浊。有研究认为，气井底部 pH 值是决定油管寿命的重要数值。当 pH 值小于 6 时，油管寿命很少超过 20 年。

（3）温度

温度对腐蚀的影响较复杂。在低温区域内，钢铁在 H_2S 水溶液中的腐蚀速率通常随温度的升高而增大。有研究表明，在 10% 的 H_2S 水溶液中，当温度从 55℃升至 84℃时，腐蚀速率增大约 20%。但温度继续升高，腐蚀速率将下降，在 110~200℃间的腐蚀速率最小。

在室温下的湿 H_2S 气体中，钢铁表面生成的是无保护性的 Fe_9S_8。在 100℃含水蒸气的 H_2S 中，生成的也是无保护性的 Fe_9S_8 和少量的 FeS。在饱和水溶液中，碳钢在 50℃下生成的是无保护性的 Fe_9S_8 和少量的 FeS；当温度升高至 110~150℃时，生成的是保护性较好的 FeS 和 FeS_2。

（4）CO_2 浓度

CO_2 溶于水形成碳酸，使介质的 pH 值下降，加强介质的腐蚀性。CO_2 浓度对 H_2S 腐蚀过程的影响尚无统一认识。有资料认为，在含有 CO_2 的 H_2S 体系中，如果 CO_2 与 H_2S 的分压之比小于 500∶1 时，硫化铁仍是腐蚀产物膜的主要成分，腐蚀过程受 H_2S 控制。

（5）流速

碳钢和低合金钢在含 H_2S 流体中的腐蚀速率，在层流状态下通常是随着时间的增长而逐渐下降的。如果流体流速较高或处于湍流状态时，由于钢铁表面上的硫化铁腐蚀产物膜受到流体的冲刷而被破坏或黏附不牢固，钢铁将一直以初始的高速腐蚀，从而使设备、管线、构件很快受到腐蚀破坏。为此，要控制流速的上限，应把冲刷腐蚀降到最小。通常规定最大的气体流速低于 15m/s。但是，如果流速太低，可造成管线、设备底部积液而发生因水线腐蚀、垢下腐蚀等导致的局部腐蚀破坏。因此，通常规定气体的流速应大于 3m/s。

（6）腐蚀时间

在 H_2S 水溶液中，碳钢和低合金钢的初始腐蚀速率很大，约为 0.7mm/a。但随着时间的增长，腐蚀速率会逐渐下降。有研究表明：2000h 后，腐蚀速率趋于平衡，约为 0.01mm/a。

这是由于随着腐蚀时间的增长，硫化铁腐蚀产物膜逐渐在钢铁表面上沉积，形成一层具有减缓腐蚀作用的保护膜。

（7）氯离子

在酸性气田水中，带负电荷的氯离子基于电价平衡优先吸附到钢铁表面，因此，氯离子的存在往往会阻碍保护性硫化铁膜在钢铁表面形成。氯离子可以穿过钢铁表面硫化铁膜的细孔和缺陷渗入其膜内，使膜发生显微开裂，于是形成孔蚀核。由于氯离子的不断渗入，在闭塞电池作用下，加速了孔蚀破坏。在酸性天然气气井中，与矿化水接触的油套管腐蚀严重，穿孔速率快，这与氯离子作用有着十分密切的关系。

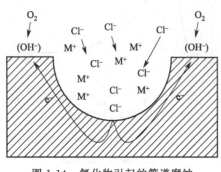

图 1-14　氯化物引起的管道腐蚀

3. 盐对石油管道腐蚀

原油中的可溶性盐会引起输送管道的腐蚀。由于原油输送管道的输送介质中常含有一定的水及氯化物，氯化物水解生成氯离子。氯离子极化度高、半径小，具有很高的极性和穿透性，易优先吸附于金属表面缺陷处，或在应力集中处富集，造成孔蚀腐蚀、垢下腐蚀和缝隙腐蚀等，如图 1-14 所示。当氯离子穿透金属表面膜形成孔蚀后，蚀孔内的金属发生溶解：

$$M \longrightarrow M^{n+} + ne^- \tag{1-50}$$

在这种情况下，一方面，蚀孔内的氧浓度下降，在蚀孔内、外形成氧浓差电池，使金属的腐蚀速率加快；另一方面，随着蚀孔内金属离子的不断增加，为了保持电中性，蚀孔外的氯离子将向蚀孔内迁移，蚀孔内的氯离子浓度升高，使蚀孔内金属处于 HCl 的介质之中，更进一步加速金属腐蚀；同时，蚀孔内的金属离子发生水解：

$$M^{n+} + nH_2O \longrightarrow M(OH)_n + nH^+ \tag{1-51}$$

影响氯化物对管道腐蚀的因素有 Cl^- 浓度、pH 值、温度及介质流动速率。

（1）Cl^- 浓度

当原油中 Cl^- 含量较低时，管道的腐蚀以均匀腐蚀为主；当原油中 Cl^- 含量逐渐升高时，腐蚀从均匀腐蚀逐渐转变为局部腐蚀，且随着氯离子浓度的增加，局部腐蚀越来越严重。

（2）pH 值

一般随着 pH 值的增加，金属更容易钝化。在酸性溶液中，随着 pH 值的增加，腐蚀速率减小；在中性溶液中，以氧去极化反应为主，腐蚀速率不受 pH 值的影响；在碱性溶液中，金属因发生钝化腐蚀速率减小；而对于两性金属，在强碱性溶液中，腐蚀速率会再次增加。

（3）温度

温度较高时，会增加 Cl^- 在金属表面的积聚和加强化学吸附作用，导致 Cl^- 穿透金属表面膜形成的活性点增多、点蚀电位降低、点蚀密度增加。温度过高，点蚀电位又会增加，这可能是因为温度升高，参与反应的物质运动速率加快，使蚀孔内反应物的积累减少及氧溶解度下降。

（4）介质流动速率

一般来讲，液体流动对点蚀具有一定的有利作用：一方面，流速增大有利于溶解氧向金属表面输送，使钝化膜易于形成；另一方面，可减少沉积物在金属表面沉积的概率，抑制局部点蚀的发生。流速对点蚀电位的影响不大，主要是对点蚀密度和深度有明显影响。

五、天然气输送管道的腐蚀

天然气输送管道分为两部分，一部分为由天然气气井至天然气净化站之间的输送管道，另一部分为净化站至用户之间的输送管道。在前一部分中，新开采的天然气实际上为一种混合气，除含有大量的烷类有机物外，还包含大量的水分、CO_2、H_2S、砂粒等。这部分管道腐蚀相当厉害，其中，砂粒对管道的冲刷腐蚀为主要的腐蚀形式。在天然气净化站经过除砂、脱水、脱硫等工艺后，干净的天然气被加压输送至用户。这部分天然气输送管道由于天然气中水分、盐分以及 CO_2 等含量较少，腐蚀相对较小，但这部分除了管道比较长外，还专门为输送的天然气中配加了一定浓度的四氟噻吩，也称为天然气加臭，这种物质在燃烧后一般无有害残留物。这是由于天然气输送管比输水管、输油管等危害系数大，一旦天然气输送管有一个小孔或其他原因发生泄漏，天然气这种可燃气体就会进入周围空气中，一旦遇到明火就会引起火灾，而天然气是无味、无色气体，不容易被发现，因此，人为地在干净天然气中加入臭味气体，一旦发生天然气泄漏，就会及早发现。尽管天然气净化站对天然气进行了净化处理，但天然气在运输过程中与管道内壁直接接触，从而使天然气中混杂了许多腐蚀性杂质，如水汽、硫化氢、二氧化碳、氯离子和硫酸盐还原菌等腐蚀性物质，在温度、流速、压力等因素的影响下，会使管道内壁发生严重腐蚀。根据天然气管道内腐蚀的介质环境划分，有以下三个显著特点。

（1）高温或高压环境

天然气管道大多敷设在高温高压的环境中，在高温高压条件下，材料的腐蚀规律和腐蚀机理不同于常温常压下的情况。多数情况下，在高温高压下管道材料更容易发生腐蚀，不过，有时材料在较高温度状况下，对抵抗介质腐蚀是有利的，比如温度在100℃以上时材料不会因为硫化物的腐蚀而破裂。

（2）气、液（烃相、水相）、固共存的多相流腐蚀介质

油气工业中的多相流是指气相、液相（包括烃相和水相）和固相多相共存且为流动的介质。与单相介质的腐蚀相比，多相介质的腐蚀情况更为复杂。多相流的腐蚀行为与多相流的冲刷有关，而多相流的冲刷腐蚀行为又与腐蚀反应物和腐蚀产物在流体中的流动过程有关。

（3）天然气中含有 CO_2、H_2S、O_2、Cl^- 和水分等腐蚀介质

天然气在输送过程中存在 CO_2、H_2S 等酸性气体，与水分共存时，会生成碳酸、氢硫酸等对天然气管道产生酸性的化学腐蚀，同时在管道内表面将发生电化学腐蚀。

天然气管道内的酸性溶液离解出 H^+，从而发生如下反应：

$$2H^+ + Fe \longrightarrow Fe^{2+} + H_2 \tag{1-52}$$

管道内壁发生上述酸性的化学腐蚀后，管壁表面的固有保护膜受到破坏，腐蚀介质进入金属晶体内部，进而产生电化学腐蚀。

发生电化学腐蚀时，腐蚀原电池的阳极区为金属溶解并放出电子：

$$Fe \longrightarrow Fe^{2+} + 2e^- \tag{1-53}$$

阴极区为 CO_2 和 H_2S 的氢去极化腐蚀。其中，H_2S 的氢去极化腐蚀的阴极反应过程为：

$$H_2S \longrightarrow HS^- + H^+ \tag{1-54}$$

$$HS^- \longrightarrow S^{2-} + H^+ \tag{1-55}$$

$$2H^+ + 2e^- \longrightarrow H_2 \uparrow \text{（或进入金属）} \tag{1-56}$$

CO_2 的氢去极化腐蚀的阴极反应过程为：

$$CO_2 + H_2O \longrightarrow H_2CO_3 \longrightarrow HCO_3^- + H^+ \tag{1-57}$$

$$2H^+ + 2e^- \longrightarrow H_2 \uparrow \tag{1-58}$$

O_2 腐蚀是氧去极化腐蚀，其阴极区的反应过程为：

酸性液：
$$O_2 + 4H^+ + 4e^- \longrightarrow 2H_2O \tag{1-59}$$

碱性液： $$O_2 + 2H_2O + 4e^- \longrightarrow 4OH^- \tag{1-60}$$

虽然 Cl^- 本身不会引起金属腐蚀，但其迁移率很高，可作为催化剂促进腐蚀。

当金属管道内壁表面绝对干燥时，不会产生电化学腐蚀，但几乎不存在绝对干燥的天然气管道，只要有水分存在，就会产生电化学腐蚀。所以，上述几种腐蚀可概括为：腐蚀剂是 CO_2、H_2S 和 O_2，催化剂是 Cl^-，反应载体是水分。在实际运行过程中，金属输送管道的电化学腐蚀过程远远比上述反应复杂，而且随着天然气中杂质的不同，阴极反应过程的腐蚀产物也会发生变化。电化学腐蚀既可以发生在管道内壁，也可以发生在管道外壁。当天然气中含有水分时，水在管道的内壁形成一层亲水膜，而天然气含有的 CO_2、H_2S 和 O_2 等溶解在水中就会变为电解质，经过上述反应过程，满足了原电池腐蚀的条件。但当天然气中含水量极少时，管道内壁的电化学腐蚀就不会很严重。严重的电化学腐蚀发生在埋地管道外壁。

除了上述 H_2S、CO_2、各种可溶性盐之外，输送介质中还常常夹带砂石，在较高流速下会对管道造成冲刷腐蚀。冲刷腐蚀是金属表面与腐蚀性流体之间由于高速相对运动而引起的金属损坏现象，是机械性冲刷和电化学腐蚀交互作用的结果。管道内流体的冲刷会加快腐蚀的传质过程，促进去极化剂（如 O_2）到达材料表面，从而加速管道的腐蚀；冲刷的力学作用会对材料表面产生磨痕，若来不及修复，新鲜的金属表面不能形成新的钝化膜，就会在磨痕内、外形成腐蚀原电池加速腐蚀；若输送管不存在钝化膜，冲刷或摩擦会除去依附金属表面的腐蚀产物暴露出新表面；材料表面在冲刷的作用下还会发生塑性变形，导致位错聚集，局部能量升高，成为腐蚀原电池中的阳极，从而使腐蚀加快；材料表面由于冲刷而变得粗糙，增大材料的比表面积，暴露面积的增加也会使腐蚀加剧。

六、地下管道的土壤腐蚀

大多数人认为土壤腐蚀比化学介质的腐蚀轻，但实际上，土壤腐蚀比化学介质的腐蚀防护难度大。管道中流过的化学介质是已知的，因此，可以对不同介质采用针对性的防护方法。而管道埋在地下，长度较长，经历的土质是千变万化的。在这些土壤中，不仅成分不同，而且常伴随着微生物、植物、杂散电流的影响，人们又不可能对地下管道的外防护采用分段处理，这样要找到一种对各种土壤介质均有防护作用的措施就十分困难。例如，有机涂层对化学介质防护有用，但可能会吸水；防水、防化学介质腐蚀的有机涂层可能是微生物的食料，这就会出现有机涂层的生物降解；还有些有机涂层是植物的营养，植物根系就会在这些涂层中生成。当地下管道穿过铁轨、高压线下时，会由于感应电流发生杂散电流腐蚀等。

影响地下管道土壤腐蚀的基本因素有：①土壤性质对地下管道腐蚀影响，例如水分、盐分、pH 值以及各种腐蚀离子等；②土壤中溶解氧的腐蚀；③细菌腐蚀；④杂散电流腐蚀。鉴于土壤腐蚀的因素比较复杂，将在后续章节中专门进行讨论。

第三节　地下管道腐蚀分类

分类的目的是找出同类腐蚀的规律，由于腐蚀是材料在介质中的破坏过程，而材料所处的介质也是千变万化的，因此要对腐蚀过程进行分类是很不容易的。目前还没有统一的分类方法，只能按腐蚀反应机理、腐蚀形态、耐蚀介质、地下管道外腐蚀等分类。

一、按腐蚀反应机理分类

1. 化学腐蚀

化学腐蚀指金属表面与非电解质直接发生纯化学作用而引起的破坏。它又可分为气体腐蚀和非电解质溶液腐蚀。化学腐蚀是在一定条件下，非电解质中的氧化剂直接与金属表面的原子相互作用，即氧化还原反应是在反应粒子相互作用的瞬间于碰撞的那一个反应点上完成的。在化学腐蚀过程中，电子的传递是在金属与氧化剂之间直接进行的，因而没有电流发生。

2. 电化学腐蚀

电化学腐蚀指金属与电解质因发生电化学反应而产生的破坏。任何一种按电化学机理进行的腐蚀反应至少包含有一个阳极反应和一个阴极反应，并与流过金属内部的电子流和介质中定向迁移的离子联系在一起。阳极反应是金属原子从金属转移到介质中并放出电子的过程，即氧化过程。阴极反应是介质中的氧化剂夺取电子发生还原反应的还原过程。由此可见，电化学腐蚀的特点有：

① 介质为离子导电的电解质；

② 金属/电解质界面反应过程是因电荷转移而引起的电化学过程，必须包括电子和离子在界面上的转移；

③ 界面上的电化学过程可以分为两个相互独立的氧化过程和还原过程，金属/电解质界面上伴随电荷转移发生的化学反应称为电极反应；

④ 电化学腐蚀过程伴随电子的流动，即电流的产生。

综上所述，电化学腐蚀实际上是一个短路原电池的电极反应结果，这种原电池又称为腐蚀原电池。油气管道在海水、土壤等的腐蚀均属于此类。

二、按腐蚀形态分类

就腐蚀破坏的形态而言，腐蚀可分为全面腐蚀和局部腐蚀。局部腐蚀又可分为点蚀、缝隙腐蚀、应力腐蚀、腐蚀疲劳、晶间腐蚀、磨损腐蚀和氢脆及成分选择性腐蚀等。

1. 全面腐蚀

全面腐蚀是一种常见腐蚀，是指在整个金属表面基本是均匀的腐蚀，故又称为均匀腐蚀。这类腐蚀的危险较小，也较容易控制，并且依据腐蚀速率可进行结构腐蚀控制设计和使用寿命预测。

2. 局部腐蚀

（1）点蚀

点蚀又称为坑蚀和小孔腐蚀。点蚀有大有小，在一般情况下点蚀的深度要比其直径大得多。点蚀经常发生在表面有钝化膜或保护膜的金属上。由于金属材料中存在缺陷、杂质和成分的不均一性等，当介质中含有某些活性阴离子（如 Cl^-）时，这些活性阴离子首先被吸附在金属表面某些点上，从而使金属表面钝化膜发生破坏；一旦这层钝化膜被破坏又缺乏自钝化能力时，金属表面就会发生腐蚀。这是因为在金属表面缺陷处易漏出基体金属，使其呈活化状态；而钝化膜处仍为钝态，这样就形成活性-钝性腐蚀电池。由于阳极面积比阴极面积小得多，阳极电流密度很大，所以腐蚀会向深处发展，金属表面很快就被腐蚀成小孔，这种现象被称为点蚀。

在石油、化工的腐蚀失效类型统计中，点蚀约占 $20\% \sim 25\%$。流动不畅的含活性阴离子介质中容易形成活性阴离子积聚和浓缩的条件，促使点蚀发生；粗糙表面比光滑表面更容易发生点蚀，pH 值降低、温度升高都会增加发生点蚀的倾向。氧化性金属离子（如 Fe^{3+}、Cu^{2+} 等）能促进点蚀的产生。但某些含氧阴离子（如氢氧化物、铬酸盐、硝酸盐和硫酸盐等）能防止点蚀。

点蚀虽然失重不大，但由于阳极面积很小，所以腐蚀速度很快，严重时可造成管道穿孔，使大量油、水、气泄漏；有时甚至造成火灾、爆炸等严重事故，危险性很大。点蚀会使晶间腐蚀、应力腐蚀和腐蚀疲劳等加剧，在很多情况下点蚀是这些类型腐蚀的起源。

（2）缝隙腐蚀

在电解液中，金属与金属或金属与非金属表面之间构成狭窄的缝隙，缝隙内有关物质的移动受到了阻滞，形成浓差电池，从而产生局部腐蚀，这种腐蚀被称为缝隙腐蚀。缝隙腐蚀常发生在设备法兰的连接处以及垫圈、衬板、缠绕与金属重叠处等，它可以在不同金属和不同腐蚀介质中出现，从而给生产设备的正常运行造成严重障碍，甚至发生破坏事故。在介质中，氧气浓度增加，缝隙腐蚀量也会增加；pH 值减小，阳极溶解速度增加，缝隙腐蚀量也会增加。活性阴离子的浓度增加，会使缝隙腐蚀敏感性升高。但是，某些含氧阴离子的增加反而会减小缝隙腐蚀量。

（3）应力腐蚀开裂

材料在特定腐蚀介质中在拉伸应力（包括外加载荷、热应力、冷加工、热加工、焊接等所引起的残余应力，以及裂缝锈蚀产物的楔入应力等）作用下，所出现的低于强度极限的脆性开裂现象，称为应力腐蚀开裂。应力腐蚀开裂是先在金属的腐蚀敏感部位形成微小凹坑，产生细长的裂缝，且裂缝扩展很快，能在短时间内发生严重的破坏。应力腐蚀开裂在石油、化工腐蚀失效类型中所占比例最高，可达 50%。

应力腐蚀的产生有两个基本条件：一是材料对介质具有一定的应力腐蚀开裂敏感性；二是存在足够高的拉应力。导致应力腐蚀开裂的应力可以来自工作应力，也可以来自制造过程中产生的残余应力。据统计，在应力腐蚀开裂事故中，由残余应力所引起的占 80% 以上，而由工作应力引起的则不足 20%。

应力腐蚀过程一般可分为三个阶段。第一阶段为孕育期，在这一阶段内，因腐蚀过程局部化和拉应力作用的结果，使裂纹形成；第二阶段为腐蚀裂纹发展期，当裂纹生成后，在腐蚀介质和材料所处拉应力的共同作用下，裂纹扩展；第三阶段中，由于拉应力的局部集中，裂纹急剧生长导致零件的破坏。在发生应力腐蚀破裂时，并不发生明显的均匀腐蚀，甚至腐蚀产物极少，有时肉眼也难以发现，因此，应力腐蚀是一种非常危险的破坏。一般来说，介质中氯化物浓度的增加，会缩短应力腐蚀开裂所需的时间。不同氯化物的腐蚀作用是按 Mg^{2+}、Fe^{3+}、Ca^{2+}、Na^+、Li^+ 等离子的顺序递减的。发生应力腐蚀的温度一般在 50～300℃ 之间。防止应力腐蚀应从减少腐蚀和消除拉应力两方面来采取措施：一是要尽量避免使用对应力腐蚀敏感的材料；二是在设计设备结构时力求合理，尽量减少应力集中和积存腐蚀介质；三是在加工制造设备时，要注意消除残余应力。

（4）腐蚀疲劳

腐蚀疲劳是在腐蚀介质与循环应力的联合作用下产生的。这种由腐蚀介质引起的抗腐蚀疲劳性能的降低，称为腐蚀疲劳。疲劳破坏的应力值低于屈服点，在一定的临界循环应力值（疲劳极限或称疲劳寿命）以上时，才会发生疲劳破坏。而腐蚀疲劳却可能在很低的应力条件下就发生破坏，因而它也是很危险的。影响材料腐蚀疲劳的因素主要有应力交变速度、介质温度、介质成分、材料尺寸、加工和热处理等。增加载荷循环速度、降低介质 pH 值或升高介质温度，都会使腐蚀疲劳强度下降；材料表面损伤或较低粗糙度所产生的应力集中，会使疲劳极限下降，导致疲劳强度降低。

（5）晶间腐蚀

晶间腐蚀是金属材料在特定的腐蚀介质中沿着材料的晶界腐蚀，使晶粒之间丧失结合力的一种局部腐蚀破坏现象。受这种腐蚀的设备或零件，有时从外表看仍是完好光亮的，但由于晶粒之间的结合力被破坏，材料几乎丧失强度，严重时会失去金属塑性，轻轻敲击便成为粉末。据统计，在石油、化工设备腐蚀失效事故中，晶间腐蚀占 4%～9%，主要发生在用轧材焊接的容器及热交换器上。一般认为，晶界合金元素的贫化是产生晶间腐蚀的主要原因。通过提高材料的纯度，去除碳、氮、磷和硅等有害微量元素或加入少量稳定化元素（钛、铌）以控制晶界上析出的碳化物，以及采用适当的热处理制度和适当的加工工艺可防止晶间腐蚀的产生。

（6）磨损腐蚀（冲刷腐蚀）

由磨损和腐蚀联合作用而产生的材料破坏过程叫磨损腐蚀。磨损腐蚀可发生在高速流动的流体管道内及载有悬浮摩擦颗粒流体的泵、管道中。在这些部位腐蚀介质的相对流动速度很高，使钝化型耐蚀金属材料表面的钝化膜受到过分的机械冲刷作用而不易恢复，腐蚀率会明显加剧。如果腐蚀介质中存在着固相颗粒，会大大加剧磨损腐蚀。

（7）氢脆

金属材料一旦吸氢，就会析出脆性氢化物，使机械强度劣化。在腐蚀介质中，金属因腐蚀反应析出的氢及制造过程中吸收的氢，是金属中氢的主要来源。金属的表面状态对吸氢有明显影响。

（8）成分选择性腐蚀

合金的成分选择性腐蚀又称为"脱合金元素腐蚀"或"选择性浸出"，这是合金中某种活性较强的组分（或相）优先脱除而遗留下一个蚀变残余结构的一种腐蚀形式。在适当的介质中，灰口铁、贵金属合金、中碳钢、高碳钢等合金都会发生成分选择性腐蚀。就介质条件而言，常见的成分选择性腐蚀多发生在水溶液中，在熔融盐、高温气体介质中某些材料也有成分选择性腐蚀出现。成分选择性腐蚀发生后材料会变成多孔性的，而且其强度、硬度和韧性都会大幅度降低。

三、按腐蚀介质分类

腐蚀介质类型较多，例如气相、液相、固相、高温、低温、酸性、氧化性等。地下管道按介质来分类，管内一般可分为：

① 清水管道腐蚀，包括城市供水、暖气供水、雨水管道等。

② 污水管道腐蚀，包括生活污水、工业废水管道。

③ 输气管道腐蚀，包括天然气管道和热风管道等。

④ 输油管道腐蚀，包括原油、精炼油品管道。

⑤ 工业气管道腐蚀，主要是化工企业的原料气管道，这种管道一般比较短。

⑥ 水煤浆输送管道腐蚀，这种管道虽然是近几年来才发展起来，但是有很好的发展前景。

四、地下管道外腐蚀分类

地下管道外腐蚀可统称为土壤腐蚀，但由于土壤的性质不同，例如酸碱度、含盐量、含水量、杂散电流干扰等因素不同，也可进行细分。

1. 按酸碱度对土壤分类

依酸碱度对土壤进行分类，可分为如下所示四类。

强酸性土壤	pH<5	中性土壤	pH 6.5~7.5
弱酸性土壤	pH 5~6.5	碱性土壤	pH>7.5

2. 按电阻率分类

为了区分土壤的含水量、孔隙率、含盐量，土壤电阻率可划分为电阻率大、较大、中、小四类。

土壤电阻率大	≥100Ω·m	土壤电阻率中	20~50Ω·m
土壤电阻率较大	50~100Ω·m	土壤电阻率小	<20Ω·m

3. 土壤腐蚀的评价

（1）土壤腐蚀性测试项目

土壤腐蚀性的测试项目包括 pH 值、氧化还原电位、腐蚀电流密度、电阻率、质量损失。测试项目的试样方法应符合表 1-8 规定的表征试验方法。

表 1-8 腐蚀性试验方法

序号	试验项目	试验方法
1	pH 值	玻璃电极法
2	氧化还原电位	铂电极法
3	腐蚀电流密度	三电极法
4	电阻率	四极法
5	质量损失	管罐法

（2）腐蚀性评价

土壤对地下材料的腐蚀性可分为微、弱、中、强四个等级，可按表 1-9 的规定进行评价。

表 1-9 土壤对地下材料腐蚀性评价

腐蚀等级	pH 值	氧化还原电位 /mV	电阻率 /Ω·m	杂散电流密度 /(μA/cm²)	质量损失 /g
微	>5.5	>400	>100	<3	<1
弱	5.5~4.5	400~200	100~50	3~10	1~2
中	4.5~3.5	200~100	50~20	10~20	2~3
强	<3.5	<100	<20	>20	>3

五、均匀腐蚀速率表示方法

1. 重量法

腐蚀后会引起材料的重量变化。大多数情况下，腐蚀后材料重量减小，即腐蚀前的重量大于腐蚀后重量。个别情况下也会出现腐蚀后材料的重量增加，即腐蚀后材料的重量大于腐蚀前重量。这是由于腐蚀产物附着在材料表面，并且难以除去。例如，铝管道腐蚀后，管道表面生成 Al_2O_3，这种 Al_2O_3 长在 Al 管道表面，使 Al 管道腐蚀后重量反而增大。因此，可根据腐蚀产物在管道表面的附着情况来选择腐蚀的表示方法。

若管道表面的腐蚀产物便于清除，则可采用失重法进行测量，并根据式(1-61)计算均匀腐蚀速率：

$$v^- = \frac{w_0 - w_1}{st} \tag{1-61}$$

式中，v^- 为腐蚀速率，$g/(m^2 \cdot h)$；w_0 为试样腐蚀前的重量，g；w_1 为试样腐蚀后的重量，g；s 为试样的表面积，m^2；t 为腐蚀时间，h。

若管道腐蚀产物全部很好地附着在管道表面上，或者脱落后也能收集，则可用增重法进行测量，并根据式(1-62)计算腐蚀速率：

$$v^+ = \frac{w_1 - w_0}{st} \tag{1-62}$$

式中，v^+ 为腐蚀速率，$g/(m^2 \cdot h)$。

腐蚀试验时间对腐蚀研究可能造成误差，因此必须恰当地确定试验周期。一般来说，金属腐蚀速率越快，试验时间应该越短；能形成保护膜或钝化膜的体系，试验时间则较长。在实验室中，一个周期的试验时间通常为 24~168h（1~7d）。如果腐蚀速率是中等或略低的，可粗略地由下式估计试验周期：

$$试验周期(h) = \frac{50}{腐蚀速率(mm/a)} \tag{1-63}$$

利用式(1-63)时，必须先假定一个时间，利用式(1-61)求出一个腐蚀速率，将这个假定时间内求出的腐蚀速率代入式(1-63)中，求出试验周期。在一次试验之后，再确定是否还需要进行更长时间的试验。

在海水、河水和土壤等现场挂片或埋片实验过程中，必须在各个不同的时间间隔之后逐组取出试片，进行检查和评定。有一个通则是，顺序取片的时间间隔每次要加倍，即各组试片相继取片的时间表为 1、2、4、8 和 16 等，时间单位可为年（a）、月（m）、天（d）或小时（h）。

2. 深度法

用重量法表示腐蚀速率存在没有考虑材料密度的问题。当两种不同密度的管道失重同样多时，用重量法表示无法判别其腐蚀程度。当不同密度的两种管道失重同样多时，密度大的管道腐蚀深度小，而密度小的管道腐蚀深度大。因此，可以用单位时间内的腐蚀深度表示腐蚀速率，单位通常为 mm/a。由于金属腐蚀的深度或管道变薄的程度更直观，使得腐蚀深度指标更具有实用价值。腐蚀深度可通过直接测量腐蚀前、后的尺寸获得，也可采用失重法测量结果，然后根据式(1-64)进行计算：

$$v = \frac{v^-}{\rho} \times \frac{24 \times 365}{1000} = 8.76 \frac{v^-}{\rho} \tag{1-64}$$

式中，v 为用腐蚀深度表示的腐蚀速率，mm/a；v^- 为失重法求得的腐蚀速率，g/(m² · h)；ρ 为材料密度，g/cm³。

根据每年的腐蚀深度，可将材料的耐蚀性按十级标准和三级标准进行分类。我国金属材料耐蚀性的三级标准如表 1-10 所示。

表 1-10　金属材料耐蚀性的三级标准

耐蚀性分类	耐蚀性等级	腐蚀速率/(mm/a)
耐用	1	<0.1
可用	2	0.1~1.0
不可用	3	>1.0

3. 电流密度表示法

大多数金属腐蚀为电化学腐蚀过程，被腐蚀金属为阳极，阳极发生氧化反应而不断溶解并释放电子。由法拉第定律可知，阳极每溶解 1mol 金属，通过的电量为 $1F$，即 96500C。根据此定律可求出阳极溶解的金属量，即

$$\Delta m = \frac{AIt}{nF} \tag{1-65}$$

式中，Δm 为阳极溶解的金属量，g；A 为金属的原子量；I 为电流，A；t 为通电时间，s；n 为电子转移数；F 为法拉第常数，$1F = 96500$ C/mol。

对于均匀腐蚀，整个金属表面的面积 S 可看作阳极面积，则腐蚀电流密度 $i_{corr} = I/S$。由此可得腐蚀速率 v^- 与 i_{corr} 的关系为：

$$v^- = \frac{\Delta m}{st} = \frac{A}{nF} i_{corr} \tag{1-66}$$

由式(1-66)可见，腐蚀速率 v^- 与 i_{corr} 成正比，因此，可用 i_{corr} 表征金属的腐蚀速率大小。以腐蚀深度表示的腐蚀速率与腐蚀电流密度 i_{corr} 的关系为：

$$v = \frac{\Delta m}{\rho s t} = \frac{A}{nF\rho} i_{\text{corr}} \tag{1-67}$$

若 i_{corr} 的单位为 $\mu A/cm^2$，ρ 的单位为 g/cm^3，则以不同单位表示的腐蚀速率为：

$$v^- = 3.73 \times 10^{-4} \frac{A}{n} i_{\text{corr}} [g/(m^2 \cdot h)] \tag{1-68}$$

$$v = 3.27 \times 10^{-3} \frac{A}{n\rho} i_{\text{corr}} (mm/a) \tag{1-69}$$

参 考 文 献

[1] 冯拉俊. 制浆造纸设备腐蚀与防护 [M]. 北京：中国轻工业出版社，1995.

[2] 天津大学化工原理教研室. 化工原理（上）[M]. 天津：天津科学技术出版社，1983.

[3] 杨志强. 不锈钢波纹管膨胀节失效分析及防止失效对策 [D]. 西安：西安理工大学，2015.

[4] 陈沂. 接地网的土壤加速腐蚀与防护研究 [D]. 西安：西安理工大学，2009.

[5] 杨怀玉，陈家坚，曹楚南，等. H₂S水溶液中的腐蚀与缓蚀作用机理的研究Ⅲ. 不同 pH 值 H₂S 溶液中碳钢的腐蚀电化学行为 [J]. 中国腐蚀与防护学报，2000，20（2）：97-104.

[6] 李善建，冯拉俊，董晓军，等. 喹啉与硫脲在含饱和 CO₂ 气井采出水中的协同效应 [J]. 天然气工业，2015，35（5）：90-98.

[7] 闫爱军，胡尾娟，曹英，等. 不锈钢、镀锌钢接地材料在土壤中的腐蚀规律研究 [C]. 2014 中国功能材料科技与产业高层论坛摘要集. 2014.

第一章

土壤性质及对地下管道的腐蚀影响

腐蚀是介质对材料造成的破坏，地下管道的土壤腐蚀是土壤介质对地下管道材料的腐蚀破坏，因此土壤的性质直接影响着地下管道的腐蚀速率、腐蚀形状。了解土壤的性质、土壤的分布以及土壤的变异，对地下管道的腐蚀与防护具有重要的意义。

第一节 土壤性质及腐蚀评价

土壤性质包括物理性质和化学性质。物理性质虽然不直接参与腐蚀反应，但为腐蚀提供了条件，例如，土壤的孔隙率直接影响土壤中氧气的溶解和扩散，土壤的含水量使土壤中化学介质浓度变化。而化学性质包括 pH 值、离子浓度等，这些性质可能直接参与腐蚀反应。因此，根据土壤的性质可以判断它对地下管道腐蚀的强弱。

一、土壤的物理、化学性质

1. 土壤的物理性质

土壤的物理性质主要包括土壤的胶体性质、土壤温度、土壤含水量、土壤容重、土壤孔隙率、土壤空气容量和土壤的颗粒等。

土壤含水量是决定金属在土壤中腐蚀行为的重要因素之一，它使金属在土壤中腐蚀行为更加复杂：一方面，水分使土壤成为电解质，为腐蚀电池形成提供条件；另一方面，含水量变化显著影响土壤的透气性等理化性质，进而影响金属的土壤腐蚀行为。

土壤中较大的孔隙率有利于氧渗透和水分保存，而氧和水分都是腐蚀初始发生的促进因素。透气性好可能加速腐蚀过程，但有时也可能使金属在土壤中更易生成具有保护能力的致密腐蚀产物层，阻碍金属的阳极溶解，又会减慢腐蚀速率。

2. 土壤的化学性质

土壤的化学性质主要包括土壤酸碱度、可溶性盐总量以及碳酸根、氯离子、硫酸根、硝酸根等的含量。土壤的化学性质对金属腐蚀速率有较大影响。

土壤中氢离子的活度和总含量首先会影响金属的电极电位。在强酸性土壤中，它通过氢离子的去极化过程直接影响阴极极化。随着土壤酸度增高，土壤腐蚀性增加，氢的阴极去极化过程已能顺利进行，强化了整个腐蚀过程。

土壤含盐量与土壤腐蚀性强弱有一定的对应关系，它不仅对腐蚀介质导电过程起作用，还参与电化学作用，直接影响土壤腐蚀过程，因此有人根据含盐量的多少来评价土壤的腐蚀性。然而，土壤中的盐分不仅种类多，而且变化范围大，使土壤腐蚀机理更加复杂。一般来讲，含盐量越高，电阻率越小，宏观腐蚀速率越大。不同盐分对土壤腐蚀的贡献也不同。

3. 土壤的电化学性质

土壤的电化学性质主要包括土壤电阻率、金属腐蚀电位、土壤电位梯度以及土壤氧化还原电位等。其中土壤电阻率和土壤氧化还原电位是评价土壤腐蚀的指标。

土壤电阻率是影响地下管道腐蚀的综合性因素，也是最重要的影响因素。一般土壤电阻率越小，土壤腐蚀性越强，因此有人根据土壤电阻率的高低来评价土壤腐蚀性的强弱。然而由于土壤含水量和含盐量在一定程度上决定着土壤电阻率的高低，它们并不呈线性关系，而且不同的土壤其含水量和含盐量差别较大，因此单纯地采用电阻率作为评价指标常常出现误判。

4. 土壤中的微生物

土壤中含有较多微生物时，对金属在土壤中的腐蚀具有明显的促进作用。这类微生物主要有厌氧的硫酸盐还原菌和好氧的硫杆菌、铁细菌等。土壤中微生物对地下碳钢管道的腐蚀是在微生物的生命活动参与下所发生的腐蚀过程，微生物自身对碳钢并不具有直接的腐蚀作用，而是其生命活动的结果参与腐蚀的间接过程。这种间接过程主要表现为新陈代谢的腐蚀作用（微生物能产生一些具有腐蚀性的代谢产物，如硫酸、有机酸和硫化物等，增强环境的腐蚀性）；微生物的活动影响电极的动力学过程（如硫酸盐还原细菌的存在，能促进腐蚀的阴极去极化过程）；改变金属周围环境的状况（如氧浓度、盐浓度及 pH 值等），形成局部腐蚀电池；破坏保护性覆盖层的稳定性。

二、土壤理化分析

1. 土壤样本采集与保存

因为地下管道埋设深度一般为 1m 以上，所以土壤样本应采集与地下管道埋设深度相同的土壤。利用环刀法采集计算土壤含水量和孔隙率时所需的自然土壤：将环刀托放在已知重量的环刀上，环刀内壁稍擦上凡士林，将环刀刃口向下垂直压入土中，直至环刀筒中充满土样为止。用修土刀切开环周围的土样，取出已充满土的环刀，细心削平环刀两端多余的土，并擦净环刀外面的土。同时，在同层取样用于测定土壤含水量，把装有土样的环刀两端立即加盖，以免水分蒸发。土壤采集的环刀法示意如图 2-1 所示。

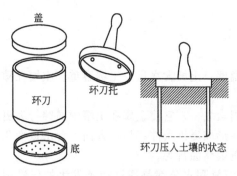

图 2-1 环刀法示意

2. 土壤含水量的测定

用灵敏度为 0.1g 的电子天平称得土样的质量，记录土样的湿质量 m_t，在 105℃烘箱内将土样烘 6～8h 至恒重，置于干燥皿中冷却 1h，然后测定烘干土样，记录土样的干质量 m_s，根据式(2-1)计算土样含水量。

$$\theta_m = \frac{m_t - m_s}{m_s} \times 100 \tag{2-1}$$

式中，θ_m 为土样的质量含水量，即土壤含水量，%。

3. 土壤孔隙率的测定

土壤孔隙率是通过土壤密度和土壤容重计算出来的。其中，土壤容重根据式(2-2)计算：

$$土壤容重 = \frac{(M-G) \times 100}{V \times (100+w)}(\text{g/cm}^3)\tag{2-2}$$

式中，M 为环刀与湿土的质量，g；G 为环刀质量，g；V 为环刀体积，cm^3；w 为土壤含水量，%。

土壤孔隙率通过式(2-3)计算，其中土壤的密度一般多在 $2.6\sim2.8\text{mg/m}^3$ 范围内，有机质含量高的土壤密度较低，计算时通常采用平均密度值。

$$土壤孔隙率 = \left(1 - \frac{土壤容重}{土壤密度}\right) \times 100\%\tag{2-3}$$

4. 土壤 pH 值的测定

测定土壤 pH 的仪器为 pHS-3C 型酸度计。称取通过 2mm 孔径筛的风干土样，按土样与蒸馏水 2.5∶1 混合，搅拌后静置 30min 后测定。将电极插入试样悬液中，静置片刻，按下读数开关，待读数稳定后记下的 pH 值即为土壤的 pH 值。

5. 土壤可溶性盐离子的测定

称取通过 2mm 孔径筛的风干土样，按土样与蒸馏水 5∶1 混合，并经过一定时间振荡后，将水土混合液进行过滤。滤液作为可溶性盐分测定的待测液，然后按照检测标准对溶液中的离子含量进行分析，最后换算成土壤可溶性盐离子的含量。

6. 土壤电阻率的测量

采用四电极法测量土壤电阻率，所谓四电极法即取四个接地电极在现场按直线排列，根据极间距离及测试仪读数即可求得土壤电阻率。测量仪器为 ZC-8 型探测仪，其具体操作方法如图 2-2 所示。

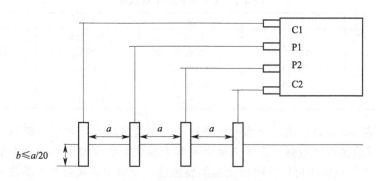

图 2-2　测定土壤电阻率示意

在被测区沿直线埋入地下 4 根探棒，彼此相距为 a，探棒的埋入深度 b 不应超过 a 的 1/20。打开两个 E 的联结片，用 4 根导线连接到相应的探棒上，摇动测量仪手柄产生交流电后，在仪表上读取数值 R，则土壤电阻率可按式(2-4)计算：

$$\rho = 2\pi a R\tag{2-4}$$

式中，ρ 为土壤电阻率，$\Omega \cdot \text{m}$；a 为探棒距离，m；R 为仪表读数，Ω。

7. 土壤氧化还原电位的测量

测量仪器为 pHS-3C 型酸度计。以铂电极为指示电极、饱和甘汞电极为参比电极，测定时将电极插入土中平衡 10min，并注意两电极靠近，以减小两电极间的电阻。仪器开关打开后，当 1min 内电位变化不超过 1mV 读数时，取出铂电极，清洗干净，重复测定，如此 6～8 次，弃去其中过高或过低的读数，取平均值。为了便于统一进行比较，将现场实际测得的电位 E_1 按式（2-5）换算成 pH=7 的氢标氧化还原电位 E。

$$E = E_1 + E_{SCE} + 0.059(pH-7) \tag{2-5}$$

式中，E 为氢标氧化还原电位，mV；E_1 为现场实际测得电位，mV；E_{SCE} 为饱和甘汞电极相对于标准氢电极的电位，mV；pH 为实测土壤 pH 值。

三、土壤腐蚀性评价方法

由于土壤成分、结构的复杂性，人们一般依据影响土壤腐蚀性强弱的土壤理化性质判断土壤腐蚀性。土壤理化性质一般由土壤电阻率、氧化还原电位、pH 值、含水量、土壤容重、氯离子、硫酸根离子、碳酸根离子、土壤含盐总量等几个指标表示。

1. 单项评价指标

单项评价指标是依据土壤理化性质中某一指标来评价土壤腐蚀性强弱。不同国家和地区的腐蚀工作者采取的方法不同。国内外经常采用的单项评价指标见表 2-1 和表 2-2。

表 2-1　土壤电阻率与土壤腐蚀性数据　　　　　　　　　　　　单位：Ω·m

国名	等　级					
	低	较低	中等	较高	高	特高
中国	>50	—	20～50	—	<20	—
美国	>50	—	20～45	10～20	7～10	<7.5
前苏联	>100	—	20～100	10～20	5～10	<5
日本	>60	45～60	20～45	—	<20	—
法国	>30	—	15～25	—	5～15	<5
英国	>100	50～100	23～50	—	9～23	<9

表 2-2　土壤腐蚀的单项指标

腐蚀性大小	极高	高	中等	低
土壤电阻率/Ω·m	0～5	5～20	20～100	>100
含水量/%	12～25	10～12 或 25～30	7～10 或 30～40	3～7 或 >40
含盐量/%	>1.2	0.5～1.2	0.2～0.5	0.05～0.2
pH 值	<4.5	4.5～5.5	5.5～7.0	7.0～8.5
氧化还原电位/mV	<100	100～200	200～400	>400

从表 2-1 和表 2-2 可以看出，土壤电阻率越小，含盐量越大，含水量越高（12%～25%）；pH 值越小，土壤腐蚀性就越强。由于土壤电阻率直接受土壤颗粒大小、含水量、含盐量的影响，多数情况下土壤电阻率可以反映出土壤的腐蚀性；土壤中含氧量与土壤湿度和结构有密切关系；土壤 pH 值和土壤中微生物与土壤所处地域有关。在所有土壤理化性质指标中，除了考虑土壤电阻率、土壤中含氧量、土壤 pH 值外，对于土壤细菌较多的场合，还应该考虑土壤中微生物的影响。

土壤电阻率由于其测定方法简便，因此比其他几种指标评价方便。虽然采用单项指标评价土壤腐蚀性有一定局限性，但作为一般性判断，还是有一定的参考价值，特别是在土壤腐蚀的主要因素相同、规律相近的情况下，利用主要因素进行评价是有积极意义的。

2. 综合评价指标

综合评价指标，就是选择某些对金属腐蚀影响比较严重的土壤理化性质进行综合考虑，采用打分的方式评价。目前常用的有德国的 DIN 50929 和美国的 ANSIA 21.5 综合评价法。德国的 DIN 50929 打分法具体情况见表 2-3～表 2-5。

表 2-3　土壤评价相关信息

序号	测量参数	单位	测量结果	分数
(a)土壤样品的评价				
1	土壤类型	%		Z_1
	①黏土		≤10	+4
			10~30	+2
			30~50	0
			50~80	−2
			>80	−4
	② 泥炭土、沼泽土、黏土、盐渍土、腐殖土		>5	−12
	③严重污染物(炭、炭灰、焦炭、炭渣、排污水等)			−12
2	土壤电阻率	Ω·m		Z_2
			>500	+4
			200~500	+2
			50~200	0
			20~50	−2
			10~20	−4
			≤10	−6
3	含水量	%		Z_3
			≤20	0
			>20	−1
4	pH 值			Z_4
			>9	2
			5.5~9	0
			4~5.5	−1
			<4	−3
5	缓冲容量	mmol/kg		Z_5
	到 pH=4.3 的酸度		<200	0
	(碱度 $K_{S4.3}$)		200~1000	+1
			>1000	+3
			<2.5	0
	到 pH=7.0 的碱度		2.5~5	−2
	(酸度 $K_{B7.0}$)		5~10	−4
			10~20	−6
			20~30	−8
			>30	−10
6	硫化物(S^{2-})浓度	mg/kg		Z_6
			<5	0
			5~10	−3
			>10	−6
7	水溶液中中性盐($Cl^- + 2SO_4^{2-}$)浓度	mmol/kg		Z_7
			<3	0
			3~10	−1
			10~30	−2
			30~100	−3
			>100	−4
8	硫酸盐(SO_4^{2-})浓度(盐酸析出法)	mmol/kg		Z_8
			<2	0
			2~5	−1
			5~10	−2
			>10	−3

序号	测量参数	单位	测量结果	分数
	(b)现场条件的评价			
9	埋设位置的地下水情况			Z_9
			水位以下	-1
			水位交替处	-2
10	水平土壤均一性	$\|\Delta Z_2\|$		Z_{10}
	相邻土壤电阻率(见第2项)评分值的差$\|\Delta Z_2\|$		<2	0
			$2\sim3$	-2
			>3	-4
11	垂直土壤均一性	$\|\Delta Z_2\|$		Z_{11}
	直接邻近的土壤		同种土壤	0
			异种土壤	-6
	Z_3不同的土壤层其电阻率的评分差$\|\Delta Z_2\|$		$2\sim3$	-1
			>3	-2
12	结构/土壤的电位E_{Cu/SO_4}	V		Z_{12}
	(用来区别外加电流)		$-0.5\sim-0.4$	-3
			$-0.4\sim-0.3$	-8
			>-0.3	-10

表 2-4 土壤侵蚀性和碳钢或低合金钢的腐蚀性分级

B_0值或B_1值	基于B_0值[1]		基于B_1值的腐蚀可能性[2]	
	土壤类别	土壤侵蚀性	局部腐蚀	均匀腐蚀
$\geqslant0$	I_a	不腐蚀	轻微	非常小
$-4\sim-1$	I_b	弱腐蚀	轻微	非常小
$-10\sim-5$	II	腐蚀	中等	小
<-10	III	强腐蚀	极强	中等

① 土壤在无宏观浓差电池时自腐蚀的可能性。

② 土壤在存在宏观浓差电池时自腐蚀的可能性。

表2-4中，$B_0=Z_1+Z_2+Z_3+Z_4+Z_5+Z_6+Z_7+Z_8+Z_9$；$B_1=B_0+Z_{10}+Z_{11}$。根据表2-3和表2-4的经验数据可评估腐蚀可能性能，给出大致的平均值。一旦在外来阴极的作用下形成腐蚀电池，腐蚀的危险将非常高，并且主要与阴、阳极的面积比有关。形成外来阴极腐蚀电池的几种情况如下：

① 管线与结构件存在持续的电性连接；

② 外来阴极与构筑物构成电性接触，如埋地的混凝土结构件、铜接地极和相似的构件；

③ 结构/土壤的U_{Cu/SO_4}大于$-0.5V$；

④ 若电池回路断开，结构/土壤的电位向负方向变化。

表 2-5 存在外来阴极而形成电池时腐蚀的评价

B_E值	腐蚀的可能性	
	局部腐蚀或点蚀	均匀腐蚀
$\geqslant0$	低	很低
$-4\sim-1$	中	很低
$-8\sim-5$	高	中等
<-8	很高	加速

表2-5中，$B_E=Z_1+Z_2+Z_4+Z_5+Z_6+Z_7+Z_8+Z_{12}$。该公式主要由土壤样品的评价结果与腐蚀电池电位两项构成。

综上所述，正确合理地评价土壤腐蚀是一项重大的基础性工作。土壤是一种组成和性质十分复杂的体系，土壤的腐蚀性是各种因素协同作用的结果。

3. 土壤性质与腐蚀评价实例

对陕西省不同区域的土壤进行调查，并对土壤进行理化分析，结果见表2-6。由表2-6可见，土壤各主要指标有如下特点。

表2-6　陕西省变电站的土壤理化性能分析结果

区域	地点	黏土含量/%	含水量/%	电阻率/Ω·m	pH值	碱度/(mmol/kg)	酸度/(mmol/kg)	S^{2-}含量/(mg/kg)	中性盐含量/(mg/kg)	SO_4^{2-}含量/(mg/kg)	构筑物/土壤电位 E_{Cu/SO_4}/V
榆林	大柳塔	10.00	2.04	185.98	8.81	7.98	0.49	0.00	44.67	143.81	−0.41
	神木	10.00	4.17	603.17	8.87	8.18	0.49	0.00	8.93	53.41	−0.46
	大保当	10.00	4.17	301.58	8.77	7.78	0.49	0.00	8.93	65.74	−0.44
	榆林	10.00	4.17	148.28	8.76	9.68	0.49	0.00	14.29	88.34	−0.41
	靖边	25.00	11.11	42.72	8.47	14.77	0.00	0.00	35.73	133.54	−0.47
	绥德	80.00	8.70	45.24	8.57	22.75	0.00	0.00	8.93	41.09	−0.47
延安	延安	90.00	11.11	75.40	8.48	21.26	0.00	0.00	57.17	180.79	−0.39
	朱家	90.00	8.70	123.15	8.89	18.56	0.00	0.00	8.93	82.18	−0.45
	黄陵	95.00	8.70	64.09	8.88	29.94	0.00	0.00	26.80	125.32	−0.49
铜川	金锁	70.00	6.38	82.94	8.81	16.17	0.00	0.00	8.93	88.34	−0.44
	东塬	85.00	8.70	57.80	8.81	26.75	0.00	0.00	37.52	45.2	−0.47
	桃区	75.00	13.64	50.26	8.48	17.17	0.00	0.00	26.80	51.36	−0.46
宝鸡	雍城	75.00	19.05	31.42	7.44	8.48	0.49	0.00	44.67	61.63	−0.50
	碳石	85.00	21.95	36.44	7.42	9.78	0.49	0.00	41.09	143.81	−0.50
	段家	70.00	13.64	30.16	7.49	10.18	0.49	0.00	30.37	195.17	−0.48
	马营	90.00	13.64	32.67	8.85	10.28	0.49	0.00	12.51	106.83	−0.52
	汤峪	175.00	19.05	414.68	7.96	7.98	0.49	0.00	30.37	180.79	−0.34
渭南	西庄	90.00	13.60	72.88	8.25	12.18	0.00	0.00	44.67	133.54	−0.40
	高明	90.00	16.30	57.80	8.34	35.13	0.00	0.00	53.60	98.61	−0.49
	桥陵	95.00	6.40	45.24	7.87	32.24	0.00	0.00	62.53	225.98	−0.37
	孝义	90.00	13.60	62.83	8.41	31.74	0.00	0.00	62.53	154.08	−0.45
	罗敷	80.00	19.00	201.06	8.49	11.78	0.00	0.00	41.09	98.61	−0.49
	红星村	85.00	25.00	188.49	8.5	55.29	0.00	0.00	62.53	215.71	−0.49
商洛	张村	55.00	16.28	20.11	7.62	4.99	0.97	0.00	8.93	133.54	−0.50
	柞水	50.00	6.38	5.03	6.61	6.29	0.97	0.00	17.87	164.35	−0.38
	鹿城	70.00	16.28	31.42	6.71	5.09	1.17	0.00	8.93	108.88	−0.45
汉中	洋县	90.00	21.95	18.85	6.23	5.39	0.97	0.00	26.80	57.52	−0.49
	汉中	85.00	8.70	49.01	6.65	3.49	0.97	0.00	26.80	82.18	−0.43
	武侯	70.00	28.21	22.62	7.28	3.29	0.97	0.00	8.93	82.18	−0.50
安康	金州	25.00	6.38	10.05	8.56	16.27	0.00	0.00	8.93	112.99	−0.40

榆林、延安、铜川大部分地区含水量较低，小于10%；宝鸡、渭南、商洛、汉中大部分地区的含水量在10%以上，全省土壤含水量有明显的地域特点，即陕北土壤的含水量较低，而关中、陕南较高。造成上述现象的原因主要与当地的地理位置、年降水量、蒸发量、地下水位、土壤的种类等有关。

榆林、延安、铜川、宝鸡、渭南、安康6个地区的pH值均大于7.0，商洛、汉中有4个地点的pH值小于7。

不同地区平均土壤电阻率由高到低的次序为：榆林地区最高，其次为延安地区，再次为铜川地区，其余地区除个别检测点外均较低，这一特性与当地土壤的总含盐量等有关。渭南和宝鸡的Cl⁻含量较高。

陕西省土壤腐蚀性评价 单项指标判断虽然简单，但评价结果相差较大，容易引起错误。例如，安康地区的金州测试点，按照含水量判断其腐蚀性属于低级，然而按照土壤电阻率判断其腐蚀性又属于高级，出现明显的矛盾。

相比而言，综合评价指标法较为准确。按照德国的 DIN 50929 标准（表 2-3）对陕西省土壤的腐蚀性进行打分，并对其腐蚀性进行评价，见表 2-7。

表 2-7　土壤腐蚀性综合评分（DIN 50929 打分法）

地区	变电站	Z_1	Z_2	Z_4	Z_5	Z_6	Z_7	Z_8	Z_{12}	B_E	局部腐蚀评价	全面腐蚀评价
榆林	大柳塔	4	0	0	0	0	−1	0	−3	0	低	很低
	神木	4	4	0	0	0	0	0	−3	5	低	很低
	大保当	4	2	0	0	0	0	0	−3	3	低	很低
	榆林	4	0	0	0	0	0	0	−3	1	低	很低
	靖边	2	−2	0	0	0	−1	0	−3	−4	中等	很低
	绥德	−4	−2	0	0	0	0	0	−3	−9	很高	加速
延安	延安	−4	0	0	0	0	−1	0	−8	−13	很高	加速
	朱家	−4	0	0	0	0	0	0	−3	−7	高	中等
	黄陵	−4	0	0	0	0	−1	0	−3	−8	很高	加速
铜川	金锁	−2	0	0	0	0	0	0	−3	−5	高	中等
	东源	−4	0	0	0	0	0	0	−3	−7	高	中等
	桃区	−2	0	0	0	0	0	0	−3	−5	高	中等
宝鸡	雍城	−2	−2	0	0	0	0	0	−3	−7	高	中等
	砾石	−4	−2	0	0	0	−1	0	−3	−10	很高	加速
	段家	−2	−2	0	0	0	−1	0	−3	−8	很高	加速
	马营	−4	−2	0	0	0	0	0	−3	−9	很高	加速
	汤峪	−12	2	0	0	0	−1	0	−8	−19	很高	加速
渭南	西庄	−4	0	0	0	0	−1	0	−8	−13	很高	加速
	高明	−4	0	0	0	0	−1	0	−3	−8	很高	加速
	桥陵	−4	−2	0	0	0	−1	−1	−8	−16	很高	加速
	孝义	−4	0	0	0	0	−1	0	−3	−8	很高	加速
	罗敷	−4	2	0	0	0	−1	0	−3	−6	高	中等
	红星村	−4	0	0	0	0	−1	−1	−3	−9	很高	加速
商洛	张村	−2	−2	0	0	0	0	0	−3	−7	高	中等
	柞水	−2	−6	0	0	0	0	0	−8	−17	很高	加速
	鹿城	−2	−2	0	0	0	0	0	−3	−7	高	中等
汉中	洋县	−4	−4	0	0	0	0	0	−3	−11	很高	加速
	汉中	−4	−2	0	0	0	0	0	−3	−9	很高	加速
	武侯	−2	−2	0	0	0	0	0	−3	−7	高	中等
安康	金州	2	−4	0	0	0	0	0	−3	−5	高	中等

从表 2-7 可以看出，以局部腐蚀为研究对象，低腐蚀等级有 4 个，占 13.33％，并且全部分布在榆林地区；中等腐蚀程度仅有 1 个，占 3.33％，分布在榆林地区；高腐蚀等级程度有 10 个，占 33.33％，除榆林外，其余地区均有分布，并且铜川地区均为该等级；很高腐蚀等级的有 15 个，占到全部数量的 50%。以全面腐蚀为研究对象时，很低腐蚀等级有 5 个，占 16.67％；中等腐蚀等级有 10 个，占 33.33％；加速腐蚀等级 15 个，占 50％。由以上讨论发现，陕西省独有的地理位置以及自然条件是导致陕西省土壤条件南北差异巨大、土壤性质迥

异的原因。陕西省土壤的腐蚀性也因此出现较大差异。

第二节 土壤性质对地下钢铁管道的腐蚀速率影响

一、土壤含水量对地下钢铁管道的腐蚀速率影响

土壤含水量直接影响导电离子传递、腐蚀产物扩散，一般认为干燥土壤的腐蚀速率低，而湿土壤对钢铁的腐蚀影响大。研究认为：土壤含水量小于 25％时，随着含水量增加腐蚀速率增大，这是因为水为弱的电解质，相当于电解质溶液浓度增大，腐蚀原电池回路电阻减小，并且水分能够在钢铁表面形成连续的非均匀液膜，液膜不均和土壤中扩散氧产生的氧浓差电池加速了土壤对地下钢管道的腐蚀作用；当含水量达到 25％时，土壤中的盐分全部溶解，电解质溶液浓度最大，腐蚀回路电阻更小，腐蚀速率达到最大；当含水量大于 25％时，随着含水量持续增加，可溶性盐浓度相对降低，电解质浓度降低，腐蚀原电池回路电阻增大，并且降低土壤透气性，减少溶解氧含量，减弱氧的去极化作用，使腐蚀速率降低。图 2-3 为陕西某地区土壤含水量与 Q235 钢腐蚀速率的现场埋片试验结果（试验季节 5～9 月）。

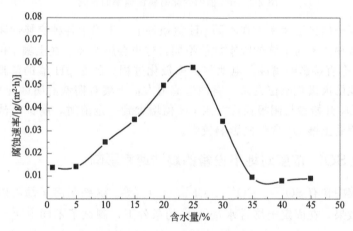

图 2-3　陕西某地区土壤含水量与 Q235 钢腐蚀速率的现场埋片试验结果（试验季节 5～9 月）

二、土壤 pH 值对地下钢铁管道的腐蚀速率影响

各地土壤性质不同，其土壤 pH 值也是不同的。对土壤腐蚀而言，pH 值是主要的腐蚀介质指示。但土壤含水量的不同会影响土壤的 pH 值，即使同一地域雨季和旱季土壤的 pH 值也是不同的。为了研究方便，本节将土壤的含水量规定在 20％，讨论土壤 pH 变化对地下钢铁的腐蚀规律。

一般当土壤 pH<8 时，土壤腐蚀速率随着 pH 值的增大而减小；当土壤 pH>8 时，随着 pH 值的增加腐蚀速率不断增加。测试结果表明：pH=3 时，土壤对 Q235 钢的腐蚀速率最大，为 $0.085g/(m^2 \cdot h)$；pH=8 时，腐蚀速率最小，为 $0.025g/(m^2 \cdot h)$。图 2-4 为陕西某地区土壤用 H_2SO_4 调整土壤的 pH 值，土壤含水量为 20％时进行 Q235 钢埋片实验结果。由图 2-4 可见，pH<8 时，随 pH 值的降低，腐蚀速率增大；pH>8 时，随 pH 值的升高，腐蚀速率增大；pH=8 时，土壤中 Q235 钢腐蚀速率最低。由于土壤 pH 值影响着土壤胶体的电荷性质，当 pH 值改变时，土壤的正、负电荷数量会发生变化，其他侵蚀性离子在土壤中扩散会受到土壤电荷性质的影响。pH 值还会影响土壤胶体膨胀程度与分散程度等物理性质，而这些性质又

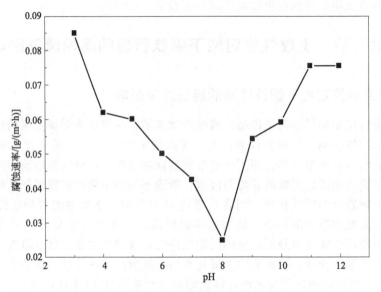

图 2-4　pH 值的变化对腐蚀速率的影响

直接影响腐蚀性离子的扩散速率。在不同 pH 值条件下，土壤中各种交换性阴、阳离子的组成各不相同。由于各种离子与土壤的吸附性能不同，这也会影响离子在土壤中的扩散过程。在强酸性土壤中，H^+ 会直接影响腐蚀原电池阴极去极化过程。随着 pH 值的降低，土壤中 H^+ 浓度增加，腐蚀电池阴极极化电位升高，腐蚀电流增大，土壤对钢铁的腐蚀速率加快。随着 pH 值升高，土壤中 O_2 开始参与阴极反应。当 pH 值增大到一定值时，腐蚀电池的阴极以氧的放电为主，腐蚀过程受土壤 O_2 含量的影响较大。

三、土壤中 SO_4^{2-} 浓度对地下设备的腐蚀速率影响

绝大部分土壤中含有 SO_4^{2-}、CO_3^{2-}、Cl^-、NO_3^- 等。这些阴离子都可以对土壤中的钢铁腐蚀产生极化的效果。在固定土壤含水量 20% 的条件下，测试了不同 SO_4^{2-} 浓度条件下的腐蚀速率，见图 2-5。土壤对 Q235 钢的腐蚀速率总体是随着 SO_4^{2-} 浓度的增加而出现波浪变化。这是由于腐蚀速率较小时，SO_4^{2-} 对钢铁的去极化能力显示比较强。这种增强来源于 SO_4^{2-} 提高了土壤介质的电导率，也降低土壤的电阻极化。SO_4^{2-} 的水解生成 H_2SO_4，也加速去极化。在 SO_4^{2-} 含量为 10mmol/kg 时，腐蚀速率达到最大值为 $0.12g/(m^2 \cdot h)$，随着 SO_4^{2-} 进一步增大，土壤腐蚀速率反而减小。这是由于 SO_4^{2-} 浓度过大，与腐蚀产物 Fe^{2+} 在钢铁表面生成 $FeSO_4$。进一步提高 SO_4^{2-} 浓度，SO_4^{2-} 可能进行以下反应。

$$Fe + SO_4^{2-} \longrightarrow FeSO_4 + 2e^- \tag{2-6}$$

$$2H_2O + O_2 + 4e^- \longrightarrow 4OH^- \tag{2-7}$$

$$4FeSO_4 + 8OH^- + O_2 \longrightarrow 2Fe_2O_3 \cdot H_2O + 4SO_4^{2-} + 2H_2O \tag{2-8}$$

因此，SO_4^{2-} 浓度较低时，SO_4^{2-} 就成为腐蚀反应的催化剂，加速了腐蚀。但生成的 Fe_2O_3 黏附在 Q235 钢表面，又使腐蚀速率有所下降，这就导致了 SO_4^{2-} 对地下 Q235 钢的腐蚀呈波浪变化。

Na_2SO_4 为中性盐，主要是提高了土壤的电导率，降低土壤的电阻极化，增大土壤的腐蚀，但电导率提高到一定值后，就已不是腐蚀的主要因素，因此腐蚀速率趋于恒定。

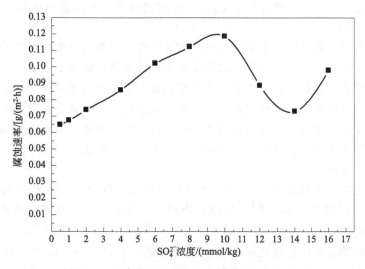

图 2-5 SO_4^{2-} 浓度对接地网腐蚀速率的影响

四、土壤中 Cl^- 浓度对地下钢铁管道的腐蚀速率影响

在固定土壤水分为 20% 的情况下，测试了土壤中 Cl^- 对地下 Q235 钢的腐蚀速率，其结果见图 2-6。土壤腐蚀速率随着氯离子浓度的增加而增大，氯离子浓度从 1mmol/kg 增大到 120mmol/kg，其现场试验腐蚀速率从 $0.06g/(m^2 \cdot h)$ 增大到 $0.16g/(m^2 \cdot h)$。

土壤中的 Cl^- 不仅能够阻碍钢铁腐蚀表面形成钝化膜，而且能够增强土壤导电性，加快土壤中钢铁腐蚀的阳极过程。Cl^- 半径较小，能透过地下钢铁管道腐蚀层和钢铁基体生成可溶性 $FeCl_2$ 产物，促进土壤中钢铁材料的腐蚀。

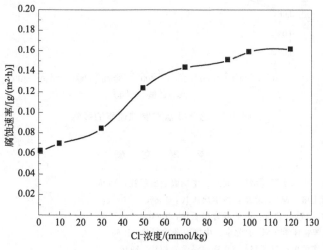

图 2-6 Cl^- 浓度变化对腐蚀速率的影响

五、总含盐量对土壤中钢铁管道的腐蚀速率影响

含水量 20% 不变时，总含盐量对土壤中 Q235 钢腐蚀速率的影响见图 2-7。测试过程的土壤来自陕西某地，$NaCl$、Na_2SO_4、Na_2CO_3 以 1:1:1 混合调节土壤的总含盐量。由图 2-7 拟合的线性腐蚀速率曲线可见，土壤中钢铁腐蚀速率随着土壤总含盐量的增加而不断增

大，在总含盐量从 100mg/kg 增加到 6500mg/kg 的过程中，腐蚀速率从 0.068g/(m²·h) 增加到 0.15g/(m²·h)。

土壤中的盐分不仅能够影响土壤腐蚀介质的导电性，还参与土壤对钢铁的腐蚀过程，从而对土壤腐蚀性产生影响。含盐量增加，会使腐蚀原电池回路电阻变小，即土壤盐分增强土壤电导率，减少电阻极化，加快了腐蚀速率。土壤中的盐分溶解产生高浓度的 Cl^- 和 SO_4^{2-}，Cl^- 和 SO_4^{2-} 腐蚀钢铁件后能再生并残存在腐蚀孔内，使缺氧部分金属表面附近的 Cl^- 和 SO_4^{2-} 富集，造成这部分金属表面的阳极电流密度和阴极电流密度不平衡，从而引起局部腐蚀的催化过程，使金属的腐蚀速率增大。对图 2-7 进行拟合，其土壤腐蚀速率（v）与总含盐量（c）之间的关系满足 $v=0.000015c+0.07$。

综上所述，土壤含水量低于 15％时，腐蚀速率增加比较缓慢；随着含水量的增加，腐蚀速率急速增加；含水量达到 25％时，腐蚀速率最大；继续增加含水量，腐蚀速率反而下降。在 pH=3 的土壤介质中，地下钢铁设备主要为均匀腐蚀，腐蚀速率较大。土壤中 SO_4^{2-} 对土壤中钢铁设备的腐蚀表现出波浪变化，在 SO_4^{2-} 浓度小于 11mmol/kg 时，随着 SO_4^{2-} 浓度增大，地下钢铁设备腐蚀速率增大；继续增大 SO_4^{2-} 浓度，腐蚀速率反而减小；当 SO_4^{2-} 增大到 14mmol/kg 后腐蚀速率又增大。随着 Cl^- 浓度的增加和总含盐量的增加，土壤腐蚀速率均不断增加。其中，总含盐量和 pH 值对土壤腐蚀性的影响较大，总含盐量对土壤的腐蚀性满足线性关系。

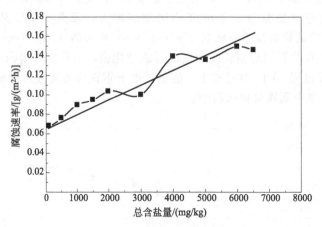

图 2-7　总含盐量对腐蚀速率的影响

参 考 文 献

[1]　全国土壤普查办公室. 中国土壤 [M]. 北京：中国农业出版社，1998.
[2]　熊毅，李庆逵. 中国土壤 [M]. 北京：科学出版社，1987.
[3]　邵明安. 土壤物理学 [M]. 北京：高等教育出版社，2006.
[4]　姚贤良，程云生. 土壤物理学 [M]. 北京：中国农业出版社，1986.
[5]　于天仁. 可变电荷土壤的电化学 [M]. 北京：科学出版社，1996.
[6]　于天仁，季国亮. 土壤和水研究中的电化学方法 [M]. 北京：科学出版社，1991.
[7]　郭兆元. 陕西土壤 [M]. 北京：科学出版社，1992.
[8]　席佩佩. 埋地管道的腐蚀与防腐现状研究 [J]. 中国化工贸易，2016，8 (3).
[9]　郭安祥，闫爱军，姜丹，等. 变电站接地网土壤腐蚀性评价方法研究 [J]. 陕西电力，2010，38 (12)：28-30.
[10]　刘瑞. 变电站接地网材料在土壤中腐蚀及评价预测 [D]. 西安：西安理工大学，2013.

第二章

地下管道杂散电流腐蚀

　　杂散电流是指那些不符合规定的电流或设计电路之外的电流。它通常以接地电流、泄漏电流等方式存在于土壤中，且与被保护的管道无关。由于电位差的关系，该电流由地下管道的一端进入，沿着管道流动后，又从另一端流入土壤，在电流流过的地方，管道腐蚀被加速，这种腐蚀称为杂散电流腐蚀。根据杂散电流腐蚀的定义可知：自有了电力以来，就有杂散电流腐蚀。例如，电器设备中安装的接地极、漏电保护装置等，就是有意地向大地中排泄那些工作不需要的非安全电流。但由于以往的泄流量较小，不会对地下设备造成较大影响。但随着现代化的发展，电力输送的电压等级越来越高，工作电流多样化以及泄流保护装置的增多，地下杂散电流比过去增大了许多。例如，直流输送电的输送电压已达到 330kV，甚至更高。为了节约输电成本，往往采用单极输电，这意味着大地成为另一个回路电极，这样流入地下的电流就极其可观。除此之外，地下管道的铺设量极大，几乎所有城市均使用天然气，一旦天然气管道受到杂散电流腐蚀，危害必然是极大的。为此，国家电力部门、石油部门多次组织专题研究和科技攻关，天然气、石油输送公司还专门设立了杂散电流的巡查检测。研究发现，杂散电流腐蚀有其自身的特点，不能用简单的电化学理论进行分析。例如，牺牲阳极保护，在没有杂散电流情况下是安全型保护法，即这种保护方法只不过是保护面积大小、保护效率高低的问题，不存在加速腐蚀问题，但有杂散电流存在时，牺牲阳极保护可能使电位逆转，反而加速腐蚀。为此，本章对杂散电流腐蚀进行了专门讨论。

第一节　直流杂散电流腐蚀基本理论

　　直流杂散电流的危害是比较大的，20 世纪 80 年代初据东北输油管理局统计，2000km 的输油管线杂散电流干扰影响为 5%，80% 的穿孔事故是由杂散电流引起的，位于直流电气化铁路附近的管道，半年就会穿孔，腐蚀速率达 10～12mm/a。

一、产生直流杂散电流的干扰源

　　产生杂散电流的直流设备有两种，介绍如下。

　　① 利用铁轨作电源导体的直流电气铁路：有轨电动机车；地下铁路（地铁）；矿区电机车铁路。

② 与土壤有一处或一处以上接地的直流电设备：直流输电网；直流电焊设备；直流变电站接地网；工厂的直流用电装置（电解、电镀）；直流电话通信网；电化学保护装置。

其中，危害最大的是直流变电站和电气铁路。直流输电技术是一种将发电厂发出的交流电，经整流器变换成直流电输送至受电端，再用逆变器将直流电变换成交流电送到受电端交流电网的输电方式。随着我国电力系统规模的扩大、输电功率的增加、输电距离的增长以及海底电缆输电、不同步电网之间的联网与送电等的实际需求，直流输电得到广泛应用。2012 年 12 月，我国建成的世界上当时输送容量最大、送电距离最远、电压等级最高、代表着当时世界直流输电技术最高水平的四川锦屏-江苏苏南±800kV 超高压直流工程正式投入运行，标志着我国的直流输电技术已走到了世界前列。我国的直流输电系统全部采用双极两端中性点接地方式，正式投产后为双极运行方式，故障、检修时采用单极运行。采用单极-大地运行方式运行时，直流接地极将作为工作电流的返回通道，数千安级的大电流流经接地电极。双极运行实际上是由两个可独立运行的单极-大地运行系统组成，运行时两极在大地中的电流方向相反。当两极电流相等时，大地回路中的电流为零。在双极运行时允许有不大于额定电流1%的电流作为不平衡电流从接地极流过。由于接地极材料一般为金属材料的电子导体，而土壤是多种盐组成的离子导体，当电能在电子导体与离子导体之间转换时，两相界面必然会发生氧化还原反应，以实现电量的转移，因此无论是单极-大地运行时的工作电流，还是双极运行时的不平衡电流，电流流出的一极都将作为阳极发生电化学腐蚀，这种腐蚀会加速接地极材料的破坏，大大缩短接地极材料的使用寿命，接地极材料的腐蚀破坏会增加直流输电的成本，甚至威胁直流输电系统的安全运行。另外，电流在大地中流动时，由于土壤的电阻作用，大地中会形成一定梯度的地电场，场中的金属结构如地下输油、输气、输水等管网，地下电缆、地下建筑物混凝土中的钢筋，电信局（站）的金属接地材料等就会受到地电场干扰而发生电化学腐蚀。类似地，电气化轨道的电导率高，与土壤接触良好且长度长，也会将电流排入地下，形成杂散电流。

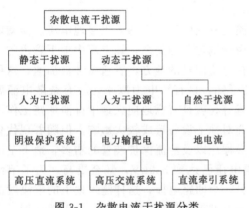

图 3-1　杂散电流干扰源分类

根据杂散电流干扰源的性质，可将其分为动态干扰源（干扰的数量级和极性都是随时变化的）和静态干扰源（具有恒定的数量级和极性），见图 3-1。

二、直流杂散电流产生原因

当管道途经区域有着不同的地电场时，在具有导电能力的电解质（土壤）中，这些地电场之间产生电流流动。电流值的大小和地电场间的电位差成正比，与土壤电阻率成反比。假定土壤介质是均匀的，在土壤中的电流分布也是相对均匀的，则导电性良好的金属管道在地电场的作用下将有电流流动，其电流密度（J_1）和土壤的电流密度（J_0）有着下列关系：

$$\frac{J_1}{J_0} = \frac{R_0}{R_1} = \frac{4\rho_0\delta}{D\rho_1} \tag{3-1}$$

式中，J_0 为土壤中电流密度；J_1 为管道中电流密度；R_0 为土壤电阻；R_1 为管道金属电阻；ρ_0 为土壤电阻率；ρ_1 为管道电阻率；δ 为管壁厚度；D 为管道外径。

如果土壤电阻率 $\rho_0=5000\Omega\cdot cm$、钢电阻率 $\rho_1=1.5\times10^{-5}\Omega\cdot cm$，那么，管道上的电流密度显然要比土壤的电流密度大 10^7 倍。这就是说，大部分电流已不在土壤中流动，而是沿管道流动。图 3-2 为杂散电流干扰影响原理。从图 3-2 中可以看出，杂散电流干扰影响可分为三种情况。

① 阳极区　靠近电机车附近位置处的管道，杂散电流从管道中流入，说明电子从管道流出，属于阳极区，造成杂散电流电解腐蚀。

② 极性交变区　在干扰段中间部位的管道，杂散电流可能流入也可能流出，极性正、负交变，属极性交变区。在这个区域，当电流流入时造成腐蚀。

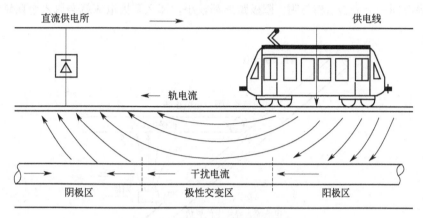

图 3-2　杂散电流干扰影响原理

③ 阴极区　在直流供电所附近的管道，杂散电流从土壤流出管道说明电子从此流入，属于阴极区。若流出的电流电位比管道电位正，则这部分也发生腐蚀；若杂散电流流出，管道电位负向偏移，说明此时管道在某种程度上得到阴极保护；但是当电位负至析氢电位时，管道会发生氢脆腐蚀。

直流输电系统中，由于功率的不平衡或其他因素，接地极上总会有不大于额定电流 1% 的不平衡电流流出，如图 3-3 所示。这种不平衡电流的大小随系统状态的变化而变化，并且长期存在，使得接地极环受到持续的杂散电流腐蚀破坏。船舶修造期间，如果对船体或与船体有直接联系的金属部件进行焊接时，采用负极与码头相连接，而码头又与船体相接的形式，如图 3-4 所示。可以看到，此时电流有两条流通回路，一条是直接经由船舶与钢制码头之间的导线返回；另一条是流经海水-钢制码头回到负极，如果船体与钢制码头之间的连接不畅或者其他因素导致该通路电阻过大，电流将通过海水-钢制码头返回，这时回路中的返回电流即为杂散电流。在阴极保护系统中，阳极作为电流

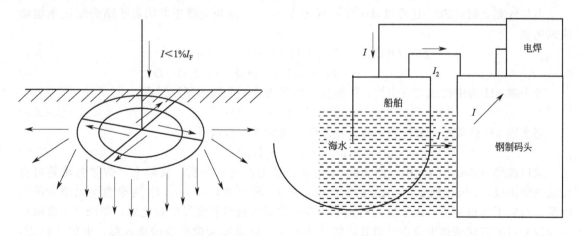

图 3-3　直流输电工程双圆环接地极杂散电流　　　　图 3-4　电焊时产生杂散电流原理

输出端给被保护的阴极金属结构提供一定密度的保护电流，这个电流由外加直流电源或牺牲阳极材料提供。如图 3-5 所示。如果距离阳极较近的部位有金属结构存在，阳极电流将优先选择从金属结构与阳极之间电阻最低的通道汇集流入金属结构，在距离阳极较远的低电势部位流出，这部分流入金属结构的电流即为杂散电流。此处的金属结构作为一个低电阻通道将电流输送到电势较低的地方。同样，在阴极附近，如果有金属结构与阴极足够近，那么它也会成为阴极引入远方高电位电流的低电阻通道，流入这个金属结构的电流也称为杂散电流。阳极杂散电流和阴极杂散电流还可能同时出现，如果有同一个金属结构与阴、阳极距离都较小，那么阳极电流就会流入金属结构，到达阴极后再流出。

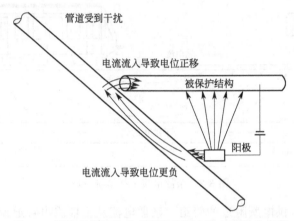

图 3-5　阴极保护系统中直流接地极杂散电流产生机理

三、直流杂散电流腐蚀机理

直流杂散电流对金属的腐蚀从本质上来讲是金属在土壤介质中的电解腐蚀，阳极金属在电流作用下发生氧化反应，而阴极表面则发生还原反应。当电子由金属电子导体进入土壤离子导体中时，两者界面之间发生电子与离子间的能量交换。在电流回路两极的两个金属电子导体之间建立的电场中，能量借由离子的转移来传递。不同介质条件影响界面的反应过程和形式，以金属 Fe 在土壤中遭受杂散电流干扰时的腐蚀为例，此时在阳极界面发生如下反应：

$$Fe \longrightarrow Fe^{2+} + 2e^- \tag{3-2}$$

$$Fe^{2+} + 2OH^- \longrightarrow Fe(OH)_2 \downarrow \tag{3-3}$$

当氧气充足时，Fe^{2+} 还可以进一步被氧化为 Fe^{3+}，而与土壤中的阴离子结合形成难溶物或氧化物。

$$2Fe(OH)_2 + 0.5O_2 + H_2O \longrightarrow 2Fe(OH)_3 \downarrow \tag{3-4}$$

$$2Fe(OH)_3 \longrightarrow Fe_2O_3 + 3H_2O \tag{3-5}$$

若土壤 pH 为中性或接近中性，阴极发生的反应主要为氧的还原过程：

$$O_2 + 4e^- + 2H_2O \longrightarrow 4OH^- \tag{3-6}$$

当土壤 pH 值较小、酸性较强时，在阴极可能会发生析氢反应：

$$2H^+ + 2e^- \longrightarrow H_2 \uparrow \tag{3-7}$$

通过波拜（Pourbaix）图（图 3-6）对直流杂散电流进行分析，实际上，杂散电流是将自腐蚀电位阳极 φ_C 极化到 $\varphi_{C'}$，对应的腐蚀电流由 i_C 增大到 $i_{C'}$，$i_{C'} - i_C$ 为杂散电流增大的腐蚀量。对地下管道而言，由于输入的直流杂散电位是沿管道长度发生变化的，如图 3-7 模拟地下管线测得的直流杂散电位沿管道长度的变化所示，在直流杂散电流的流入端，电位比较正，在不足 3.75m 的地下，电位下降特别快，然后慢慢下降，在测试的 36m 范围内，电位高于无杂散电流时自腐蚀电位（－0.786V）的管道有 35m，说明直流杂散电流将测试的 36m 地下管线极化了 35m，从而使测试范围内 35m 管道的腐蚀速率大于无杂散电流时的腐蚀速率。除此之外，在电流入口，地下管道电位比实际自腐蚀电位高 2.1V，从波拜图中可以看出，这时的腐蚀电位相当高，意味着在电流入口可能产生了强腐蚀，石油管道的泄漏将从这一点优先发生。

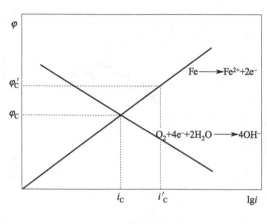

图 3-6　腐蚀波拜图

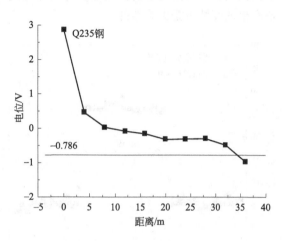

图 3-7　模拟地下管线的电极电位

四、杂散电流腐蚀的危害

1887 年美国纽约埋地管道由于受到有轨电车轨道杂散电流影响而被破坏；1891 年美国波士顿的电话电缆铅包皮发生了严重的杂散电流腐蚀破坏；1892 年及随后几年，德国十多个城市发生由直流杂散电流引起的腐蚀破坏事故；英国地铁曾发生过由于杂散电流引起的主体结构钢筋腐蚀导致混凝土塌方的事故；美国曾发生阴极保护引起的杂散电流造成水管腐蚀破坏的事例，此事引发的连锁反应是泄漏的水破坏了阴极保护系统；香港发生过煤气管道因杂散电流引起的腐蚀穿孔造成煤气泄漏的事故；杂散电流曾引发北京地铁第一期工程主体结构钢筋严重腐蚀。另外，还造成隧道内水管穿孔。葛洲坝-上海南桥某±500kV 直流输电系统南桥接地极曾两次出现接地极事故。事后调查发现，都是由于单极运行引起的接地极腐蚀，导致接地棒尺寸减小而过热，而出现接地极烧熔现象，造成重大停运事故。该直流接地极被迫重建。

五、直流杂散电流的调查

近年来，直流输变电作为新型的输电工程，在我国已建成多项工程，以保证高压电的远距离输送。直流输变电产生的杂散电流大小如何，对杂散电流防腐是非常重要的。因此，对这一工程产生的杂散电流进行了调查。

1. 直流输变电的不平衡电流

宝鸡-德阳±500kV 直流输电工程作为双极两端中性点接地方式送电，具备潮汐反转能力，用以调节华南、西北两地电能。送电时宝鸡→德阳送电时间为本年度 11 月初至下一年度 6 月初，德阳→宝鸡送电时间为 6 月初至 11 月初。调研期间采集了宝鸡换流站 2012 年度部分不平衡电流数据，数据见图 3-8 及图 3-9。

从图 3-8 及图 3-9 中可以看出，宝鸡→德阳送电时，宝鸡换流站日最大不平衡电流为10.41A，最小不平衡电流为－10.5A，每日平均不平衡电流约为 0。德阳→宝鸡送电时，宝鸡换流站日最大不平衡电流达 28.78A，最小不平衡电流为 15.09A，日平均不平衡电流约为

22A。说明在德阳→宝鸡送电期间宝鸡接地极的不平衡电流大于宝鸡→德阳送电期间该接地极的不平衡电流，且德阳→宝鸡送电期间的不平衡电流值为正值，即电流通过该极流出，此时接地极作为阳极将发生电化学腐蚀，腐蚀的程度将大于宝鸡→德阳送电过程。由于宝鸡-德阳直流输电采用双电极送电，因此接地极排流主要为不平衡电流，若直流输变电为单极送电，则大地为回路，则通过大地的杂散电流与送电电流是相等的。这种杂散电流是相当大的，对地下设备产生的腐蚀也是灾难性的。

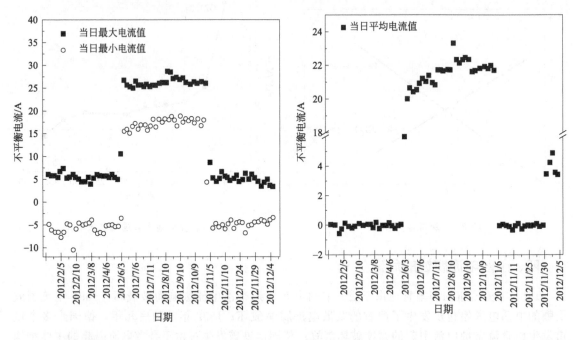

图 3-8　宝鸡换流站 2012 年不平衡电流数据变化　　图 3-9　宝鸡换流站 2012 年不平衡电流日平均值

2. 直流接地极附近的电位

在宝鸡换流站接地极附近两个测试点 A、B，其中 A 点距接地极 1000m，B 点距接地极 2000m，接地极法线方向和垂直于接地极法线方向分别测量出相应的地电位，通过地电位可计算出地电位梯度，如图 3-10 所示。

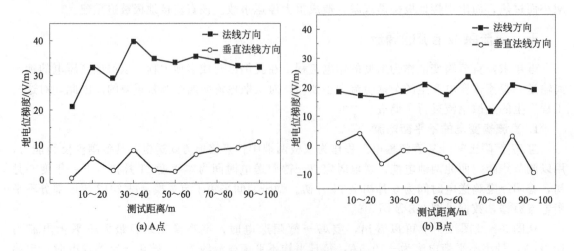

(a) A 点　　　　　　　　　　　　　　　　(b) B 点

图 3-10　两个测点的地电位差梯度

从图 3-10 可以看出，在各个测试点，两个测试方向均存在一定的地电位梯度，接地极法线方向电位梯度明显大于垂直法线方向，也说明远离直流接地极 1000m 和 2000 m 的 A、B 两点都有较强的杂散电流干扰。

3. 杂散电流干扰下土壤的腐蚀速率

在含水量一定、含盐量不同的土壤中，对 Q235 钢进行直流恒电流泄流，泄流电流密度为 $1A/m^2$，在有直流杂散电流腐蚀和不加电流腐蚀 24h 后进行失重测试，计算腐蚀速率，测试结果见表 3-1。由表 3-1 可以看出，施加直流电流后，随着含盐量的增加，Q235 钢的腐蚀速率先增加后逐渐减小；未施加电流条件下，随着土壤介质含盐量的增加，腐蚀速率逐渐增加；施加直流电流后，Q235 钢的腐蚀速率明显高于未施加直流电流时，其腐蚀速率最大约为未施加直流杂散电流的 8 倍。说明杂散电流情况下 Q235 钢的腐蚀明显比纯土壤腐蚀严重。杂散电流的电流密度相同时（均为 $1A/m^2$），空白未加盐土壤中 Q235 钢的腐蚀速率为 1.45mm/a；土壤中加入盐以后，土壤含盐量为 0.75％时，Q235 钢的腐蚀速率达到 1.51mm/a；继续增大含盐量，Q235 钢的腐蚀速率开始减小，含盐量增加到 3％ 时，Q235 钢的腐蚀速率减小到 1.38mm/a，说明 Q235 钢的腐蚀速率随着含盐量的增加呈现先增加后减小的趋势。

表 3-1　Q235 钢在不同含盐量的土壤介质中的直流杂散电流腐蚀

电流密度 /(A/m²)	试片编号	土壤编号	时间/h	含盐量/%	腐蚀速率 /(mm/a)	土壤电阻率 /Ω·m	pH 值
0	1#	1#	241	0	0.186	28	7.76
	2#	2#	241	0.75	0.187	5.4	7.89
	3#	3#	241	1.5	0.242	2.89	8.05
	4#	4#	241	2.25	0.292	2.79	8.11
	5#	5#	241	3	0.295	1.85	8.19
1	1#	1#	241	0	1.45	28	7.76
	2#	2#	241	0.75	1.51	5.4	7.89
	3#	3#	241	1.5	1.44	2.89	8.05
	4#	4#	241	2.25	1.40	2.79	8.11
	5#	5#	241	3	1.38	1.85	8.19

试验使用的土壤为陕西某地方土壤，介质中含阴离子主要为 Cl^-、SO_4^{2-} 和少量 HCO_3^-。为了与土壤中的阴离子相同，土壤的盐分采用 $NaCl$、Na_2SO_4 和 $NaHCO_3$ 按 1：1：1 进行配比，然后按土壤的成分比进行含盐量调整。土壤中没有杂散电流时，随着土壤含盐量的增加，土壤中侵蚀性阴离子浓度逐渐增大，促进了阳极腐蚀的活化作用，因此，随着含盐量的增加，土壤电阻率降低，Q235 钢的腐蚀速率增大。在直流杂散电流腐蚀过程中，土壤中未添加盐时，土壤中含盐量较小，阴离子的含量比较低，阴离子如 Cl^-、SO_4^{2-} 等对阳极腐蚀的活化作用不明显，Q235 钢腐蚀主要受氧的去极化控制。此时，在电场作用下，阴极反应生成的 OH^- 会失去电子形成 O_2 和 H^+ 来完成电流的传导过程。土壤中添加 0.75％的盐分后，介质含盐量增大，阴离子的含量增加，Cl^-、SO_4^{2-} 等在电场的作用下在阳极聚集并吸附在电极上，降低了电极溶解的活化电位，加速 Q235 钢的溶解。由于 Cl^-、SO_4^{2-} 的侵蚀作用，Q235 钢表面无法形成完整的氧化物薄膜，Q235 钢在电流作用下铁原子容易发生氧化反应而失去电子生成 Fe^{2+}，Fe^{2+} 在电场作用下加速向土壤中扩散，生成的 Fe^{2+} 在电场作用下以离子的形式向土壤介质扩散，最后与土壤空气中的氧气结合形成氧化铁。因此，当土壤中添加 0.75％盐分后，和 1# 未加盐土壤相比，Q235 钢的腐蚀速率略有升高。继续增加土壤含盐量，土壤的 pH 值升高到 8 以上，成为碱性土壤，土壤中阴离子 Cl^-、SO_4^{2-} 和 HCO_3^- 的含量显著升高。此时，碱性土壤中的 HCO_3^- 在外电流作用下加速形成 CO_3^{2-}，CO_3^{2-} 会和阳极溶解产生的 Fe^{2+} 和

Fe^{3+} 以及土壤中本身存在的 Ca^{2+} 和 Mg^{2+} 等反应生成难溶的碳酸盐，使土壤发生板结，板结的土壤极易覆盖于 Q235 钢表面，相当于缩小了 Q235 钢表层土壤孔隙的孔径，使氧的扩散通道受阻，Cl^-、SO_4^{2-} 的传递减速，从而间接地阻挡了电化学反应中阴极的去极化过程，因此，随着含盐量的增加，尽管土壤电阻率降低，腐蚀速率却略有下降。

4. 直流杂散电流干扰的判据

通常采用对地电位作为判断杂散电流干扰的标准。根据各国国情，执行的标准也不一样。日本为 +50mV，英国为 +20mV，德国为 +100mV。我国确定排流技术标准时参考了国外的标准，充分考虑了我国的国情，给出了以下指标，即处于直流电气铁路、阴极保护系统及其他直流干扰源附近的管道，当管道上任意点的管/地电位较自然电位正向偏移 20mV 时，或管道附近土壤中的电位梯度大于 0.5mV/m 时，就确认有直流干扰，此时应进行长期监测，根据监测结果采取相应的补救措施。

当管道上任意点管/地电位较自然电位正向偏移 100mV，或管道附近土壤中的电位梯度大于 2.5mV/m 时，应及时对管道采取直流排流保护或其他防护措施。

第二节 直流杂散电流的防护

一、干扰源侧的措施

1. 直流牵引系统

直流牵引系统影响杂散电流大小的因素有机车驱动电流、轨道电阻及轨道接地电阻。

（1）机车驱动电流

在额定功率不变的情况下，电流随电压的升高而降低。为了达到减少杂散电流的目的，可采取升高运行电压或使电源尽可能接近负荷点，即变一个供电站为多个供电站。

（2）轨道电阻

轨道电阻即轨道的纵向电阻，关键在于轨道间的接头，通常要求采用焊跨接线方法来处理。有的规程规定接头电阻不应超过连续轨道电阻的 20%，且每隔 300mm 在两条并行轨道间作跨接线。

（3）轨道接地电阻

轨道接地电阻越大，相应产生的杂散电流越小。在通常情况下，对轨道和道基之间应采取绝缘措施。

图 3-11 所示为电气铁路影响杂散电流的三大因素的关系曲线。

现代技术证明，若设计有适当的措施并纳入系统之内，地下杂散电流可以在电源侧加以控制。比如，为减轻杂散电流的干扰，采取在空中架设第二负馈线，近距离将轨道电流吸入方式。不过在实践中，这一点往往被人忽视，致使这一公害无人问津，只好在被干扰侧方面下功夫了。

2. 阴极保护系统

随着我国工业的发展，可供埋地管道通行的地下环境更加复杂，尤其在城市及厂矿区域，很难做到设计的管道系统不对附近地下金属构筑物造成干扰。在这种情况下，通常采用以下措施，以减轻阴极保护系统对相邻其他金属构筑物的干扰影响。

（1）限制阴极保护站的电流输出

对位于地下金属构筑物密集区域的管道，采用强制电流阴极保护时，应考虑用几台小功率整流器代替一台大的整流器，这样可以减轻对其他系统的干扰影响。

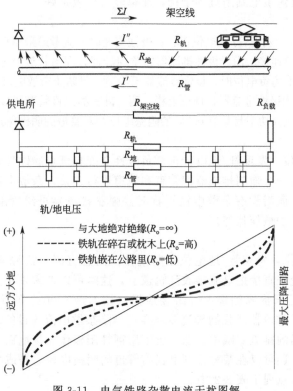

图 3-11 电气铁路杂散电流干扰图解

（2）采用分散阳极，缩小阴、阳极之间距离

目前新研制的柔性（缆型）阳极可以做到和管道（阴极）同沟敷设，因而阴、阳极之间距离缩小，其间形成的电场影响范围也相应减小，且保护电位分布很均匀，对减小干扰极为有利。

（3）提高防腐层质量和级别

提高防腐层质量和级别，减小保护电流密度是减轻阴极保护干扰的较好方法之一。在实际中，难以对全部管道防腐层进行控制时，可对干扰危险的局部区段加以处理，或者局部采用高性能防腐绝缘材料。

3. 直流输电系统

直流输电系统采用双极输电，杜绝单极输电。另外，为消除不平衡电流，应严格控制维修时单极输电时间。

二、被干扰侧的防护措施

1. 一般原则

杂散电流是客观存在的，当管道建设中避不开时，就必须在管道侧采取必要的防护措施。由于杂散电流腐蚀的危害性大，所以技术规范中对于杂散电流地区的防护措施都规定了期限，一般应在管道埋地三个月内投入运行，这些措施包括排流、屏蔽、阴极保护等。

2. 排流保护

（1）直接排流

通过测量管/地电位，发现管/地电位偏移稳定在正方向时，可以考虑采取直接排流措施，即通过导线把管道和干扰源侧的负汇流母线直接相连，把管道中的杂散电流引入干扰电源的负极中。此法适于排除直流供电站附近的干扰，简单经济、效果好。

（2）极性排流

通过测量管/地电位，发现管/地电位正、负极性交变时，应考虑采用极性排流措施。利用一个极性排流器把管道和轨道连接，由于极性排流器为单向导通，即当管道上为正电位时，把管道中的杂散电流排出；当管道上为负电位时，极性排流器不导通，可防止杂散电流的进入。

通常采用二极管作为极性排流器，理论上锗、硒、硅三类二极管都可以采用。在实际中多采用硅二极管。因为它可做成大功率且具有 0.7V 的阻塞电压，对管道的阴极保护有利。

（3）强制排流

通过测量管/地电位，发现管/地电位正、负极性交变且环境腐蚀性较强时，应考虑采用强制排流保护措施。利用一个强制排流器把管道和轨道进行连接，杂散电流通过强制排流器的整流环节排放到轨道上；而当没有杂散电流干扰时，强制排流器可给管道提供一个阴极保护电流，使管道处于阴极保护最佳状态。

（4）接地排流

通过测量管/地电位，发现管/地电位正向偏移，而管道离干扰源又很远。由于某种原因（如影响信号），又不允许直接把电流排放到轨道上，这时可以考虑采用接地排流，即通过在管道预排流位置上，按近干扰源侧接上一组接地极（按 SY/T 0017 的规定，接地电阻应小于 0.5Ω），然后通过极性排流器或强制排流器来实现排除杂散电流的目的。

在东北输油管理局的排流实践中，总结出了用牺牲阳极作为接地极的接地排流技术，它不但可以排出杂散电流，还可以在某种程度上提高管道的阴极电位，是成功的技术。以上排流保护方式的图示及其优缺点列于表 3-2 中。

表 3-2　排流保护方式的图示及其优缺点

方式	直流排流	极性排流	强制排流	接地排流
示意图	铁轨 排流线 管道	铁轨 排流器 排流线 管道	排流器 管道	铁轨 接地床 管道
应用条件	①被干扰管道上有稳定的阳极区 ②直流供电所接地体或负回归线附近	被干扰管道上管/地电位正、负交变	管/轨电位差较小	不能直接向干扰源排流
优点	①简单经济 ②效果好	①安装简便 ②应用范围广 ③不要电源	①保护范围大 ②可用于其他排流方式不能应用的特殊场合 ③电车停运时可对管道提供阴极保护	①应用范围广泛,可适应各种情况 ②对其他设施干扰较小 ③可提供部分阴极保护电流(当采用牺牲阳极时)
缺点	应用范围有限	当管道距铁轨较远时,保护效果差	①加剧铁轨点蚀 ②对铁轨电位分布影响较大 ③需要电源	①效果稍差 ②需要辅助接地床

（5）绝缘断路法

在管道中安装绝缘垫片，使杂散电流无法正常通过管道长距离地流过。

（6）辅助引流

在管道外加一条与管道平行的导线，由于管道外表面一般采用涂层处理，而增加的导线为裸线，杂散电流优先通过导线传递。这种导线的直径大于管道厚度，可以使管道免受杂散电流干扰。

三、排流保护的设计

1. 杂散电流数量级的估算

计算杂散电流的数量十分困难，一般只能由假设的简单条件来估算。实际上，两个系统总是重叠的，有时从轨道漏泄的杂散电流通过并行的管道和电缆返回，而有时却经土壤返回。考虑轨道里的电流分布时，情况则更为复杂。

对于任意线路的轨电流，假定由恒定电流成分和随距离而线性增加或减少的电流成分构成，即

$$I = I_K + XI'$$
(3-8)

式中，I 为轨电流；I_K 为不受 X 点的距离制约的恒电流成分；XI' 为受 X 点的距离制约的分量。

对于土壤中杂散电流的计算，可按下式来计算：

$$\frac{I_{E_{max}}}{I} = 1 - \frac{1}{\cosh\dfrac{L}{2L_K}}$$
(3-9)

对于均匀电流负载可由下式计算：

$$\frac{I_{E_{max}}}{I_0} = \frac{L_K}{L}\left[\operatorname{arcosh}\left(\frac{L_K}{L}\sinh\frac{L}{L_K}\right) - \sqrt{1 - \left(\frac{1}{\dfrac{L_K}{L}\sinh\dfrac{L}{L_K}}\right)^2}\right]$$
(3-10)

式中，$I_{E_{max}}$ 为运行轨道中的恒定电流；I_0 为在界外轨道的始端电流；L 为轨道区间长度；L_K 为 $\dfrac{1}{\alpha} = \dfrac{1}{\sqrt{R'_S G'}}$ 标准或特定的轨道长度。

这些方程式的图解说明见图 3-12。

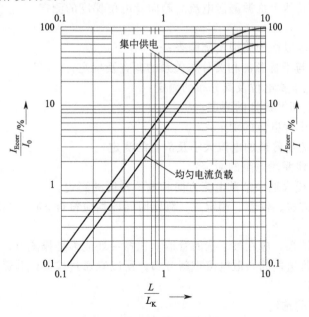

图 3-12　直流铁路的泄漏电流

表 3-3 列出了不同路基上轨道的参数值，从表中可以看出单位长度 G' 的轨/地电导对特性长度 L_K 和电流损失的影响。假定敷设良好的轨道对应特性长度 $L_K = 2\sim3km$ 有一个伸缩范围 $\alpha = 0.3\sim0.5km^{-1}$，当 $L/L_K = 1$ 时，电流漏泄在 6%～12% 之间；长度增加 1 倍，电流漏泄则增加到 20%～35%。

表 3-3 电阻 10mΩ/km 的轨道参数标准值

项目	铁轨状况								单位
	路面			砂砾基础				隧道里	
G'	50	33	20	10	5	2	1	0.1	S/km
R'_A	0.02	0.03	0.05	0.1	0.2	0.5	1.0	10	Ω·km
$\alpha = \sqrt{R'_S G'}$	0.71	0.57	0.45	0.32	0.22	0.14	0.1	0.032	km^{-1}
$L_K = \dfrac{1}{\alpha}$	1.42	1.74	2.24	3.16	4.46	7.1	10	31.6	km

对于长距离平行的管道来说，管道中流动的杂散电流趋向一个极限值：

$$I_R = IR'_S/(R'_S + R'_R) \tag{3-11}$$

式中，I_R 为管道电流，A；R'_S 为单位长度轨道电阻，mΩ/km；R'_R 为单位长度管道电阻，mΩ/km。

2. 排流保护设计

(1) 预备性测定

排流保护不同于正常的管道防腐蚀设计，需按有关技术标准进行干扰源侧及管道侧的调查与测定。根据调查与测定的结果，才能进行排流保护方案、位置、容量等内容的设计。一般在排流保护前，应进行预备性的测定。以轨道排流为例，预测内容如下：

① 干扰源侧

a. 必须进行直流供电所位置、馈电网路、回归网路的状态和分布的调查；

b. 必须进行电机车运行次数与时间关系的调查；

c. 应了解电机车驱动电流及干扰轨道上最多允许同时运行的电机车数量；

d. 应进行铁轨及其他干扰源对地电压及其分布规律的测定；

e. 应进行铁轨及其他干扰源漏泄电流的趋向及电位梯度的测定。

② 被干扰管道侧

a. 必须进行本地区以往的腐蚀实例调查；

b. 必须进行管道与干扰源的相关分布关系的调查及标定；

c. 必须进行管/地干扰电位及其分布的测定；

d. 应进行管/地电压及极性的测定；

e. 应进行管道中干扰电流的测定；

f. 应进行流入、流出管道的电流大小及部位的测定；

g. 应进行管道对地漏泄电阻的测定；

h. 应进行管道沿线大地中杂散电流方向和电位梯度的测定。

所有调查与测定方法、仪器、测定点、测定时间段均应符合 SY/T 0017 标准的规定。

(2) 确定排流点

根据调查与测定结果，应在被干扰的管道上选择一处或多处排流点，其选择以排流效果最佳为准。由于排流后管道内的杂散电流重新分布，所以宜通过排流试验逐点选择。通常情况可根据下述条件综合选定：

① 管道上排流点的选定

a. 管/地电位为正且管/轨电位差最大的点；

b. 管/地电位为正且持续时间最长的点；

c. 管道和铁轨间距最小的点；

d. 便于安装与维护排流设备的场所。

② 铁轨上排流点的选定

a. 扼流圈中点或交叉跨接处；

b. 直流供电所负极或负回归线上。

③ 接地排流接地地床，应选择在土壤电阻率低的场所　当采用接地排流方案时，接地极的接地电阻必须小于该处管道的接地电阻，通常宜选小于 0.5 Ω 的接地电阻。

3. 排流量的计算

通过排流保护装置排出的杂散电流量，宜通过排流试验确定，也可利用公式计算。当采用直接排流、极性排流、接地排流时，排出电流量可按下式计算。

$$I = \frac{U}{R_1 + R_2 + R_3 + R_4} \tag{3-12}$$

式中，I 为排出电流量，A；U 为未排流时管轨电压，V；R_1 为排流导线电阻，Ω；R_2 为排流器内电阻，Ω；R_3 为管道接地电阻，Ω；R_4 为铁轨接地电阻，Ω。

其中

$$R_3 = \frac{1}{2}\sqrt{\gamma_3 \omega_3} \tag{3-13}$$

式中，γ_3 为管道的纵向电阻，Ω；ω_3 为管道漏泄电阻，Ω。

其中

$$R_4 = \frac{1}{2}\sqrt{\gamma_4 \omega_4} \tag{3-14}$$

式中，γ_4 为轨道的纵向电阻，Ω；ω_4 为轨道漏泄电阻，Ω。

当采用接地排流时，R_4 为接地极接地电阻。

4. 限流电阻值的计算

为防止排流量过大造成管/地电位过负，在保证管道上正电位得到较好缓解的前提下，可以在排流电路中串入限流电阻，限制排流量。串入的限流电阻值按下式计算。

$$R = \frac{\left(\frac{I}{I'} - 1\right)U}{I} \tag{3-15}$$

式中，R 为限流电阻，Ω；I 为原排流量，A；I' 为拟定的排流量，A；U 为管/轨间电压，V。

5. 排流装置

(1) 一般要求

电阻器的选择要注意功率足够大，以防排流量大时被烧毁。排流器、排流线的额定电流应为计算排流量的 1.5～2.0 倍。

排流器应能满足下列技术条件：

a. 在管/轨电位差或管/地电位波动的范围内都能可靠地工作；

b. 能及时跟随管/轨电位差或管/地电位的急剧变化；

c. 防逆流元件的正向电阻要尽量小，反向耐压较大；

d. 所有动接点应能承受频繁动作的冲击；

e. 应具有过载保护；

f. 结构简单，便于维护。

排流器通常设置在室内。若设置在室外，应能适应当地的野外环境条件，安装牢固并有防护措施。排流器应做安全接地，接地电阻不应大于 4Ω。排流导线一般应采用铜芯电缆直埋方式，不得使用裸金属护套电缆或橡胶绝缘电线。按有关技术规定，当穿越构筑物、公路、铁路时，应采用穿电缆管敷设。直埋电缆的覆盖厚度一般应大于 0.7m。当有重物压迫危险时应大于 1.2m。

当排流导线较长时，也可采用架空方式，架空线的选择、铺设均应符合有关电气技术标准。

（2）接地排流要求

采用接地排流时，接地极周围的电位梯度不得超过下列数值：

a. 设置于水中时，为 10V/m；

b. 设置于土壤中时，为 5V/m。

接地极埋深应大于 1.0m，在人口密集区宜加栅栏。

排流导线与管道采用焊接方式连接，在焊缝处应对管道采取补强措施。排流导线与铁轨侧的连接方式不作规定，但应保证连接点电阻不大于 0.01Ω，机械强度不小于排流导线的机械强度。当采用接地排流时，排流导线与接地的引线应采用可拆卸连接。

（3）极性排流器

极性排流器由单向导电环节和可调电阻器组成。通常单向导电环节为二极管或继电器。图 3-13 是利用硅二极管制备的极性排流器，其主要特点是不需任何外加电源，不存在运动零件和磨损部件；其不足为二极管的阈值电压相对较高。国外常用带有继电器的排流设备，其电路较复杂，需用外部电源，可靠性稍差，维护工作量大，不过排流效果好。

（4）强制排流器

强制排流器可分为两种：一种是普通的变压整流器；另一种是可控电位的变压整流器（恒电位仪）。

图 3-14 是装有变压器的强制排流系统电路，在变压器和整流器之间安装过压保护器和扼流圈，变压整流器由初级电压连续可调变压器、桥式整流器、输入熔断器和输出熔断器以及测量输出电压、输入电流及管/地电位的仪器所组成。

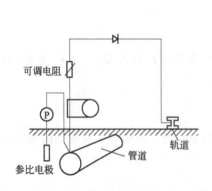

图 3-13　极性排流器简图

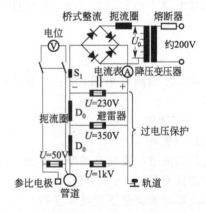

图 3-14　装有变压器的强制排流系统电路

为防止因排出杂散电流造成管/地电位波动引起过保护，可在整流回路间设计过电压保护，它由感应电抗器（图 3-14 中的 D_0）所组成。当轨电位为负时，整流器输入电流供给减少；当轨电位为正时，整流器输入电流供给增加，适当调节扼流圈系统可以大范围补偿杂散电流的波动。

图 3-15 是利用磁饱和放大器控制电位的强制排流器。当直流电气铁路造成管/地电位波动很大时，为确保适当的保护电位，即使在极强杂散电流干扰下，也可以利用磁饱和放大器来调

节控制，把管/地电位控制在保护水平值上。然而，这种控制电位的排流，一般只能控制很小的范围。当离开排流点较远时，管/地电位仍然波动。为了控制杂散电流对讯号源的影响，永久性参比电极探头是必要的。这里采用永久性参比电极作为自控电位的讯号源。当整流器输出小于讯号源的给定值时，自动调节加大保护电流的输出。同样，若输出值大于给定值时，则减少电流的输出。

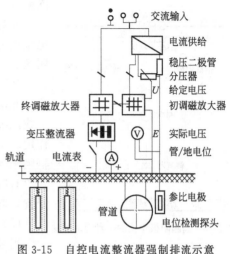

图 3-15　自控电流整流器强制排流示意

6. 阴极保护系统干扰的防护

（1）阳极干扰的防护

阳极干扰是由阳极地床的电位场所引起的，主要影响因素为阳极排放到土壤中的电流 I、土壤电阻率 ρ 及距阳极地床中心的距离 r，关系式是 $U=\rho I \dfrac{1}{2\pi r}$。

根据这一关系，在防护阳极干扰时，一是加大 r，二是减小 I。

在被干扰的管道上，可采取以下两个措施：

① 在距阳极地床最近的管段上加强防腐层等级，减少流入管道的电流量；

② 在距地床较远、有电流漏泄的地方安装牺牲阳极，使杂散电流通过牺牲阳极排出，减少管道的腐蚀。

（2）阴极干扰的防护

对于阴极干扰，其防护多采用跨接方式。为了控制跨接时的排流量，多在回路中串入一个电阻，通过调节电阻值，可以把这段被干扰的管道电位恢复到原来电位。如一条被干扰管道原来电位为 $-0.68V$，干扰后为 $-0.32V$，通过调节可以恢复到 $-0.68V$。不过有些场合并不一定都要求恢复到原来值。如一条被干扰管道原来电位为 $-0.91V$，干扰后为 $-0.55V$，调节后的电位为 $-0.85V$ 即可。

在日常管理中，每年至少应进行一次调节。

当被干扰管道表面防腐层质量太差时，采用跨接方式将造成大量的保护电流流失，从而影响保护效果。所以，应先对被干扰管段进行防腐层修补，然后再进行跨接，修补段的长度应根据干扰影响的长度确定。

在有干扰影响的绝缘法兰两侧，也可以通过跨接电阻来消除干扰。

综合上面的分析，系统解决阴极保护干扰问题可以采用的措施有以下两个方面。

① 在阴极保护的管道上

a. 由多个小电流阴极保护站代替一个大的集中阴极保护站；

b. 通过串入一个电阻来跨接干扰源和被干扰的管道；

c. 排除意外的外部金属构筑物短路点；

d. 在交叉点或平行段附近加厚防腐层。

② 在受干扰影响的管道上

a. 在阳极影响区安装牺牲阳极；

b. 在交叉或平行段采取绝缘隔离；

c. 扩大距离。

7. 其他特殊的防护措施

（1）电屏蔽法

可在阳极干扰段或电气铁路干扰区内采用电屏蔽法以防止杂散电流的干扰。图 3-16 是消

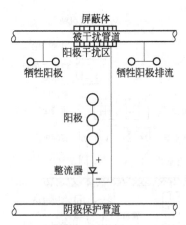

图 3-16　消除阳极干扰的一种电屏蔽法

除阳极干扰的一种电屏蔽法。其原理是用裸管套在被干扰管段上，并与整流器的负极相连，形成一个阴极电位场来抵消阳极电位场的作用。其不足之处是要消耗大量电流，而效果并不明显。

（2）牺牲阳极法

此法适用于防止来自阴极保护系统的干扰，在被干扰管段上找出漏泄电流点，在此处安装牺牲阳极便可起到排流和保护作用。不过，使用这种方法一定要慎重，以防止杂散电流引起牺牲阳极的电流逆转。

有时牺牲阳极法也可用于排除和电气铁道交叉的管道上的干扰，起到降低电位、排除杂散电流的作用。

（3）绝缘法兰分割法

当被干扰管道长距离平行于电气铁道时，为了减轻干扰程度，可采用绝缘法兰（或接头）将管道分割成若干个小管段，降低杂散电流干扰影响。

第三节　交流杂散电流腐蚀理论

一、交流杂散电流产生的原因

交流杂散电流的主要来源是交流电气化铁路、高压输变电的接地网排流、电器设备的接地电流或泄流电流以及高压交流输电线路感应电流。另外，还有一些是通过细菌和微生物的放电或者落雷产生。

在大小和方向都变化的电场作用下进行的电化学腐蚀过程为交流杂散电流腐蚀。该电场的电场强度比自然极化过程要高很多。依据电磁场理论分析，高电压电路（其中包括电气化铁路牵引系统）对埋地金属管道交流干扰方式主要是通过容性耦合、阻性耦合和磁感性耦合干扰三种方式。

（1）容性耦合干扰

在管道表面涂有一层防腐绝缘层，使输电线路与埋地金属材料间存在一个电容。此电容由输电线路对管道的耦合电容与管道对土壤的电容串接而形成，传输线路形成的电场与管道通过电容相连接，从而影响埋地管道，造成埋地管道对地电势升高。电势的变化值由传输线路的操作电压和相应导线与管道之间存在的电容所决定。

（2）阻性耦合干扰

当埋地金属材料与高压输电线路的接地极、发电厂或交流电气化铁路变电站的接地极距离较近时，电流则是通过接地极流到地下，交流杂散电流通过接地极直接传递到管道上。由于这种耦合是通过管道和接地极之间的电阻进行的，因此被称为阻性耦合。

（3）磁感性耦合干扰

交流传输线路中流过的电流，在金属材料附近会产生一个交变磁场。当埋地管道处于这个交变磁场中，而且与磁力线垂直或交叉，依据法拉第电磁感应定律，该埋地金属管道将会产生感应电动势和感应电流，因而称为磁感性耦合干扰。这一耦合原理相当于变压器，套管上产生的感应电动势大小与输电线的平行距离的长度有关，输电线的平行距离越长，感应电压越高，对管道的影响也更加严重。现如今，由于高压装置的工作电流和短路电流增大引起了管道防腐层电阻率的增加，使电磁感应耦合逐渐增强。

由以上分析可知，土壤中交流杂散电流来源比直流杂散电流更广泛，但由于交流电流存在上半周和下半周，普遍认为下半周对地下设备影响小，因此交流杂散电流腐蚀比直流杂散电流小得多。

二、交流腐蚀的特点

交流腐蚀与直流腐蚀以及自然腐蚀有着非常大的区别，主要为以下几点。

① 交流腐蚀是在外界电场或外界磁场作用下产生的，这个外电场比金属发生自然腐蚀时内电场产生的电压强度要高很多，产生的交流干扰电压要比电极本身的直流极化电位高 $10 \sim 100$ 倍。

② 交流腐蚀是在大小和方向不断变化的电场作用下发生的电化学过程。交流电的变化周期在工频时只有 $0.02s$，比一般的电化学腐蚀要小几个数量级，说明这个变化过程是非常迅速的，因而使得短期内一些化学反应难以进行，界面发生极化很难。

③ 由于交流杂散电流变化迅速且处于强度很高的电场，一些化学反应的可能性突然增加，还有一些化学反应由慢变快，甚至有一些原本极可能发生的反应却受到了抑制；换言之，在交流电作用下，内部的电化学腐蚀过程会发生变化。

④ 在强外电场作用下，交流腐蚀量很大程度地取决于感应电流强度，它与埋地金属管道的表面状况和形状有关，并且和介电常数成正比关系，与缺陷面积成反比关系。但在实际情况中，由于土壤是不均匀介质，管道暴露的面积也不相同。另外，在腐蚀过程中会产生很多腐蚀产物。当腐蚀产物脱落后，管道表面变得特别粗糙，这会导致电场不均匀，在缺陷处形成一个强电场，形成很多的集中腐蚀区域，而且腐蚀具有穿孔特征。

⑤ 交流杂散电流的另一个特殊性还体现在交流感应电压峰值出现在管道和高压线相对位置有突变的地点，而在"公共走廊"的中间，交流杂散电流的作用较小。这种不均匀性使得在实际测量过程中对交流腐蚀程度的判断变得十分困难。

⑥ 在交流杂散电流作用下，双电层构成的等效电容具有分流作用，使得实际的交流电流量相对于流过反应电阻的有效分量要大一些。

三、交流杂散电流腐蚀的影响因素

不同情况下引起金属腐蚀的因素虽然不同，但都是电流从杂散电流源正极端流入管道，从而使管地间电位变正，使管道处于腐蚀状态。而在管道上的非杂散电流区域，其管地电位变负，所以管道受到不同程度的保护。即在电介质中的金属管道，杂散电流流入的部位为阳极，管道受腐蚀；在电流流出的部位为阴极，管道不被杂散电流腐蚀。国内外众多学者通过对交流杂散电流腐蚀机理的不断研究，逐渐明确了影响交流杂散电流腐蚀的一些关键因素，其中包括交流电流密度、交流电波形、交流电频率、管道保护系统和温度等。由于这些因素的存在，导致交流杂散电流腐蚀过程变得十分复杂，从而难以控制与监测，给交流腐蚀机理研究造成了很大困扰。

（1）交流电流密度

交流电流密度是决定金属腐蚀速率大小的关键因素之一。有文献研究了交流电流密度对 X80 钢在高 pH 值的碳酸盐/碳酸氢盐溶液中应力腐蚀开裂行为的影响，发现交流电流密度为 $30A/m^2$ 是一个临界值，交流电流密度高于 $30A/m^2$，金属的应力腐蚀敏感性增加。Funk 等通过研究表明，在保持阴极保护电流密度 $2A/m^2$ 不变的条件下，当交流电流密度超过 $30A/m^2$ 时，金属试样的腐蚀速率就会高于 $0.1mm/a$。因此，随着交流电流密度的增加，金属的腐蚀速率将会增大，但是随着时间的推移，腐蚀速率则会减小。

(2) 交流电波形

交流电波形也会使金属的腐蚀速率产生一定变化。经过许多研究发现，交流电波形为三角波时对金属铁钝性破坏是最大的，其对金属造成的腐蚀作用最大，腐蚀速率也最大；正弦波对金属腐蚀的影响次之；方波对金属腐蚀的影响较小。研究者对这一现象的解释是：由于不同波形交流电的最大电压不同，所以对金属造成的腐蚀作用也不相同。在三种波形中，三角波交流电的最大电压是最大的，其次是正弦波，最小的是方波。根据这个原因，说明三角波对金属腐蚀的作用最大，正弦波次之，方波最小。

(3) 交流电频率

交流电频率如果发生变化，将会对金属腐蚀溶解和金属表面状态（如腐蚀坑的形状、大小、数目、分布等）的产生较为明显的影响。朱敏研究了 X80 钢在不同交流电频率下的腐蚀行为，研究结果表明：当交流电频率增大时，极化曲线阴极和阳极的振幅会明显减缓，金属腐蚀作用也会逐渐减小。造成这种现象的原因可能是在增大交流电频率时，阳极和阴极转变周期也会随之减小，从而导致阳极反应金属溶解量减少，而在非常短的时间里，阳极溶解的金属阳离子很快在阴极周期内经过阴极反应重新还原为金属，因此使金属的腐蚀速率减小。

(4) 防腐层

早期的埋地管道是由钢管或铸铁管制作的，外表面没有一层防腐保护涂层，因此具有优良的接地功能，虽然电磁感应产生的交变电流对裸露管道有一定干扰，但并不严重。随着电力系统的快速发展以及埋地管道大规模使用高电阻率绝缘保护层，导致埋地管道上交流腐蚀现象慢慢增多。由于保护层缺陷无法克服，这为杂散电流的流动提供了通道，使得外表面有高电阻率绝缘保护层的埋地管道对交流输电线产生的感应电压特别敏感。徐火平经过研究发现，在保证其他因素都相同的情况下，当管道试样的裸露面积不同时，管道试样的腐蚀速率也不同。在相同交流电压下，随着试样暴露的面积增大，金属腐蚀速率反而会减小。在比较高的交流电压下，随着试样暴露面积的增加，金属腐蚀速率会发生明显下降；反之，在较低的交流电压下，随着试样暴露面积的增大，金属腐蚀速率下降的现象则不那么明显。

(5) 温度

调查研究表明，随着交流电流密度的增加，测试金属的温度将会上升。但是当交流电作用在试片上时，温度对金属交流腐蚀速率的影响非常复杂。在交流电压不变、低电阻率的条件下，腐蚀速率随温度的增加而升高；到达峰值后，温度继续上升，腐蚀速率却下降（但是仍比常温条件下高）。当电阻率比较高时，温度升高，金属腐蚀速率减少。

除了以上这些影响因素外，金属埋地管道的交流腐蚀速率还与金属所处的真实环境密切相关。例如：当环境中存在 $NaHCO_3$ 与 $CaCO_3$ 时，会使金属附近的交流腐蚀行为恶化；比起相同组成的静止水，流动水对附近金属结构物有更严重的交流腐蚀影响。金属交流腐蚀影响因素变量还有很多，但想要得到所有因素对金属交流腐蚀的影响规律还是非常困难的，需要人们不断地进行更多的现场调查和实验室研究，得到金属交流腐蚀的主要影响因素，从而更好地研究交流腐蚀机理。

四、交流杂散电流腐蚀机理

迄今为止，人们对杂散电流的研究已有 120 多年。在杂散电流研究工作的前期，研究人员发现：相对于直流电对金属的腐蚀强度，交流电引起的腐蚀要小很多，几乎不到直流电引起腐蚀的 1%。正因为如此，使得人们在日常生活中便忽略了对交流杂散电流腐蚀的研究，以至于交流杂散电流的检测和评价工作大大落后于直流杂散电流。如今，交流杂散电流腐蚀引发的重大事故层出不穷，于是国内外众多学者将目光转向于交流腐蚀机理、交流干扰形式、埋地管道交流腐蚀特征以及交流干扰危害性评价等方面，并且已经进行了大量研究，但到目前为止，对交流杂散电流腐蚀仍然停留在案例分析、实验室模拟试验和建立腐蚀理论模型等三个方面；还逐步提出了法拉第整流效应、阳极反应的不可逆性、阳极反应的去极化作用和交流电压在金属/介质界面的振荡作用等交流腐蚀机理。虽然这些理论都有其道理，但也不能忽视各个腐蚀理论中所存在的缺点与不足，还没有一种既可以确定交流杂散腐蚀速率，又可以解释交流杂散电流腐蚀机理的理论。现如今比较受到认可的交流腐蚀机理主要有以下四种。

（1）**法拉第整流效应**

法拉第整流效应是指对自然状态下的金属电极施加正弦交流电，使金属电极发生周期性的阳极极化和阴极极化，由于电极阴、阳极极化曲线的不对称性，阳极极化产生的总电流与阴极极化产生的总电流大小不相等，导致在金属电极上产生净电流，称为法拉第电流。Kulman 在前人的研究基础上，认为法拉第整流电流对于研究交流杂散电流腐蚀规律具有非常重要的意义，该电流的极性和大小也特别重要。如果该电流变为阳极电流，则金属发生腐蚀；反之，则会使该区域附近的金属材料发生间接腐蚀。

（2）**阳极反应的不可逆性**

法拉第整流效应的实质是建立在金属材料与介质电化学过程可逆的基础之上。但在实际的电化学过程中，交流电流在正半周期内发生的化学反应与在负半周期内发生的化学反应不是完全可逆的。因此，法拉第整流效应对于解释交流腐蚀机理仍然存在明显的局限性。

交流杂散电流对金属阳极的溶解作用非常复杂，可以用电化学腐蚀理论来解释。如果金属的阳极溶解遵循塔菲尔方程，且交流电作用到金属表面时，阳极溶解反应的动力学不发生任何变化，塔菲尔（Tafel）斜率和交流电流密度不变。用原电池理论来解释交流电腐蚀，即在腐蚀原电池必需的 3 个条件之外，再加上交流电流条件，即：①必须存在不同电极电位的两电极；②两电极必须有导线连接；③两电极必须共存于同一电解质体系里；④两电极间存在有交流电流。

曹楚南研究了交流电流对金属阳极溶解速率的影响，认为金属阳极溶解反应的极化曲线是一条非线性曲线，阳极溶解电流密度 I 和电位 E 呈现指数关系。在交流电流的正半周期中 $+V$ 是电位的最高点，在交流电流的负半周期里 $-V$ 是电位的最低点。但因为 E-I 是非线性关系，导致在交流电流正半周期内金属腐蚀的平均增加量比负半周期内的平均减少量要大，总的结果是增大了金属的阳极溶解速率，引发了金属腐蚀。但也认为增大了交流电压，阳极电流增大。但是，在该阳极电流下发生的不仅仅是 Fe 溶解的电化学过程，还包括 H_2 的还原反应和 FeO 到 Fe_3O_4 或 Fe_2O_3 的转变。而电解质的还原、Fe_2O_3 和 Fe_3O_4 还原成 FeO，构成了法拉第电流下发生的阴极电化学过程。所以，在每个交流周期内，Fe-Fe_2O_3/Fe_3O_4-FeO 的转变会使碳钢发生腐蚀。

（3）**阳极反应的去极化作用**

Jones 研究了交流电作用下在 0.1mol/L NaCl 溶液中，有关低碳合金钢和碳钢的腐蚀行为，发现阳极 Tafel 斜率降低，所以认为在无氧条件下腐蚀速率增加的主要机理是交流电流对阳极反应的去极化作用。在有氧条件下，交流电流对阳极反应的去极化作用也非常明显，但是溶氧量决定了金属腐蚀速率的大小。在交流电流负半周期内，阳极反应的去极化作用主要方式是阴离子的脱附以及表面膜的还原。

（4）**交流电压在金属-介质界面的振荡作用**

Nielsen 等通过对腐蚀所造成事故的分析和现场调查，认为发生埋地管道交流杂散电流腐蚀的原因可能是埋地金属管道保护层破坏的地方存在一个小范围环境的碱性化现象和交流电压在金属-介质的界面产生振荡作用而诱发的腐蚀破坏。处在阴极保护系统下的埋地金

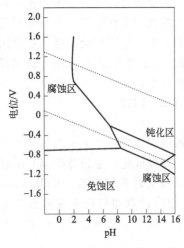

图 3-17　Fe-H₂O 体系电位-pH 图

属管道表面的阴极反应会产生大量的 OH⁻，产生的这些 OH⁻ 会使保护层发生破坏的小范围环境 pH 增大。根据 Fe-H₂O 体系的波拜（Pourbaix）图（图 3-17），当 pH 值比较高时，交流电压的周期性循环振荡会破坏金属表面产生的氧化膜，从而导致了交流杂散电流腐蚀的产生。

Kulamn 认为，交流杂散电流引起金属材料腐蚀的根本原因是金属的腐蚀反应过程是一个不可逆过程；当管道附近环境的 pH<14 时，很难形成钝化膜从而导致材料腐蚀；而在 pH 超过 14 的情况下，交流电的循环振荡作用会促进金属表面形成的薄氧化膜溶解与生成的循环，因此可能导致埋地金属材料的前期腐蚀。

以上这些腐蚀机理对交流杂散电流腐蚀规律的解释各有局限性，并未达成一致。法拉第整流效应和阳极反应的去极化作用机理从动力学角度解释了交流腐蚀现象中一些动力学参数的影响，能够较好地解释一些交流腐蚀现象，但仍然存在明显缺陷。阳极反应的不可逆性和交流电压在金属-介质界面的振荡作用机理则是从热力学角度来解释交流腐蚀发生趋势，这两种规律很好地解释了存在阴极保护系统时交流腐蚀仍会发生的事实，但无法解释腐蚀速率的影响因素。迄今为止，国内外众多学者对交流电流腐蚀提出了众多假设，但腐蚀机理仍然处于研究之中。

五、交流杂散电流腐蚀的危害

（1）造成或加剧管道的腐蚀

对于平均腐蚀而言，与直流杂散电流相比，交流杂散电流引起的腐蚀要小得多，但由于交流输电系统会在管道上感应出交流电压、电流，并且在交、直流叠加作用下，会引起表面电极的去极化作用，加剧管道的腐蚀，进而在管道上形成腐蚀穿孔。

（2）干扰管道正常保护电位

管道对地测量电位指示不稳，可以通过这个特点来判断埋地金属管道是否受到交流杂散电流的干扰。交流杂散电流会使阴极保护电流无法在控制的电位内正常进行，有可能会使牺牲阳极发生逆转，加剧埋地管道的腐蚀，从而造成更大危害。

（3）破坏防腐层或绝缘法兰

交流干扰会引起绝缘层的老化，特别是在绝缘层的破损处，容易引起防腐层的剥离。高压输电线以耦合的方式在埋地金属管道内形成变化的电磁场，从而产生二次交变电压和电流，这个电压会上升到上百伏特；发生故障时，电流也上升到几百安培，造成地电位升高，而此时管道相当于零电位，在电流产生的巨大电场下，防腐层和绝缘法兰将会被击穿，甚至是阴极保护设备也会受到损害。

（4）威胁人员或设备的安全

由于高压输电线会通过耦合作用在埋地金属管道上产生感应电压，当电压过高时，很可能对电气设备、金属管道以及设备检测工作人员的生命安全造成威胁。

（5）影响通信设备的正常使用

由于交流杂散电流会产生干扰电磁场，对人们的手机等设备产生电磁干扰，影响设备的正常使用。

（6）引起氢脆

交流杂散电流电压较大时，容易引起地下管道发生氢脆，这时管道受到外力而振动时，容易产生爆裂。这种外力可能来源于管道上方的车辆振动，也可能来源于填埋土方塌陷、泥石流的冲击等。

六、国内外交流腐蚀研究现状

虽然国内对交流腐蚀问题有一定研究，但是国内在交流腐蚀机理、检测、评价方面还没有进行系统深入的研究，且现有成果大都集中在交流腐蚀电化学行为测定及防护技术的初步阶段。1982 年，尹可华等提出将电场理论和电化学理论相结合的方式研究交流杂散电流腐蚀，提出了电场腐蚀场理论，认为受到变化较快、强度较大的交流干扰电场的作用，金属电化学过程发生改变，失重量随电流密度的增加而增加，腐蚀坑随电压的增大而变深，存在交流腐蚀临界安全电压指标。在电场腐蚀理论的基础上，宋光铃在 1991 年提出了在电位比较低时，交流电场会使金属钝化膜的厚度增加，从而提高其抗点蚀的能力和耐还原溶解的能力。2005 年，由于地铁杂散电流的问题越来越严重，因此杜应吉等研究了活性掺合料对地铁杂散电流的抑制作用，发现杂散电流作为一种离子流，会使钢筋表面的钝化膜损坏，从而促进钢筋的腐蚀。虽然在 2005 年以前对交流腐蚀有一定的研究，但是对于有阴极保护、绝缘层时的腐蚀问题并没有搞清楚。所以 2010 年，胡士信提出当交流电流密度小于 $20A/m^2$，极化电位偏移 $100mV$ 时，会使金属试样在暴露的土壤中得到保护，并且给出了交流电流密度-阴极保护极化偏移量-控制状态三者之间的关系：当阴极极化偏移量低于 $100mV$ 时，无论交流电流密度多大，金属试样都不能受到保护；当阴极保护极化偏移量大于 $100mV$，交流电流密度小于 $60A/m^2$ 时，金属试样得到保护。杨燕研究了交流腐蚀量与直流腐蚀量的关系，认为交流杂散电流的方向是不断变化的，只要有交流电流流过的地方都会发生腐蚀且交流腐蚀的腐蚀量同直流腐蚀相比要小，但交流腐蚀的集中腐蚀性更强，更易诱发局部腐蚀。2014 年，马树锋研究指出：不均匀土壤介质，管道绝缘层的泄漏状况大不相同，再加上在腐蚀过程中，管道表面会变得特别粗糙，会使得电场分布非常不均匀，从而在强电场处发生集中腐蚀。卿永长等对交流电和微生物共同作用下 Q235 钢的腐蚀情况进行了研究发现，均方根电流密度为 $50A/m^2$，频率为 $50Hz$ 的正弦交流电对 SRB 造成很大影响，但交流电的交变电场降低了微生物膜的吸附性，促进微生物膜的脱附。2016 年，在以前交流腐蚀研究的基础上，王慧如等研究了交流电对 X80 管线钢在土壤模拟溶液中阴极保护性能和阴极保护电压的影响，发现交流干扰的存在降低了阴极保护对钢铁腐蚀的保护作用。在传统的阴极保护电位下，交流电使阴极保护电压负移，且交流电流密度越大，负移越厉害，钢铁腐蚀越严重。

国外对交流腐蚀的研究断断续续，而且对交流腐蚀基础性研究也不够深入。迄今为止，金属交流腐蚀机理研究的成果非常少。在 20 世纪初开始研究钢的交流电腐蚀，这时候的研究结果和在 20 世纪中期的研究都显示了钢的交流腐蚀仅是直流电腐蚀的一小部分；而与直流电流相比，交流腐蚀程度较小，但当交流电与直流电叠加时，腐蚀速率明显增加。在随后的几十年里，逐渐开展了对交流干扰参数（交流电压、交流电流密度、土壤性质、涂层缺陷和高压输电线相对于埋地管线的距离）的研究，并且得出了一些重要结论。例如，认为交流杂散电流加速管道腐蚀是由于交流电诱发阳极极化，使钢的活化作用增强，从而发生严重腐蚀。Martin 通过研究发现杂散电流对管道具有一定的腐蚀作用。Bertolini 研究了杂散电流存在时交流电和直流电对钢筋混凝土的腐蚀性行为影响，发现交流电流比直流电流更具危险性。1916 年，Mccollum 对交流杂散电流腐蚀进行了详细研究，指出交流腐蚀速率随着交流电流频率的升高而减小，但是频率存在一个门阈值。低于这个门阈值，腐蚀速率随着交流频率的升高而降低；高于这个门阈值，腐蚀速率随着交流频率的增加而增加。这一结果引起了 Marsh 的注意，因此，1920 年 Marsh 进行了一组电极反应的研究：把铂、金、镍电极放在硫酸钡（氢氧化钡）溶液中，发现交流电的频率不同，对金属的腐蚀影响不同，且交流电的频率在 60Hz 时，对铂、金、镍电极的影响最严重。同时，交流电流密度和交流电压对金属的腐蚀影响也不容忽略，它会影响金属的钝化性能。例如，Brenna 等研究了交流干扰对钢筋在含氯溶液中的腐蚀影响，发现：过钝化电位由于交流电流密度的增加而降低，碳钢在碱性环境中钝化膜的稳定性减弱；Dai 通过实验研究了交流电压和直流电压对腐蚀系统的影响，发现：电场对阳极反应和阴极反应都具有去极化作用，从而使材料的钝性降低，加速金属的腐蚀速率。又有学者对交流电流密度进行了研究，得出交流电流密度对金属的腐蚀有较大影响。例如，Wen 研究了交流电对带有涂层的管线钢的腐蚀，发现：随着杂散电流密度的增加，腐蚀电位和腐蚀速率增加。Kuang 研究了高 pH 值和中性碳酸盐或碳酸氢盐溶液中交流电（AC）诱发的腐蚀和 X65 管线钢的点蚀，发现：在高 pH 值和中性 pH 溶液中，开始点蚀的临界交流电流密度大约分别是 $0.03A/cm^2$ 和 $0.02A/cm^2$。在对交流电流的机理研究和对阴极保护的影响上，国外学者也做了许多研究和探索。如 Khaldi 发现交流电和直流电都与磁场的诱导结果有关；Panossian 采用低频交流电流研究了金属在不同 pH 环境的交流电流腐蚀机理，发现在交流电流作用下，金属在钝化区和免蚀区或活化区和免蚀区间往复交替变化；Goidanich 在 $10\sim900A/m^2$ 的交流电流密度下，对碳钢试样进行了质量损失测试。结果表明：当交流电流密度增加时，腐蚀率增加；当交流电流密度低于 $30A/m^2$ 时，AC 对腐蚀速率也有影响。在这个基础上，研究了交流腐蚀对阴极保护的影响，对 16Mn 管线钢在模拟土壤溶液中进行交流腐蚀研究，发现交流电流对阴极保护性能和阴极保护电位大小有很大影响，交流电流的出现使原来阴极保护的标准不再适用。Yanbao 等研究了交流电流干扰对 API 5L X60 管线钢阴极保护的影响，发现：在交流电流干扰存在时，管线钢的腐蚀和极化电流密度增加；在交流电流干扰较小时，现有的阴极保护标准可以为管线钢提供充分的保护；但在较大的交流电流干扰密度下，阴极保护准则将不再适用。此外，在研究了交流频率和交流电流密度后发现，交流电压的影响也不容忽视。Wendt 等研究了交流电压对 316 不锈钢在 0.5mol/L 硫酸溶液中阳极极化曲线的影响，结果表明：交流电压会引起金属钝性的破坏，钝化-过钝化电位随着交流电压的增加逐渐负向偏移，使致钝电流密度和维钝电流密度逐渐增加。Pagano 研究了低碳钢在海洋环境中的腐蚀，发现：在碳钢和铂网对电极间施加交流电压（100mV）时，碳钢的腐蚀率增加；但当电压在 $100\sim600mV$ 间增加时，碳钢的腐蚀率下降；进一步增加电压，当超过 600mV 时，腐蚀率以指数方式增加。另外，还有一些研究重点放在了缺陷面积大小不同时的交流腐蚀，表明了交流腐蚀在绝大多数的情况会发生在 $1cm^2$ 的缺陷上。Peez 还发现：当缺陷面积为 $0.01cm^2$ 时，交流电流的腐蚀不是很明显；而当缺陷面积为 $0.03cm^2$ 时，交流腐蚀有较小增强。

国内外对交流腐蚀的研究虽然有百年历史，还研究了交流电压、交流电流密度、交流电流频率等对金属的腐蚀影响，但至今仍存在较大争议，主要问题是腐蚀机理不清楚，从而给评价、监测及防护工作带来巨大障碍。因此，对交流腐蚀问题的研究重点还应放在基础研究上，特别是对微观机理的探索方面。此外，电力系统的飞速发展使得交流电诱导金属腐蚀的问题变得日益突出，这也加大了对交流腐蚀问题的重视。

七、杂散交流电压对 Q235 钢电化学行为的影响

1. 交流电压对 Q235 钢腐蚀电位的影响

在某酸性土壤溶液中利用线性循环伏安法测试在自腐蚀电位 $-0.65V$（相对饱和甘汞电极）的基础上分别加 $\pm0.1V$、$\pm0.2V$、$\pm0.5V$、$\pm1.0V$、$\pm1.5V$ 的三角波，频率为 $0.0025Hz$ 的外电压，电压对腐蚀电位的影响见图 3-18，极化曲线拟合结果见表 3-4。

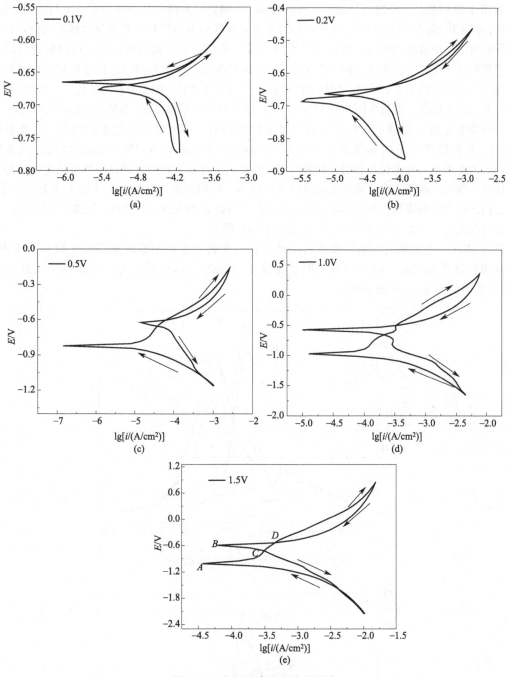

图 3-18　电压对腐蚀电位的影响

表 3-4　极化曲线拟合结果

E_p/V	电位反扫过程		电位正扫过程	
	$E_{cor,B}$(自腐蚀)/V	$I_{cor,B}$(自腐蚀)/A	$E_{cor,A}$(自腐蚀)/V	$I_{cor,A}$(自腐蚀)/A
0.1	−0.66535	9.5206×10^{-5}	−0.67495	7.670×10^{-5}
0.2	−0.65267	7.7999×10^{-5}	−0.68314	3.342×10^{-5}
0.5	−0.61811	8.2914×10^{-5}	−0.81476	8.412×10^{-5}
1.0	−0.56472	8.6685×10^{-6}	−0.98069	2.087×10^{-4}
1.5	−0.52501	9.3751×10^{-5}	−0.95506	1.547×10^{-4}

由图 3-18 可见，一个循环（相当于交流电的一个周期）的极化曲线分为正、反扫描两个过程，正、反扫描范围相同，方向相反；电位正扫过程极化曲线和电位负扫过程极化曲线不重合，正、反过程分别对应一个自腐蚀电位，即两个自腐蚀电位。正扫时的自腐蚀电位小于反扫时的自腐蚀电位。施加的外加交流干扰电压不同，会引起 Q235 钢自腐蚀电位的偏移，正扫过程和反扫过程的电位偏移方向相反。由表 3-4 可知，当施加的交流干扰电压增大时，电位正扫，Q235 钢试样的自腐蚀电位发生负向偏移，交流电压为 0.1V 时，自腐蚀电位负向偏移了 0.025V，交流电压增大到 1.5V 时，自腐蚀电位负向偏移了 0.305V；自腐蚀电位反扫时，腐蚀电位发生正向偏移，交流电压为 0.1V 时，自腐蚀电位正向偏移了 0.0153V，交流电压增大到 1.5V 时，自腐蚀电位正向偏移了 0.125V；由此可见，在电位反扫时，随着所施加的交流干扰电压增加，其自腐蚀电位差也增加。交流干扰电压增加得越多，自腐蚀电位正向偏移得越多，说明腐蚀倾向越大。从图 3-18 还可以看到，电位正扫过程中的阳极极化曲线和电位反扫过程的阴极极化曲线有一个交点，记作 C 点，而两个阳极极化曲线也有一个交点，记作 D 点，如图 3-18(e) 所示。

图 3-18(a) 中出现电位降低和升高过程中 E-i 曲线不重合的原因是腐蚀过程不是可逆的。在外加电位发生变化时，电极表面的阻抗是发生变化的。利用阻抗电位法测得腐蚀过程的阻抗-电位关系见图 3-19 和图 3-20。

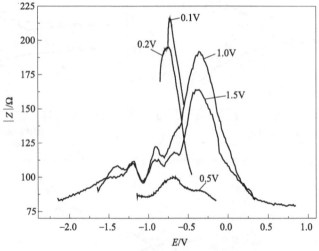

图 3-19　电位正扫时的阻抗-电位曲线

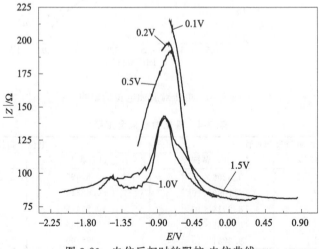

图 3-20　电位反扫时的阻抗-电位曲线

由图 3-19 和图 3-20 可以看到，在非平衡系统中正扫描电极和反扫描电极表面的阻抗变化较大，使得正扫描和反扫描的两条 $E\text{-}i$ 曲线不重合，而图 3-18(e) 中正扫描与反扫描的阴极极化曲线与阳极极化曲线的交点 C 是平衡系统中 Q235 钢的自腐蚀电位，也就是混合电位。在这一电位下，两条曲线相交，它介于正扫描求出的自腐蚀电位与反扫描求出的自腐蚀电位之间。正扫描极化曲线求出的自腐蚀电位 A 低于混合电位 C，反扫描极化曲线求出的自腐蚀电位 B 高于 C 点电位。正扫描与反扫描两条阳极极化曲线相交于 D 点 [如图 3-18(e) 所示]，表明此点金属腐蚀电流与外加电流相等；当外电流小于 D 点时，即金属的腐蚀速率大于外电流，外电流降低了金属表面的阻抗，加速了腐蚀；当外电流大于 D 点时，金属的腐蚀速率小于外电流，较多的电流用来满足阴极反应需要的电流，维持 $2H^+ + 2e^- \longrightarrow H_2$ 反应的需求，试验过程同时观察到外电位高时，辅助电极的 H_2 气泡较多。

由于在外电压施加过程中，电极表面阻抗是不断变化的，正扫描和反扫描时，阻抗最大值均在 $-0.8V$ 左右，电极表面为阴极过程，此时 $2H^+ + 2e^- \longrightarrow H_2$ 的反应发生，说明电极表面有大量 H_2 聚集，但 H_2 没有克服液体阻力成为气泡逃逸，使电极表面的阻抗变大。对比图 3-18(a) 可发现，在外电压相对自腐蚀电位小于 0.2V 处，正扫描和反扫描的两条阴极极化曲线尽管不重合，但是斜率基本相似，均表现出阴极扩散控制的形状。实验过程中未观察到 Q235 钢电极表面有 H_2 析出，说明溶液中的 H^+ 扩散控制了电极过程，试样表面聚集大量 H_2，对应图 3-19 发现此电位处的阻抗最大。由于 H_2 不能析出，浓度最大，此时 Q235 钢遭受较大的析氢腐蚀。当外电压大于 $\pm0.2V$、电位反向扫描时，即外电位由大到小进行变化，在 $-0.9 \sim -0.7V$ 电位范围内电位快速下降，而电流变化不大，此时也属于扩散控制。随着电位继续下降至低于 $-0.9V$ 时，电位下降的同时电流变化大，是由于此时有 H_2 析出，降低电极表面阻抗，试验过程中同时观察到 Q235 钢电极表面有大量 H_2 冒出。当电位正向扫描时，即电位由小到大，降低了 $2H^+ + 2e^- \longrightarrow H_2$ 的推动力，电位下降过程 H_2 的析出扰动减薄了 Q235 钢表面 H^+ 与 H_2 的双电层，使表面极化阻力减小，使电位正扫过程中的 Q235 钢容易腐蚀，即腐蚀电位 A 点低于混合电位 C 点。

由图 3-18(d) 和 3-18(e) 可见，在正扫描过程，即外电位由小到大施加，阳极电位在 $-0.8V$ 附近也出现了快速升高，由于腐蚀过程是阴极反应和阳极反应同时发生的过程，在这一电位下，阴极发生了 H^+ 扩散控制，则阳极的腐蚀 $Fe \longrightarrow Fe^{2+} + 2e^-$ 也减慢，阳极极化率也变大。随着电位的继续上升，电极表面不断聚集 Fe^{2+}，当电位反转，由大变小时，金属溶解反应 $Fe \longrightarrow Fe^{2+} + 2e^-$ 的推动力减弱，而且电极表面聚集的 Fe^{2+} 减慢了内层 Fe^{2+} 的生成，使阳极反应速率降低，因此电位反扫过程中电极表面的阴、阳极反应在高于 C 点混合电位的 B 点电位处达到自腐蚀平衡。

2. 频率为 1Hz，交流电压对 Q235 钢腐蚀速率的影响

交流电频率为 1Hz，研究不同电压的三角波交流电作用下 Q235 钢腐蚀体系的电流密度-时间曲线，进一步分析交流电压对腐蚀速率的影响，测试的电流密度-时间曲线见图 3-21。对电流密度-时间曲线积分分别得到一个交流电循环的正半周及负半周的总电荷量如表 3-5 所示。

表 3-5　频率为 1Hz 时，不同交流电压的正半周及负半周的总电荷量

E_p/V	0.1	0.2	0.5	1.0	1.5
$Q_{正半周}/(C/cm^2)$	2.5226×10^{-4}	6.5644×10^{-4}	1.9181×10^{-3}	4.5298×10^{-3}	7.1131×10^{-3}
$Q_{负半周}/(C/cm^2)$	-2.7028×10^{-4}	-4.3490×10^{-4}	-1.3993×10^{-4}	-4.3498×10^{-3}	-6.8195×10^{-3}
$Q_{自腐蚀}/(C/cm^2)$	—	—	1.0814×10^{-4}		
$Q_{正半周}/Q_{自腐蚀}$	2.3327	6.0703	17.7372	41.8883	65.7768

图 3-21 和表 3-5 显示，当频率为 1Hz 时，交流电压从 0.1V 增大到 1.5V 时，交流电正半

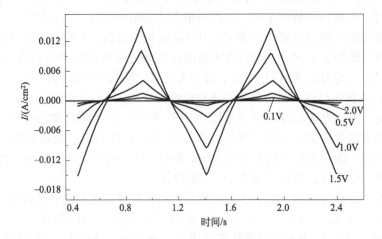

图 3-21　频率为 1Hz 时，不同交流电压作用下的电流密度-时间曲线

周电荷量从 $2.5226 \times 10^{-4} C/cm^2$ 增大到 $7.1131 \times 10^{-3} C/cm^2$，增大了 $6.8608 \times 10^{-3} C/cm^2$，交流电负半周电荷量从 $2.7028 \times 10^{-4} C/cm^2$ 增大到 $6.8195 \times 10^{-3} C/cm^2$，增大了 $6.5492 \times 10^{-3} C/cm^2$。说明在相同作用时间下，交流电压从 0.1V 增大到 1.5V，正半周电荷增量比负半周电荷增量大；由空白试样求出 Q235 钢在该溶液中的腐蚀电流为 $5.4069 \times 10^{-5} A/cm^2$，用此电流乘以周期 1s，得到无外加电流时的总电荷量 $Q_{自腐蚀}$，粗略地将正半周电荷量看作加速腐蚀电量，则 $Q_{正半周}/Q_{自腐蚀}$ 为 1Hz 外电压下腐蚀速率的增大倍数。由表 3-5 可见，外加电位比自腐蚀电位增大 0.1V 时，腐蚀速率比自腐蚀速率增大 2.3 倍；外加电位比自腐蚀电位增大 0.5V 时，腐蚀速率比自腐蚀速率增大 17.7 倍；外加电位比自腐蚀电位增大 1.5V 时，可使腐蚀速率增大 65.8 倍。

图 3-21 显示了正、负半周腐蚀电流峰值的绝对值都随外加交流电压的增大而增大，在电流密度-时间曲线上，当频率为 1Hz 时，电流密度从正到负和从负到正交变过程中都会出现一个弱极化区，弱极化区腐蚀电流密度很小，这是由电位变化导致电极表面阴、阳极反应的转变而产生较大的极化。在相同作用时间下，交流电压从 0.1V 增大到 1.5V，正半周电荷增量比负半周电荷增量大，说明交流电压的改变对阳极反应的影响比对阴极反应的影响要大，正半周主要是加速了 $Fe \longrightarrow Fe^{2+} + 2e^-$ 反应过程，因此加速了 Q235 钢试样的腐蚀；负半周发生了析氢反应，不会产生 Fe 的腐蚀；因此外电压越高，腐蚀越严重。

八、交流电流频率对 Q235 钢电化学行为的影响

1. 交流电流频率对 Q235 钢腐蚀电位的影响

保持交流干扰电压 1.5V 不变，改变交流电流的频率，分别加 0.0025Hz、0.01Hz、0.05Hz、1.0Hz、10Hz 的三角波，先测量时间-电位曲线，待系统稳定后再提供交流电流，进行极化曲线的测量。相同交流电压，不同交流电流频率对 Q235 电极的极化曲线测试结果见图 3-22。极化曲线拟合数据见表 3-6。

由图 3-22 可知，交流电流的存在会使腐蚀电位发生偏移，在交流电流频率改变时，一个循环的极化曲线仍然分为正、反扫描两个过程，两个过程的电位扫描范围相同、方向相反，电位正扫过程中的极化曲线和电位反扫过程中的极化曲线不重合，两个过程各对应一个自腐蚀电位，即两个自腐蚀电位，电位正扫的自腐蚀电位小于反扫时的自腐蚀电位。施加的交流频率不同，会引起 Q235 钢腐蚀电位的偏移。

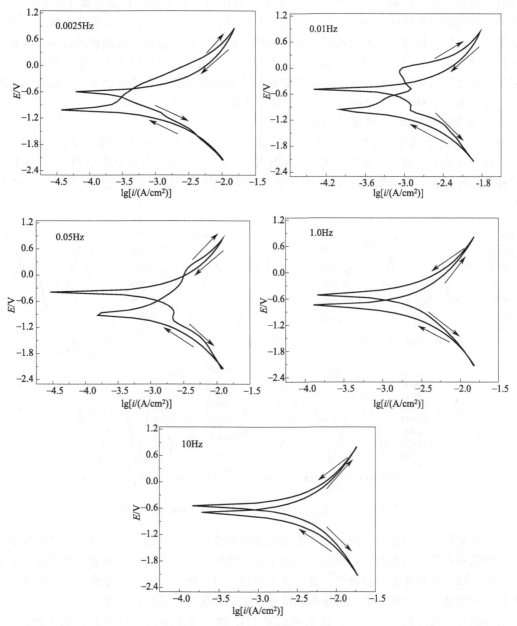

图 3-22 不同频率对腐蚀电位的影响

表 3-6 极化曲线拟合数据

f/Hz	电位反扫过程		电位正扫过程	
	$E_{cor,B}$（自腐蚀）/V	$I_{cor,B}$（自腐蚀）/A	$E_{cor,A}$（自腐蚀）/V	$I_{cor,A}$（自腐蚀）/A
0.0025	−0.52501	9.3751×10^{-5}	−1.10177	0.0001547
0.01	−0.52070	8.4417×10^{-6}	−0.98394	0.0008796
0.05	−0.41389	1.3365×10^{-11}	−0.95506	0.0008847
1.0	−0.33532	2.3839×10^{-5}	−0.70794	0.0011537
10	−0.40151	1.11879×10^{-4}	−0.79798	0.0016964

由表 3-6 可知，当施加的交流频率增加，电位正扫时，Q235 钢试样的腐蚀电位发生正向偏移；电位反扫时，Q235 钢试样的腐蚀电位发生负向偏移。这可能是由于在交流频率小于

1Hz 时，阴极发生了析氢反应，所以不管是正扫或反扫，自腐蚀电位都发生了偏移。自腐蚀电位发生负向偏移的原因可能是施加了交流电干扰后，一方面，为体系补充了电极反应所消耗的电量，从而间接加速了体系的腐蚀，而且交流干扰越大，电量补充得就越多；另一方面，交流干扰会对电场产生一定影响，施加的交流干扰越大，正、负电荷层积累的电子越多，增大了电极与溶液之间的界面电场，加速体系的腐蚀，从而使得自腐蚀电位发生了负向偏移。由此可见，交流电流频率对 Q235 钢的自腐蚀电位有一定影响。

2. 杂散交流频率对 Q235 钢极化的影响

图 3-23 为施加的外电压为±1.5V，不同频率等级的电流-时间图。由图 3-23 可知，在频率较小时，外加电压为正三角波，但在电压比较负的半周，特别是外电位达到−0.5V 时，电极的极化比较厉害，在电流-时间图上不是直线，而是曲线，这说明在电位较负时出现阴极的强极化。

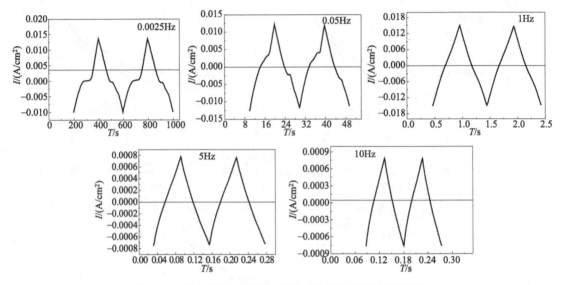

图 3-23　外电压为±1.5V，不同频率等级的电流-时间图

产生极化的原因一般有三种。第一种是电化学极化，这种极化一般为电化学反应速率的影响。当给试样进行外加电流时，电极上的电子得失较快，电极上的离子不能及时反应，使电极反应受阻。第二种极化是扩散极化，这种极化的特点是电极反应较快，介质中的反应离子扩散到电极表面的速度也较快。第三种极化是阻抗极化，即腐蚀介质的电阻较大。

研究的介质为酸性，pH=4，在频率低于 1Hz 时，出现的阴极极化为扩散引起的极化。对阴极来讲，主要发生的是 $2H^+ +2e^- \longrightarrow H_2$ 反应，这一反应的速率是极快的，但由于阴极电子得失反应较快，在界面的 H^+ 几乎完全反应成为 H_2，而溶液中的 H^+ 扩散到界面的速度成为主要控制因素，因而抑制了电极反应，所以在电流-时间曲线上出现了一个极化平台，也说明在腐蚀介质中，H^+ 的扩散速度是小于 0.1V/s 的频率交换速率的。当外加电压为 0.1V、频率超过 1Hz 时，由图 3-23 可见，电流-时间曲线呈三角波形，与外电压形成的波形完全相似，这说明电极反应速率已不影响外电流的输入，电极上的电流完全代表了外电流，但由于频率变化速度很快，电极上的反应已来不及进行。例如，H_2 来不及析出，因此电极反应不改变外电流形状。以上分析表明：频率低易发生析氢反应，析氢容易引起局部腐蚀，局部腐蚀的危害大于均匀腐蚀。从这点来讲，交流腐蚀的危害要比直流腐蚀厉害得多，容易引起材料的脆断，因此我们需要防止材料发生交流腐蚀。

3. 交流频率对 Q235 钢腐蚀速率的影响

对电压为±1.5V、不同频率的电流密度-时间曲线积分，分别得到一个交流电循环的正半周及负半周的总电荷量，如表 3-7 所示。

表 3-7　不同频率交流电压的正半周及负半周的总电荷量

f/Hz	0.0025	0.05	1	5	10
$Q_{正半周}/(C/cm^2)$	2.0566	0.0952	6.8195×10^{-4}	1.4503×10^{-5}	8.0667×10^{-6}
$Q_{负半周}/(C/cm^2)$	-1.3880	-0.1020	-7.1131×10^{-4}	-1.5412×10^{-5}	-7.8023×10^{-6}
$Q_{自腐蚀}/(C/cm^2)$	0.04325	2.1628×10^{-3}	1.0812×10^{-4}	2.1628×10^{-5}	1.0814×10^{-5}
$Q_{正半周}/Q_{自腐蚀}$	47.5514	44.0170	6.3073	0.6705	0.07459

图 3-23 和表 3-7 显示，当交流电压为±1.5V 时，施加的交流电流频率从 0.0025Hz 增大到 10Hz 时，交流电正半周电荷量从 2.0566C/cm^2 减小到 8.0667×10^{-6}C/cm^2，减小了 2.0566C/cm^2；交流电负半周电荷量从 1.3880C/cm^2 减小到 7.8023×10^{-6}C/cm^2，减小了 1.3880C/cm^2；说明在相同作用时间下，交流电流频率从 0.0025Hz 增大到 10Hz，正半周电荷增量比负半周电荷增量大，由空白试样求出 Q235 钢在该溶液中的腐蚀电流为 5.4069×10^{-5}A/cm^2，用此腐蚀电流分别乘以周期，得到无外加电流时的总电量 $Q_{自腐蚀}$，粗略地将正半周电荷量看作加速腐蚀电荷量，则 $Q_{正半周}/Q_{自腐蚀}$ 为交流电流频率变化时腐蚀速率的增大倍数，即外加交流电流频率为 0.0025Hz 时，腐蚀速率比自腐蚀速率增大 47.55 倍；外加交流电流频率为 1Hz 时，可使腐蚀速率增大 6.31 倍，外加交流电流频率为 10Hz，可使腐蚀速率增大 0.07 倍。由此可见，当交流电压一定时，腐蚀速率随着交流频率的增加而减小。

参 考 文 献

[1]　SY/T 0017—2006 埋地钢质管道直流排流保护技术标准.

[2]　GB 50393—2008 钢质石油储罐防腐蚀工程设计规范.

[3]　孙慧珍，胡士信，廖宇平. 地下设施的腐蚀与防护 [M]. 北京：科学出版社，2001.

[4]　Williams J F. Corrosion of metals under the influence of alternating current [J]. Material Protection，1966.5（2）：52-53.

[5]　Funk D，Prinz W，Schoneich H G. Investigations of AC corrosion in cathodically protectde pipes [J]. 1992，31（6）：336-341.

[6]　朱敏，杜翠微，李小刚，刘志勇，等. 交流电频率对 X80 管线钢在酸性土壤模拟溶液中腐蚀行为的影响 [J]. 北京：北京科技大学，2013.

[7]　胡春伟. 埋地管道材料在土壤中的交流腐蚀行为研究 [D]. 大庆：大庆石油学院，2003.

[8]　Barlo T J，Zdunek A D. Stray current corrosion in electrified rail system final report [R].

[9]　Kulman F E. Effect of alternating current in causing corrosion [J]. Corrosion，1961，17（3）：34-35.

[10]　曹楚南. 腐蚀电化学原理 [M]. 北京：化学工业出版社，2004：114-116.

[11]　Jones D A. Effect of alternating current on corrosion of low alloy and carbon steels [J]. Corrosion，1978，34（12）：428-433.

[12]　Nielsen L V，Galsgaard F. Sensor technology for on-line monitoring of AC-induced corrosion pipelines [A]. Corrosion/2005 [C]. Houston paper NO. 05375.

[13]　肖佳安. 交流杂散电流对 Q235 钢在土壤模拟溶液中的腐蚀影响研究 [D]. 西安：西安理工大学，2018.

第四章 ▶▶▶

地下管道的表面防护

众所周知，地下管道腐蚀不仅有管道内介质腐蚀，也有管道外的土壤腐蚀。对地下管道进行防腐，首先要评价管道内外腐蚀严重程度。若管道内腐蚀与管道外腐蚀严重程度不同，可以对管道内外采用不同的防护方法。若管道内腐蚀较轻，管道外腐蚀严重，可以仅对管道外进行防护，而管道内不进行防护。常见的自来水管就是仅对管道外进行防护，而管道内不防护。表面涂层是管道防护的主要手段，它是在管道表面制备一层防护层，从而减轻介质对管道的腐蚀。相对来讲，管道外的防护比较容易，而管道内由于人无法进入，检验困难，表面涂覆技术要求高。

第一节　表面防护前处理

由于管道在制造和运输过程中，表面难免会出现氧化物、铁锈、毛刺、浊污和灰尘等污物，因此在防腐蚀施工前必须进行表面处理，以提高涂料涂层和其他防腐蚀镀层与基层的粘接强度。管道表面的锈蚀一般分为四个等级，见表4-1。

表4-1　管道表面锈蚀等级

类别	锈蚀情况
微锈	氧化皮完全紧附，仅有少量锈点
轻锈	部分氧化皮开始破裂脱落，红锈开始发生
中锈	氧化皮部分破裂脱落，呈堆粉末状，除锈后用肉眼见到腐蚀小凹点
重锈	氧化皮大部分脱落，呈片状锈层或凸起的锈斑，除锈后出现麻点或麻坑

表面前处理包括机械除锈、化学处理和火焰除锈等。

一、机械除锈

机械除锈法是利用机械方法将表面氧化层剥除，例如在磨光砂轮上磨光，在抛光机上抛光，或用钢丝刷、砂纸、油石等工具手工擦刷和打磨；厚层的氧化皮可用车床车削。管道的机械除锈方法主要有人工除锈、半机械除锈和喷砂除锈等。

1. 人工除锈

人工除锈是靠人工用尖刀锤、刮刀、铲刀、钢丝刷、砂布等简单工具对管道表面进行除锈。由于这种方法为人工操作，工效低，除锈不干净，仅适用于零件比较小，工作量比较少的表面除锈或机械除锈不彻底的地方局部除锈。

2. 半机械除锈

半机械除锈是指人工使用风（电）砂轮、风（电）钢丝刷轮等机械进行除锈，适用于小面积或不易使用机械除锈的场合。半机械除锈的质量和效率都比人工除锈要高。

3. 喷砂除锈

喷砂除锈是利用压缩空气或离心力作为动力，将硬质磨料高速喷射到基材表面，通过磨料对表面的冲刷作用，达到除锈目的。喷砂处理后工件表面不是很光滑，因此喷砂处理适用于除精密工件和特殊要求工件以外的一般工件。在实际应用中，喷砂特别适用于要求涂覆涂料表面的预处理，以及作为涂覆涂料底层的氧化、磷化等表面预处理。该方法工作效率高，除锈彻底，除锈等级可达 Sa2.5～Sa3 级，并可减轻工作强度。利用这种方法除锈，除锈后表面粗糙，有利于提高涂膜或涂层的附着力；但砂粒飞溅，引起环境污染。

二、化学处理

用于管道表面防护的化学前处理主要包括化学除锈和化学除油两类。

1. 化学除锈

化学除锈是将工件浸入能与该金属氧化物起化学反应的酸性或碱性溶液中，将氧化皮腐蚀掉。

除氧化皮的溶液，一般都是各种酸类（H_2SO_4、HCl、HNO_3）和它们的混合物。所以，在酸洗前，要将表面油污预先清除，才能使除锈效果更佳。在少数情况下，对易溶于碱液的金属除锈时，可不必预先除油（油污较少时）。

2. 化学除油

化学除油是利用油脂在碱性介质下发生皂化或乳化作用来除油。一般用氢氧化钠及其他化学药剂配成溶液，在加热条件下进行除油处理。

三、火焰除锈

利用钢铁和氧化皮的热膨胀系数不同，用氧乙炔焰加热钢铁表面而使氧化皮脱落，此时钢铁受热脱水，锈层也便破裂松散而脱落。此法主要用于厚型钢管件等，而不能用于薄钢材及小铸件，否则工件受热变形影响质量。

四、表面处理的标准

钢铁表面处理质量对提高覆盖层质量、保证覆盖层与基底金属的良好附着力和黏结力有重要影响。所以，各国都确定了钢铁表面处理质量标准。

我国表面处理标准 HG/T 20679—2014《化工设备、管道外防腐设计规范》，于 2014 年 11 月实行。化工设备、管道及钢结构表面处理等级有喷射或抛射除锈"Sa"、手工和动力工具除锈"St"、火焰除锈"F1"、化学除锈"Be"、高压水喷射除锈"W"等。

1. 喷射或抛射除锈（Sa 级）有四个质量等级

① Sa1 级　表面无可见的油脂和污垢，且没有附着不牢的氧化皮、铁锈和涂料等附着物。

② Sa2 级　表面无可见的油脂和污垢，且氧化皮、铁锈和涂料涂层等附着物已基本清除，其残留物应是牢固附着的。

③ Sa2.5 级　表面无可见的油脂、污垢、氧化皮、铁锈和涂料涂层等附着物，任何残留的痕迹仅是点状或条纹状的轻微色斑。

④ Sa3 级　表面无可见的油脂、污垢、氧化皮、铁锈和涂料涂层等附着物，该表面应显示均匀的金属色泽。

2. 手工和动力工具除锈（St 级）有两个质量等级

① St2 级　表面无可见的油脂和污垢，且没有附着不牢的氧化皮、铁锈和涂料等附着物。

② St3 级　表面无可见的油脂和污垢，且没有附着不牢的氧化皮、铁锈和涂料等附着物，除锈应比 St2 级更彻底，底材显露部分的表面应具有金属光泽。

3. 火焰除锈（F1 级）

表面应无氧化皮、铁锈和涂料涂层等附着物，任何残留的痕迹应仅为表面变色（不同颜色的暗影）。

4. 化学除锈（Be 级）

表面无可见的油脂和污垢，化学洗涤未尽的氧化皮、铁锈和涂料涂层的个别残留点允许用手工或机械方法除去，但最终表面应显露金属原貌，无再度锈蚀。

5. 高压水喷射除锈（W 级）有四个质量等级

① W1 级　不放大观察，表面无可见的油脂、污垢和灰尘，无松散氧化皮、锈层和松散涂层，任何残留物都应是紧附的。

② W2 级　处理后呈不光滑（阴暗、斑驳）面，不放大观察，表面无可见的油脂、污垢和灰尘，锈层、紧附的薄涂层和其他紧附物仅以随着分散的斑点存在。紧附残留物的面积不超过 33％。

③ W3 级　处理后呈不光滑（阴暗、斑驳）面，不放大观察，表面无可见的油脂、污垢和灰尘，锈层、紧附的薄涂层和其他紧附物仅以随意分散的斑点存在。紧附残留物的面积不超过 5％。

④ W4 级　不放大观察，表面无可见的锈、污垢、旧涂层、氧化皮和其他外来物，表面呈现变色。

设备、管道和钢结构外防腐表面处理等级标准及其应用见表 4-2。

表 4-2　设备、管道和钢结构外防腐表面处理等级标准及其应用

表面质量等级	标准	处理方法	防腐衬里或涂层类别
1 级（Sa3 级）	彻底除净金属表面的油脂、氧化皮、锈蚀产物等杂质物，用压缩空气吹净粉尘； 表面无任何可见残留，呈现均匀的金属本色，并有一定的粗糙度	喷砂法	金属喷镀、衬橡胶； 化工设备内壁防腐蚀涂层
2 级（Sa2.5 级）	完全除去金属表面中的油脂、氧化皮、锈蚀产物等一切杂质，用压缩空气吹净粉尘。残存的锈斑、氧化皮等引起轻微变色的面积在任何 100mm×100mm 的面积上不得超过 5％	喷砂法、机械处理法 St3 级、化学处理法、Pi 级	衬玻璃钢衬砖板搪铅、大气防腐涂料；内壁防腐涂料
3 级（Sa2 级）	完全除去表面上的油脂、疏松氧化皮、浮锈等杂质，用压缩空气吹净粉尘，紧附的氧化皮、点蚀锈坑或旧漆等斑点状残留物的面积在任何 100mm×100mm 的面积上>1/3	喷砂法、人工方法 St3 级、机械方法 St3 级	硅质胶泥衬砖板；油基漆、沥青漆、环氧沥青漆
4 级（Sa1 级）	除去金属表面上的油脂、铁锈、氧化皮等杂质，允许有紧附的氧化皮锈蚀产物或旧漆膜存在	人工处理 St2 级、St3 级	衬铅； 衬软聚氯乙烯板

第二节　表面热浸镀

热浸镀由于工艺简单、效率高、镀层均匀、在大气环境中耐蚀性好，并可在小管径的内孔中进行施镀，镀层为电位较低的金属，即使镀层表面有微孔，也会对管道实现牺牲阳极保护，因此被广泛应用于自来水、天然气管道的表面防护中。

一、热浸镀的定义及基本原理

1. 定义

热浸镀简称热镀，是将钢管经过适当表面预处理后，短时间地浸在熔点较低、与工件材料不同的液态金属中，在管材表面发生一系列物理和化学反应，取出冷却后，在表面形成所需的合金镀层。这种涂覆主要用来提高钢管的防护能力，延长使用寿命。

2. 基本原理

本节以钢管热浸镀锌为例来阐述热浸镀的基本原理。在热浸镀锌时，钢铁表面与锌液发生一系列复杂的物理化学过程，诸如锌液对钢基体表面的浸润、铁的溶解、铁原子与锌原子之间的化学反应与相互扩散。

在铁-锌二元平衡相图（图 4-1）中，存在着 α 相、γ 相、Γ 相、Γ_1 相、δ 相、ζ 相等金属间化合物相和 η 相。当钢材与熔融锌液接触时，由于铁的溶解，形成锌在 α 铁中的固溶体。当锌在固溶体中达到饱和后，由于这两种元素的扩散，会逐渐形成含铁量较少的 Γ 相（Fe_3Zn_{10}），但在浸镀时间很短时（如 5s 左右），Γ 相一般是不会出现的。此时，铁原子通过 Γ 相层继续向表面扩散，形成含铁量更低的 δ 相（$FeZn_7$），最后出现 ζ 相（$FeZn_{13}$）和表层 η 相（纯锌相）。

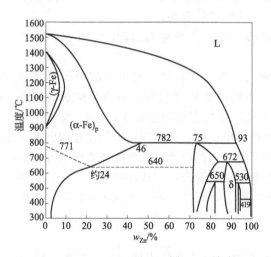 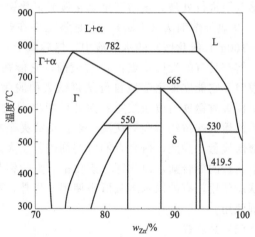

图 4-1　铁-锌二元平衡相图及其富锌端

在普通热镀锌层中，δ 相较厚并含有两个区域：一个是和 Γ 相层相邻的致密区，其晶体生成速度大于长大速度，因此晶体多而致密；另一个是疏松区，其晶体生成速度小于长大速度，所以晶体少而大，呈柱状或棱形。由图 4-1 可知，直到 640℃，这种 δ 相都是稳定的。在接近钢基体的区域，含铁量为 11.5%（质量分数）；在接近锌层的区域，含铁量为 7%（质量分数），显然铁逐渐被锌取代。由于 δ 相中存在空隙，锌液容易渗到晶体的界面，并进一步发生反应。δ 相是按抛物线规律成长的，生长速度很快。

ξ 相位于 δ 相和纯锌层之间，是 δ 相与锌反应生成的，呈柱状或束状，不如 δ 相致密。在较高温度下镀锌时，ξ 相晶体部分从合金层脱落下来，浮在锌液中，形成锌渣。

最外层 η 相是镀锌件从锌锅移出时，表面所带的纯锌，由于锌中溶有少量铁，因而在相图中通常称为 η 相。

二、热浸镀的工艺

热浸镀工艺：预镀件→前处理→热浸镀→后处理→制品。前处理的作用是将预镀件表面的油污、氧化皮等消除干净，使之形成适于热浸镀的表面；热浸镀使基体金属表面与熔融金属接触，镀上一层均匀、表面光洁、与基体牢固结合的金属镀层；后处理包括化学处理与必要的平整校正以及涂油等工序。

按前处理不同，可分为熔剂法和保护气体还原法。

1. 熔剂法

熔剂法的工艺流程为：预镀件→碱洗→水洗→酸洗→水洗→熔剂处理→热浸镀→镀后处理→成品。

（1）碱洗和酸洗

热碱清洗是工件表面脱脂的常用方法。酸洗是除去工件表面的轧皮和锈层的有效方法，通常采用硫酸或盐酸的水溶液。为避免过蚀，常在硫酸和盐酸溶液中加入缓蚀剂。

（2）熔剂处理

熔剂处理一方面除去工件上未完全酸洗掉的铁盐和酸洗后又被氧化的氧化皮，另一方面清除熔融金属表面的氧化物和降低熔融金属的表面张力，同时使工件与空气隔离而避免重新氧化。熔剂处理有以下两种方法。

① 熔融熔剂法（湿法） 它是将工件在热浸镀前先通过熔融金属表面的一个专用箱中的熔融熔剂层进行处理。该熔剂是氯化铵或氯化铵与氯化锌的混合物。

② 烘干熔剂法（干法） 它是将工件在热浸镀前先浸入浓熔剂（600～800g/L 氯化锌＋60～100g/L 氯化铵）的水溶液中，然后烘干。

熔剂具有的性质特点：a. 浸镀前，它能在钢铁表面形成连续完整无孔隙的保护膜层；b. 浸镀时，它能立即完全地自行从钢铁表面脱除，不妨碍镀液对相应表面直接接触与浸润；c. 它对浸镀时钢铁与镀液接触界面处可能出现的少量氧化物有吸附溶解作用；d. 脱离开钢铁表面后的熔剂残留物不会对镀液产生污染或夹杂在镀层中。由上述可知，熔剂性能的优劣直接影响镀层质量。为此，研究者们对熔剂进行了大量研究，已见报道可作为熔剂使用的有：氧化锌与氯化铵的混合盐，氯化钾、氯化钠、氟化铝与水晶石的混合物，钛氟酸钾等，它们有的以熔盐状态使用，有的以水溶液形态使用。另外，乙二醇、丙三醇、石蜡以及亚麻籽油等也被用于熔剂使用。

（3）热浸镀

热浸镀的工件温度一般为 445～465℃，涂层厚度主要取决于浸镀时间、提取工件的速度和钢铁基体材料，浸镀时间一般为 1～5min，提取工件的速度约为 1.5m/min。提取速度越快，一般镀层越厚。提取速度慢，锌液会流淌使镀层减薄。

（4）镀后处理

镀后处理一般是用离心法或擦拭法去除工件上多余的热镀金属，对热镀后的工件进行水冷，以抑制金属间化合物合金层的生长。

2. 保护气体还原法

保护气体还原法是现代热镀生产线普遍采用的方法，其典型的生产工艺通称为森吉米尔法。该工艺的特点是钢材连续退火与热浸镀连在同一生产线上。钢材先通过用煤气或天然气直接加热的微氧化炉，使钢材表面的残余油污、乳化液等被火焰烧掉，同时被氧化形成氧化膜；然后进入密闭的通有氢气和氮气混合气体的还原炉，在辐射管或电阻加热至再结晶退火温度，使工件表面的铁氧化膜还原为适合于热浸镀的活性海绵状纯铁，同时完成再结晶过程；钢材经还原炉的处理后，在保护气氛中被冷却到一定温度，再进入热浸镀锅。

随着对该工艺的改进，又发展到无氧化过程。它是将氧化炉改为无氧化炉，具体工艺为：通过调节煤气与空气的比例，使炉中气氛呈无氧化性；炉温高到足以引起钢材发生亚临界再结晶退火的程度。钢材随后进入另一炉中，炉膛内由氢气和氮气形成轻度还原气氛，钢材在这里完成热镀前处理过程，适当降温，进入到镀液中进行浸镀。该工艺大大提高了管材的运行速度和镀层的质量。

三、热浸镀的要求

1. 基本要求

形成热镀层的基本前提是被镀金属与熔融金属之间能发生溶解、化学反应和扩散等过程。在目前所镀的低熔点金属中，只有铅不与铁反应，也不发生溶解，故在铅中添加一定量的锡或锑等元素，与铁反应形成合金，再与铅形成固溶合金。

2. 基体材料

热镀用钢、铸铁、铜作为基体材料，其中以钢最为常用。

3. 热镀层材料

镀层金属的熔点必须低于基体金属，且通常要低得多。常用热镀的低熔点金属有锌、铝、锡、铅及锌铝合金等。

锡是热浸镀最早使用的镀层材料。热镀锡因镀层较厚，消耗大量昂贵的锡，并且镀层不均匀，逐渐被镀层薄而均匀的电镀锡代替。

镀锌层可隔离钢铁基体与周围介质的接触，又因其较为便宜，所以锌是热浸镀层中应用最多的镀层金属。为了提高耐热性能，多种锌合金镀层得到了应用。

铝、锌、锡的熔点分别为 658.7℃、419.45℃、231.9℃。铝的熔点较高。镀铝硅管材和镀纯铝管材是镀铝钢管的两种基本类型。镀铝层与镀锌层相比，耐蚀性和耐热性都较好，但生产技术较复杂。铝-锌合金镀层综合了铝的耐蚀性、耐热性和锌的电化学保护性，因而受到了重视。

4. 镀层厚度

热浸镀制品由于镀层金属与基体相互作用的结果，可形成具有不同成分与性质的涂层。靠近基体的内层由于扩散作用含有基体的成分最多，而接近表面处则富有所镀金属。在表层金属与基体之间是合金层，是由两种金属组成的中间金属化合物。这一部分的镀层有少量基体金属和微量夹杂，因而其结构与性能也与纯金属有所不同。一般来讲，合金层较纯金属层要脆得多，而且对镀层的力学性能也是有害的。因此，在热浸镀操作中都力求把镀层厚度，特别是合金层厚度控制在一定范围内。

四、合金成分对镀层质量的影响

1. 稀土元素

稀土元素在镀液中存在不平衡分布现象，在镀液表面富集，能够有效防止镀液表面的氧化。在镀液中加入稀土元素可降低镀液的表面张力，降低形成临界尺寸晶核所需要的功，使结晶核心增加，组织细化，可获得小锌花。稀土可增加镀液流动性，降低黏度，从而可降低浸镀温度。加入稀土可以改善镀层表面质量，使镀层均匀，抗氧化性能及抗介质腐蚀能力均有增加，镀层的晶间腐蚀受到抑制，从而改善镀层在大气中的稳定性。此外，稀土元素加入镀液中，还能够使镀层厚度减小。

2. 合金元素对镀层质量的影响

在锌浴中加入 0.04%～0.09%Ni 可以有效抑制活性钢（含硅钢）镀锌中的圣德林效应，

改善镀层外观并减少过量的锌层厚度，使镀层光亮、平整、美观，并可降低锌耗。对于非活性钢和高硅钢，采用该技术也能减少灰暗镀层的出现，获得光亮均匀的镀层。首先，加镍后镀锌液具有较好的流动性，当工件从锌液中提升时，工件表面黏附的锌液能较快地流返锌液，从而降低锌耗，减薄镀层；另外，由于镍原子半径大，镍进入锌液后在镀层中的 η 相、δ 相、γ 相层中固溶量都很小，大多数镍主要存在于 ζ 相晶界上，使 ζ 相的生长受阻，从而抑制 ζ 相晶粒的长大，这就是 ζ 相层减薄和晶粒细化的主要原因。同时，锌液中加入少量镍后，ζ 相层变薄且致密，与钢结合牢固，不易剥落，可使钢板保持完整的外观，减少锌液对钢板的进一步腐蚀，延长锌锅的使用寿命。一般认为，镍含量在 0.06%～0.2% 时是适宜的，尤其是在 0.1% 时镀层综合性能最佳。镍含量过低时，减薄镀层的作用不明显，含量过高则会生成较多的锌渣。

在纯锌镀层中添加适量金属镁可以使镀层抗 Cl^- 腐蚀性提高，大大延长镀层的使用寿命，又能通过降低镀层质量减少锌的消耗。Mg 的添加，使锌基合金电位正移，腐蚀电流明显下降，使锌基合金镀层耐蚀性能提高。

铝能改善镀层质量。加入质量分数为 0.005%～0.02% 的铝就可在镀层表面形成 Al_2O_3 膜，阻止镀锌层与氧的化合，同时也减少锌锅表面锌的氧化。现代热镀锌生产中锌液通常含质量分数为 0.15%～0.20% 的铝。除上述作用外，还能优先形成一层 Fe_2Al_5，从而抑制锌-铁脆性相的生长，并提高附着力。

铅是锌的伴生杂质，它能降低锌液的凝固温度，延长锌花晶体的生长时间，得到大锌花。镀锌生产中，锌液因有铁的混入而降低锌液对钢板的浸润能力，这可通过铅的加入来消除铁的不利影响。锌液中通常加入质量分数为 0.20% 左右的铅。

五、多元合金热浸镀层对油田油管的防护

油田每年有大量油管及抽油杆因腐蚀而报废。而热浸镀技术作为有效防腐方法之一被广泛应用于油管的防腐，其镀层结合强度高，耐蚀性好。本节重点讨论热浸镀法制备多元合金镀层对油井套管表面防护的研究成果。

采用石油套管 J55 钢为基材，以镍、铝、稀土、铋、锌为镀层材料进行钢管热浸镀。热镀

图 4-2　盐雾加速腐蚀过程

液的制备过程为：将纯锌在坩埚中熔化，并加热至 450℃。将预先购置好的镍、铝、稀土、铋多元合金按一定比例（$w_{Al}0.005\%～0.02\%$；$w_{Ni}0.008\%～0.01\%$；$w_{Bi}0.06\%～0.1\%$；$w_{RE}0.01\%～0.02\%$）分别添加于锌浴中使其熔融，并每间隔 10min 用钢筋棒搅拌，使多元合金充分熔解。将温度再次升至 450℃，保温 20min，搅拌后将合金浴表面的杂物清理掉。接着按以下工艺：J55 钢管→脱脂→水洗→酸洗→一道水洗→二道水洗→助镀→烘干→热浸镀多元合金→水冷进行浸镀。浸镀温度 450℃，时间 1min。最后对热浸镀试样的耐蚀性进行分析。

热浸镀多元合金镀层后 J55 钢管表面光亮度高，表面质量好，无针孔及漏镀现象。

对裸试片、镀锌试片及镀锌-铝-镍-铋-稀土多元合金试片，各取 4 个进行盐雾加速腐蚀试验，观察三种试片的耐盐雾腐蚀情况，并测量其腐蚀速率，其结果如图 4-2 和表 4-3 所示。由表 4-3 可见，锌-铝-镍-铋-稀土多元合金镀层的耐盐雾腐蚀性能大于镀锌层，镀锌层的耐盐雾腐蚀性能大于未热镀的试片。

为了更好地证实多元合金镀层的耐蚀性，于 2010 年 10 月～2011 年 12 月，在大庆油田有限责任公司某采油厂进行了现场挂片试验，时间为 14 个月，在 14 个月内不定期取出 10 次进行腐蚀速率测量，各试样的平均腐蚀速率和腐蚀速率曲线分别见表 4-4 和图 4-3。

表 4-3 几种试片的平均盐雾腐蚀速率

试片样式	裸试片	镀锌试片	镀多元合金试片
腐蚀速率/[g/(m² · h)]	0.0036	0.0028	0.0017

表 4-4 不同防腐涂镀层试样平均腐蚀速率

涂镀层名称	裸试片	环氧涂层	热镀锌层	镍磷镀层	热镀铝层	热浸镀多元合金层
平均腐蚀速率/(mm/a)	0.2490	0.2380	0.2297	0.1223	0.0609	0.0192

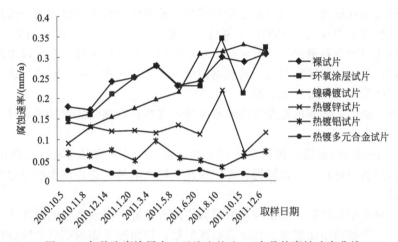

图 4-3 各种防腐涂层在三元液中挂片 14 个月的腐蚀速率曲线

由表 4-4 中各种涂/镀层 14 个月内平均腐蚀速率及图 4-3 中各种涂镀层的腐蚀速率对比可知，在三元复合驱油层环境下，多元合金镀层耐蚀性最好，铝镀层次之，锌镀层第三，镍磷镀层及环氧粉末涂层最差。此外，依据表 4-4 的管道腐蚀结果对涂镀层试片的腐蚀速率进行分级评价：J55 裸钢、环氧涂层及镍磷镀层等级为高，热镀锌及热镀铝等级为中，热浸镀多元合金等级为低。

第三节 地下管道有机涂层防护

有机涂层是防止腐蚀的最基本方法，被广泛使用并取得较好效果。有机涂层能够耐大多数酸、碱、盐及土壤的腐蚀。有机涂层使用的有机涂料不同，其耐蚀性相差较大。一般来讲，能形成涂层的材料称为涂料。涂料可分为油基涂料（成膜物质为干性油类）和树脂基涂料（成膜物质为合成树脂）两类。能够耐酸、碱、盐腐蚀的涂料称为有机防腐涂料。防腐涂料通过一定的涂装工艺涂刷在钢铁表面，经过固化而形成隔离性薄膜保护钢铁免遭腐蚀。本节重点讨论管道外、管道内的防腐有机涂层及耐磨防腐涂层。

一、有机涂层概述

1. 涂料的组成

涂料是一种涂覆于物体表面并能形成牢固附着的连续薄膜的流体性材料，是形成涂层的原材料。通常是以树脂或油为主，加入（或不加入）颜料、填料，用有机溶剂或水调制而成的液体。近年来还出现了以固体形态存在的粉末涂料。涂料主要由成膜物质、溶剂、颜料和助剂组成。

2. 涂层

防腐蚀涂料通过涂装工艺完整地覆盖于物体表面形成具有保护性、装饰性和特定功能（如防腐蚀、绝缘、标志等功能）的薄膜覆盖层。在许多场合下往往有几道涂层，以构成一个整体系统涂层，包括底漆、中间层和面漆。

（1）底漆

底漆是保证涂层黏附性的基础，因此要求底漆有很好的附着力、耐水性和润湿性。

作为成膜物质的树脂应有羟基等极性基团，特别是氨基，它可以与钢铁表面生成很强的氢键。为了保证底漆在整个钢管表面完全覆盖，底漆应该润湿性较好，不能或难以皂化，黏度不能过大。溶剂挥发不宜过快，以保证在涂刷后漆料有足够时间进入钢铁表面的微孔。底漆的交联度要适中，颜料的体积浓度（PVC）应稍高于临界体积浓度（CPVC），这样可使面漆有较好的附着力。底漆中的颜料最好不要有可溶于水的组分，例如氧化锌，它可以生成溶于水的氢氧化锌或碳酸锌，从而导致漆膜起泡。有机溶剂中一些亲水的残余物（它在溶剂挥发后以不溶物的形式存在于漆膜中）也可导致起泡。

当钢铁表面带锈时，漆膜的湿附着力差或漆膜不完整；有裸露的钢铁表面时，应该在涂料中加钝化颜料。

环氧-氨体系是很好的底漆，因为它含有极性基团，而且有氨基存在；主链中有芳基，比较刚性，因此湿附着力好；主链以醚键相连，因此是抗水解的，符合作为底漆的条件。

（2）中间层

中间层的主要作用是防腐，要求与底漆及面漆附着良好。漆膜之间的附着并非主要靠极性基团之间的吸力，而是靠中间层所含溶剂将底漆溶胀，使两层界面的高分子链缠结。

在重防蚀涂料系统中，中间层的作用之一是能较多地增加涂层厚度以提高整个涂层的屏蔽性能。在整个涂层系统中往往底漆不宜太厚，面漆有时也不宜太厚，所以将中间层涂料制成触变型高固体厚膜涂料，用无气喷涂，一次可获得较厚膜层。

中间层可提供平整表面，除保持美观外，往往具有较好的弹性，能缓冲阻尼小物品的冲击破坏。

（3）面漆

面漆不仅提供良好的外观，也有良好的防护功能，具有对中间层微孔的封堵功能，因此面漆应该有较低的氧气和水的渗透率，应在不影响机械物理性能的前提下尽量提高交联度和玻璃化温度。另外，面漆应赋予整个涂装体系适当的外观、硬度、耐磨性。在选择面漆时，主要考虑在使用环境和气候条件下的高稳定性和耐老化性。面漆的颜料体积浓度要比临界浓度低，涂层致密，水和氧的透过率小，介电性高，通常可采用厚涂层与多涂层。试验研究表明，加入片状的颜料，如铝片、玻璃鳞片、云母片等，因为片状颜料之间相互平行排列，使水和氧气或其他有害物质在抵达底漆层或金属表面时所穿过的路径加长，从而降低了透过率，明显地改善了防护性能。丙烯酸树脂、聚氨酯树脂、饱和聚酯及它们的各种改性树脂，都可作为较好的面漆。含卤素的聚合物透水能力差，适于作为面漆。

暴露在大气中管道的面漆应有很好的耐光老化和耐冲击性能，并且应该有一定厚度，以防止漆膜表面龟裂等产生裂缝，即使有裂缝产生也不至于直达底部。

3. 涂料的防腐作用

涂料的防腐作用来源于两个方面：一是涂料的不渗透性即密着性，隔绝了金属构件与外界的接触；二是涂料本身的缓蚀作用。

（1）不渗透性

涂层不仅要求对空气、氧气、水和一氧化碳等腐蚀性介质有不可渗透性，而且也不允许离子和电子（或电解质）通过，其不渗透的原理见图4-4。首先，这种涂层必须是惰性的，不与酸、碱、盐等化学物质发生反应；其次，涂层必须形成一层具有低湿蒸气迁移速率的薄膜并与底层金属形成牢固的附着，涂层吸收的水分只与涂层外面的水蒸气处于平衡状态。这种涂层通过中断或阻止腐蚀介质接触的途径来防止钢铁腐蚀。氧气和水等腐蚀介质不与钢铁表面接触，没有电流产生，也就形不成阳极或阴极，腐蚀就不会发生。

这种不渗透性是以涂层优良的附着性能和最大限度地降低渗透效应为基础的，这两个条件协同作用形成了涂层在潮湿环境下的保护作用。不考虑纯粹的化学破坏，大多数涂层的破坏归因于薄膜内（上或附近）的水分。因为所有的塑性材料都吸收水分并具有特定的湿蒸气迁移速率。众所周知，合成树脂强度下降或物理降解主要是由水而不是其他化学物质引起的，因此受水影响最少，湿蒸气迁移速率最低的涂层可提供最佳、最有效的防腐蚀薄膜。

因为涂层是薄膜层，即使最惰性的涂层也有一些水蒸气透过，因此它们是半透性。当涂层涂装到有水溶性污物的钢铁表面后暴露于水中，或者在高湿度环境下，它会因渗析作用使水分进入涂层底部导致涂层鼓泡（见图4-5）。因此，要求钢铁表面必须完全洁净。

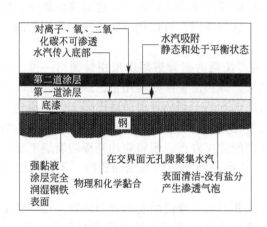

图 4-4 涂层的不渗透原理

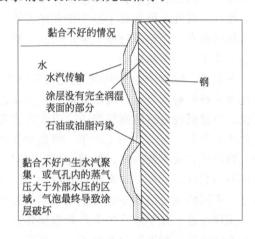

图 4-5 不良附着示意

由图4-5可知，涂层的附着力是涂层防腐的一个关键因素，且附着力与水有关系。如果涂层完全润湿基体表面且没有污物，水分只能被漆膜吸收而不能穿过漆膜。水分变成静态并与树脂膜外面的水分或水蒸气达成平衡，只要涂层拥有足够强的附着，吸附水就不会降低涂层功效。如果在涂层与底层表面或涂层之间有一定间隙，即使没有可溶性污物存在，水分也可进入到这个微小的空间，明显降低漆膜的附着，产生起泡现象。这种渗透一旦有腐蚀性离子渗入底层，腐蚀性离子与基体发生反应，对基体进行腐蚀，涂料也会起皮、脱落。

实验证明，涂层附着包括物理附着和化学附着。喷砂处理不仅完全清洁金属表面，而且将金属表面打出了一定的粗糙度，形成了无数微小的"山峰"或"峡谷"，大大增加基体金属的表面积，提高附着效率。

（2）缓蚀作用

涂层防腐的另一种原因是底漆或涂层本身中颜料的缓蚀作用。这些颜料在涂料与水分接触时因涂层吸水且透水，从而充分离子化，同钢铁表面发生反应，使钢铁保持在钝化非活性状态。这些颜料一般是各种各样的铬酸盐，如铬酸锌、铬酸铅、硅铬酸铝或铬酸锶。这些颜料只微溶于水，然而它们充分溶解后溶出的铬酸根离子与铁离子反应，在铁表面生成一层较薄的钝化膜。

二、管道外涂覆有机涂层

本节重点讨论常用管道外涂覆有机涂层的种类、性能及施工要求。

1. 煤焦油瓷漆防腐层

20 世纪 20～50 年代，石油管道沿用当时苏联的纯石油沥青防腐方法，后来大量使用石油沥青改性的瓷漆，称为煤焦油瓷漆防腐。

煤焦油瓷漆是由煤焦油分馏得到的重质馏分、煤沥青，添加煤粉和填料，经加热熬制所得制品。煤沥青主要化学成分为三环以上的稠环芳香烃化合物，分子结构紧密。煤沥青及煤焦油由油分、胶质、游离碳和酚四个组分组成。油分主要是蒽油和萘油，有毒性，能影响沥青的塑性；胶质有可溶性胶质和固体树脂状晶体，前者使沥青具有塑性，后者能够增大沥青的黏度及脆性；游离碳为碳质固体微粒，其数量一定时能增加沥青的黏度及热稳定性，但含蜡高时沥青变脆。煤焦油瓷漆中的煤粉在加热情况下能够和煤沥青及重质焦油物质融合，加之滑石粉、板石粉的增强作用，使瓷漆具有比煤沥青更好的塑性及刚性，抗冲性等机械强度大大提高。

煤焦油瓷漆防腐层除具有石油沥青防腐层的优点外，其吸水率低，与钢管的黏结性、涂层的机械强度都比石油沥青防腐层强，不会受土壤微生物、植物根的破坏，具有优异的耐水性、抗生性和防腐性；但在有干湿度变化的黏性土中也可能受土壤应力的破坏，也有高温软化、低温硬脆的弱点。煤焦油瓷漆主要应用在管道上。对一般构件同样可以用浸涂、浇涂和抹涂的方法施工煤焦油瓷漆防腐层。

在欧美，煤焦油瓷漆于 20 世纪初就已大量使用，长期占据管道防腐层用量的第一位。虽然近年来环氧粉末涂层、聚乙烯涂层使用量急剧增大，煤焦油瓷漆年使用量已跌至第二位或第三位，但在服役管道防腐层当中，煤焦油瓷漆所占比例远高于别的种类的防腐层。煤焦油瓷漆的使用寿命长，可达 30～100 年。煤焦油瓷漆防腐层在其他防腐层难以取得好的防腐效果的场合，如沼泽、水下及海底、盐碱土等，仍可获得长期的防腐寿命。但煤焦油瓷漆防腐层不适用于砾石和黏性土地段。防腐层材料有 A 型、B 型及 C 型三种型号的煤焦油瓷漆，不同的安装温度、不同的运行温度要使用不同型号的瓷漆。

我国在近十几年才开始生产和应用煤焦油瓷漆，并占据了管道防腐的显著位置。国产瓷漆产品质量达到国际先进标准要求，主要瓷漆材料生产厂有新疆塔里木管道防腐材料有限公司、廊坊美泰克防腐材料有限公司及江汉油田某瓷漆厂；引进涂覆作业线有两条，例如西安搪瓷厂 CRC 沥青涂覆作业线；国产作业线有数条。

在我国，煤焦油瓷漆的原材料来源广泛，瓷漆防腐层造价低、寿命长、应用范围广，是适合当前国情的防腐层。

（1）煤焦油瓷漆及其配套材料技术

煤焦油瓷漆防腐层的主要材料包括合成底漆、煤焦油瓷漆、内缠带及外缠带。合成底漆的成膜物为氯化橡胶，其作用是黏结瓷漆和金属表面；内缠带是玻璃纤维毡，其作用是增强防腐层本体的机械强度；外缠带是用煤焦油瓷漆充分浸渍的厚型玻璃纤维毡，其作用是增强防腐层外层的机械强度。

合成底漆技术指标见表 4-5，煤焦油瓷漆技术指标见表 4-6，煤焦油瓷漆和底漆组合技术指标见表 4-7，煤焦油瓷漆防腐层的使用温度条件见表 4-8。

表 4-5 合成底漆技术指标

序号	项　目	指标	测试方法
1	流出时间（4 号杯，23℃）/s	35～60	GB 6753.4
2	闪点（闭口）/℃	≥23	GB 6753.5

续表

序号	项　目		指标	测试方法
3	挥发物(105~110℃)/%		≤75	GB/T 6751
4	干燥时间(25℃)	表干/min	≤10	GB/T 1728
		实干/h	≤1	

表 4-6　煤焦油瓷漆技术指标

序号	项　目	指　标			测试方法
		A	B	C	
1	软化点（环球法）/℃	104~116	104~116	120~130	GB 4507
2	针入度(25℃,100g,5s)/10⁻¹mm	10~20	5~12	1~9	SY/T 0526.3
3	针入度(46℃,50g,5s)/10⁻¹mm	15~55	12~30	3~16	SY/T 0526.3
4	灰分（质量分数）/%	25~35	25~35	25~35	AWWA C203
5	相对密度（25℃）	1.4~1.6	1.4~1.6	1.4~1.6	AWWA C203
6	填料粒度①(200 目),余量/%	≤10	≤10	≤10	AWWA C203

① 该值是瓷漆生产厂对瓷漆生产所用填料的粒度要求。

表 4-7　煤焦油瓷漆和底漆组合技术指标

序号	项　目	指　标			测试方法
		A	B	C	
1	流淌/mm	(71℃;24h)	≤1.6	≤1.6	—	SY/T 0526.7
		(80℃;24h)	—	—	≤1.5	
2	剥离试验		无剥离	无剥离	—	AWWA C203
3	低温开裂试验	(−29℃)	无	—	—	SY/T 0526.12
		(−23℃)	—	无	—	
		(−20℃)	—	—	无	
4	冲击试验(25℃,剥离面积)/10⁴mm²	直接冲击	0.65	1.03	—	AWWA C203
		间接冲击	0.13	0.39	—	

表 4-8　煤焦油瓷漆防腐层的使用温度条件

型号	针入度(25℃)/10⁻¹mm	可搬运最低环境温度/℃	静止状态最低温度/℃	输送介质最高温度/℃
A	15~20	−12	−29	70
	10~15		−23	
B	5~10	−6	−15	70
C	1~9	3	5①	80

① 数据源于布莱恩·斯考特著，白雨译《煤焦油瓷漆——21 世纪仍不过时》。

内缠带表面应均匀，有平行等距的、沿纵向排布的玻璃纤维加强筋，无孔洞、裂纹、纤维浮起、边缘破损及其他污物（油脂、泥土等）；在正常涂覆条件下，内缠带的孔隙结构应能够使煤焦油瓷漆完全渗透。外缠带表面应均匀，玻璃纤维加强筋和玻璃毡结合良好，无孔洞、裂纹、边缘破损、浸渍不良及其他污物（油脂、泥土等），并均匀撒布着矿物微粒；在 0~38℃打开带卷时，层间应能够分开，不会因粘连而撕坏；在涂覆时，外缠带的孔隙结构应能够使煤焦油瓷漆很好地渗入其中。缠带技术指标见表 4-9。

表 4-9　缠带技术指标

序号	项　目		技术指标		测试方法
			内缠带	外缠带	
1	单位面积质量/(g/m²)		≥40	580~730	AWWA C203
2	厚度/mm		≥0.33	≥0.76	AWWA C203
3	拉伸强度/(N/m)	纵向	≥2280	≥6130	AWWA C203
		横向	≥700	≥4730	

序号	项　目		技术指标		测试方法
			内缠带	外缠带	
4	柔韧性		通过	通过	SY/T 0526.18
5	加热失重/%		—	≤2	AWWA C203
6	撕裂强度/g	纵向	≥100		GB/T 16578.2
		横向	≥100	—	
7	透气性/mmH$_2$O		0.6～1.9	—	AWWA C203

注：1. 外缠带基毡单位面积质量应不小于 83g/m^2。

2. 1mmH$_2$O＝9.80665Pa。

其他材料主要有：用于管子焊接部位防腐（补口）或管件防腐的热烤缠带及其配套厚型底漆，用于放置太阳暴晒的防晒漆。

热烤缠带是在玻璃纤维毡或涤纶毡两面涂覆上煤焦油瓷漆得到的制品，其外观应均匀一致，无瓷漆剥落，厚度不小于 1.3mm，缠带瓷漆应和管体所用瓷漆性能相似。使用时，先涂配套厚型底漆，底漆干燥后，烘烤热烤缠带内表面至表层瓷漆熔化，并烘烤底漆漆膜，然后把热烤缠带紧密缠绕在底漆漆膜上。

防晒漆是具有一定耐久性的白色涂料，要求与煤焦油瓷漆防腐层黏结良好，耐水，漆膜可耐 90 天暴晒。用于放置太阳暴晒造成煤焦油瓷漆防腐层软化问题。

（2）防腐层结构

表4-10 为防腐层的等级及结构。在防腐层中，第一层瓷漆的作用最大，厚度只要保证达到 1.5mm 就具有良好的防腐性，其后的缠带和瓷漆层起加厚作用，可以增强防腐能力和机械强度。

表 4-10　防腐层的等级及结构

防腐层等级		普通级	加强级	特强级
防腐层纵厚度/mm		≥2.4	≥3.4	≥4.4
结构层	1	底漆一层（厚 50μm）	底漆一层（厚 50μm）	底漆一层（厚 50μm）
	2	瓷漆一层（厚≥50μm±0.8mm）	瓷漆一层（厚≥50μm±0.8mm）	瓷漆一层（厚≥50μm±0.8mm）
	3	外缠带一层	内缠带一层	内缠带一层
	4	—	瓷漆一层（厚≥0.8mm）	瓷漆一层（厚≥0.8mm）
	5	—	外缠带一层	内缠带一层
	6	—	—	瓷漆一层（厚≥0.8mm）
	7	—	—	外缠带一层

值得注意的是，煤焦油瓷漆作为螺旋焊接管的外防腐层时，第一层瓷漆的厚度应≥2.4mm，防腐层的总厚度均相应增加 0.8mm。

（3）防腐层施工要求

防腐层施工的工艺过程与石油沥青防腐层相似。

① 表面处理　钢管表面处理质量应不低于 GB 8923 规定的 Sa2 级，涂覆时应保持钢管表面状况仍符合此要求。

② 瓷漆准备　首先将瓷漆破碎（重约 2kg 以下的小块）后熔化，A 型和 B 型瓷漆加热至 230～250℃，C 型瓷漆加热至 240～260℃，使瓷漆保持在这样的温度下进行浇涂。不需要像石油沥青一样进行脱水。但需要采取和沥青熬制同样的防止结焦的设备和操作方法，搅拌应更充分。

瓷漆在熔化及保温时，均应使釜盖处于密闭状态，避免轻组分的挥发而影响瓷漆质量。

③ 涂覆　可采用高压无气喷涂、刷涂或其他适当方法涂覆底漆。底漆漆膜应均匀连续，无漏涂、流痕等缺陷；漆膜厚度约 50μm。在底漆涂覆后，应在 1h～5d 内尽快浇涂瓷漆。

瓷漆（230～260℃）均匀地涂覆在管体外壁上，要求涂覆均匀连续；随即螺旋缠绕内缠带，要求缠绕紧密，无褶皱，压边 15～25cm。按瓷漆一层，缠带一层，如此作业，直至瓷漆的层数和内缠带的层数达到防腐层结构规定，最后一层瓷漆绕涂后立即缠绕外缠带。外缠带缠绕要求与内缠带相同。对于普通级防腐层，只涂一层瓷漆并缠绕外缠带。

④ 后处理　外缠带缠绕之后，立即冷水定型。然后将管端预留长度的管表面清理出来。防腐层端面应做成规整的坡面。

（4）施工注意事项

煤焦油瓷漆在涂覆时会产生一定量的有害烟气，应当安设有效的烟气净化设施，防止对劳动卫生和环境的影响。进口作业线，如 CRC-EVANS 公司的涂覆作业线，采用一根管子接一根管子连续绕涂和缠绕的作业工艺，管子两端的防腐层质量和外形均得到了保证。国产作业线沿用了传统石油沥青防腐作业线的单根涂覆方式，管端的防腐层质量和外观容易产生问题。

最好在煤焦油瓷漆防腐层上涂防晒漆，否则太阳暴晒后可使黑色的瓷漆温度比气温高 25～30℃，在夏季容易造成防腐层软化变形和防腐层之间粘连的问题；长期暴晒还可能造成轻组分的迁移，芳香族苯环的破坏，致使防腐层老化、产生裂纹。要注意瓷漆防腐层不能在低于使用温度的气温条件下使用，否则防腐层可能产生裂纹或者开裂。

2. 环氧粉末防腐层

将环氧粉末涂料与在自然温度条件下无反应活性、在高温下反应迅速的固化剂、催化剂及助催化剂、流平剂、颜填料等几种原料混合，送入挤出机塑炼、捏合，以薄片状挤出，经过破碎、研磨和分级，得到粒度均匀的粉末涂料。分子量分布较宽的环氧树脂不适于制作环氧树脂粉末涂料，因为树脂中低分子容易使粉末结团，高分子则影响涂料的流平。常用的固化剂有双氰胺及其衍生物、咪唑类化合物、酸酐类及二酰肼四类。通常要求和树脂混溶性好，固化快，漆膜性能及化学稳定性好。一般来讲，不加入流平剂的环氧粉末涂料熔融时，漆膜具有流动性的时间太短，流动能力太小。当粉末中加入流平剂后，漆膜的流动性增强，消除了漆膜上的针孔、橘皮等弊病。环氧粉末涂料在高温熔融、固化形成的涂层即是环氧粉末涂层或熔结环氧粉末涂层。

熔结环氧粉末防腐层具有与基体黏结力强、涂层坚牢、耐腐蚀和耐溶剂、抗土壤应力、与阴极保护配套性好、对保护电流无屏蔽作用、涂层的修复较为容易等特点，适用于大多数土壤环境，包括砾石地段；但环氧粉末防腐层耐湿热性能差，不适用于水下加热输送温度过高的管道，吸水率较大，抗冲击损伤能力有限。环氧粉末涂料不含溶剂，涂覆时几乎不产生挥发物，作业卫生仅要求防止粉尘，对环境无化学助剂挥发的污染。

壳牌化学公司于 20 世纪 60 年代发明了环氧树脂粉末涂料，喷涂施工技术在同期也得到了长足发展。环氧粉末在管道防腐方面的应用不断增大，在美国和加拿大已广泛应用于各种埋地管道的外防腐，如美国著名的阿拉斯加原油输送管道环氧粉末防腐层已经运行了 30 年。据美国《Popeline Digest》统计，20 世纪 90 年代以来，熔结环氧粉末防腐层连续占据着管道涂覆用量的首位。据介绍，环氧粉末涂层的使用寿命为 30～50 年。熔结环氧粉末涂层运行温度介于−30～100℃之间，但在地下水浸没或者极其潮湿的地段，运行温度适宜在 70℃ 以下。环氧粉末技术的最新发展是双层结构，其第一层是普通粉末涂层，第二层是增速粉末涂层，极大地改进了环氧涂层的抗磕碰能力。

在 20 世纪 80 年代初期，国内的石油工程技术研究院、华北油田设计院先后研制出了管道防腐用环氧粉末涂料；石油天然气管道科学研究院在 80 年代后期研制出了大口径管道熔结环氧粉末外涂覆作业线，并用于黄河管道穿越工程。近年来，国内的熔结环氧粉末涂层用量稳定增长，所用的均为一次成膜的单层熔结环氧粉末涂层。

(1) 环氧粉末涂料的技术指标

环氧粉末涂层的材料只有环氧粉末涂料一种。环氧粉末涂料的技术性能应符合表 4-11 的质量标准。还应在规范的实验室条件下，对制作的环氧粉末涂层试件进行检查，试件质量应符合表 4-12 的质量指标。当粉末涂料生产厂的粉末涂料配方有变化时，需要进行表 4-12 的各项检查；当供料渠道稳定，在作业线涂覆前，只要求做 24h 阴极剥离、抗 3°弯曲、抗 1.5J 冲击及附着力检查。

表 4-11 环氧粉末涂料的技术性能

项目		质量指标	试验方法
外观		色泽均匀、无结块	目测
固化时间/min	180℃	≤5	SY/T 0315 附录 A
	230℃	≤1.5	
胶化时间/s	180℃	≤90	GB/T 6554—2003
	230℃	≤30	
热特性		符合生产厂规定	SY/T 0315 附录 B
不挥发物含量/%		≥99.4	GB/T 6554—2003
粒度分布（筛余物）/%	150μm	≤3.0	GB/T 6554—2003
	250μm	≤0.2	
密度/(g/cm³)		1.3～1.5	GB/T 4472—2011
磁性物含量/%		≤0.002	JB/T 6570—2007

表 4-12 实验室试件的涂层质量要求

项目	质量指标	试验方法
外观	平整，色泽均匀，无气泡，开裂及缩孔，允许有轻微橘皮状花纹	目测
24h 或 48h 阴极剥离/mm	≤8	SY/T 0315 附录 C
28d 阴极剥离/mm	≤10	
耐化学腐蚀	合格	SY/T 0315 附录 D
断面空隙率（级）	1～4	SY/T 0315 附录 E
黏结面空隙率（级）	1～4	
抗 3°弯曲	无裂纹	SY/T 0315 附录 F
抗 1.5J 冲击	无针孔	SY/T 0315 附录 G
热特性	符合生产厂规定	SY/T 0315 附录 B
电气强度/(MV/m)	≥30	GB/T 1408.1—2016
体积电阻率/Ω·m	≥1×10¹³	GB/T 1410—2006
附着力/级	1～3	SY/T 0315 附录 H
耐磨性(落砂法)/(L/μm)	≥3	SY/T 0315 附录 J

(2) 防腐层的等级及厚度

防腐层等级及厚度要求见表 4-13。

表 4-13 熔结环氧粉末防腐层等级及厚度要求

序号	涂层等级	最小厚度/μm	参考厚度/μm
1	普通级	300	300～400
2	加强级	400	400～500

(3) 防腐层施工要求

环氧粉末防腐层施工的工艺过程包括：表面处理→涂覆→后处理。

① 表面处理 钢管表面处理应达到 GB/T 8923.1—2011 规定的 Sa2.5 级。环氧粉末涂层对表面处理的要求高，在喷（抛）丸除锈作业前，应当采用溶剂清洗、焙烧或高压水清洗等方法，充分地清除钢管表面的污染物，尤其是油性污物或者是石油沥青底漆。涂覆时，钢管表面

应保持 Sa2.5 级状态。

② 涂覆　首先将钢管加热至粉末生产厂规定的涂覆温度，一般为 230℃，最高不超过 275℃。加热方式以中频感应加热为好。然后以静电喷涂方式将粉末涂布到钢管上，要求一次成膜并达到规定厚度。喷涂要均匀。

③ 后处理　在涂层得到充分固化后，用水将涂层钢管冷却至100℃以下；将管端预留长度的管表面清理出来，一般规定预留长度50mm±5mm。

④ 要求　环氧粉末涂层施工对被涂钢管的管面清洁度要求比较高，涂覆一般在流水线上进行，即喷砂除锈→高频加热→喷涂→水冷一次完成，这就要求管子的行进速度与喷粉的速度和涂层的固化速度相匹配，以保证涂层的厚度及固化的程度。作业线使用的压缩空气应无水、无油，以提高涂层的黏结力、减少针孔；喷枪出粉要均匀，雾化要好，以得到厚度均匀的涂层；增加防腐层厚度可提高使用温度，厚度达 800μm 时，使用温度可达 95℃。

3. 聚烯烃防腐层

聚烯烃防腐层用的材料主要是热塑性聚乙烯（PE）塑料和聚丙烯（PP）塑料，塑料中可以加入增塑剂、抗老化剂、抗氧化剂和光稳定剂等助剂及适量填料。聚乙烯防腐层和聚丙烯防腐层在使用温度上有差别，聚乙烯的最高使用温度在 60～70℃，聚丙烯的最高使用温度在 80～100℃。聚乙烯防腐层在管道防腐上的使用量大，防腐层使用的聚乙烯有低密度、中密度和高密度 3 种，也可将其共混使用；高密度塑料的分子量很高、结构规整，有晶体结构，使用温度高。

聚乙烯从形态及涂覆方法区分，有聚乙烯胶带、粉末聚乙烯和挤出聚乙烯 3 种。粉末聚乙烯在涂覆方式上和环氧粉末大体相同，涂料只经过熔融成膜，冷却至 60℃左右定型的过程。由于聚乙烯塑料和钢铁基本没有黏结力，所以粉末涂料防腐层的黏结力有限，制约了聚乙烯粉末的使用。挤出聚乙烯防腐层有两种结构，常规结构为两层（俗称聚乙烯夹层），底层为黏结剂，一般为沥青基橡胶或乙烯基共聚物，面层为聚乙烯挤出包覆或缠绕层；另一种结构即三层结构，底层为环氧涂料（包括液态环氧树脂或者涂料环氧树脂），面层为聚乙烯挤出层，中间为连接底层与面层的黏结层，为乙烯基二元共聚物或三元共聚物。聚乙烯胶带也称聚乙烯胶黏带，是将聚乙烯以薄片状挤出，并涂覆一层黏结剂而制成。一般是在现场自然温度下缠绕到管道上形成防腐层。本节重点介绍聚乙烯胶带防腐层。

就防腐层结构而言，聚乙烯胶带和两层结构聚乙烯是一样的，但由于是冷缠施工，胶带防腐层对钢管体的黏结力小于两层结构，防腐层下存在气隙的可能性及数量增大；与挤出缠绕不同，胶带压边位置的防腐层不是一个整体，而压边黏结的紧密程度对防止水汽的渗透至关重要；胶带防腐层较软、较薄，抗外力损伤的能力较小。在涂覆车间，常常使用加热缠绕的方法，可以有效提高防腐层质量。一般认为胶带防腐层的使用寿命较短，在 10～30 年之间，胶带应用成功与失败的例子都很多，通常认为其防腐能力在几大防腐层中最差。

但胶带防腐层施工简单，并采用机械作业，涂层成本低，技术也渐趋完善，在管道防腐层中长期占有一定地位，尤其是在现场管道防腐层更换方面，占据显著地位。胶带适用于输送介质温度为−30～70℃的管道防腐。

聚乙烯胶带防腐在管道防腐方面已应用 40 多年，有近 300000km 的管道使用胶带防腐。产品有用底漆、不用底漆的胶带，有些产品配套有填充焊缝两侧的填料带。过去，胶带与胶带的黏结性差，造成压边位置成为防腐层的薄弱点；现在，不少优质产品已经解决了该问题，黏结强度接近聚乙烯强度的水平；基材和胶黏剂的结合力也已经通过两者共挤出的制带工艺得到增强。较先进的胶带防腐层体系应该包括底漆、填料带、共挤型内缠绕防腐带及外缠绕保护带。

（1）材料性能指标

胶带防腐层的主要原料包括底漆、聚乙烯胶带，其性能应分别符合表 4-14、表 4-15 的规定。

表 4-14　底漆性能

项目	指标	试验方法
固体含量/%	15～30	GB/T 1725
表干时间/min	1～5	GB/T 1728
黏度(涂 4 杯)/Pa·s	0.65～1.25	GB/T 1723

表 4-15　聚乙烯胶带性能

项目		性能指标		试验方法
		防腐带(内带)	保护带(外带)	
颜色		黑	—	目测
厚度/mm	基膜	0.15～0.40	0.25～0.50	GB/T 6672
	胶层	0.10～0.70	0.10～0.20	
	胶带	0.25～1.10	0.35～0.70	
基膜拉伸强度/MPa		≥18	≥18	GB/T 1040.1—2006
基膜断裂伸长率/%		≥400	≥400	GB/T 1040.1—2006
剥离强度/(N/cm)	对有底漆的不锈钢	≥15	—	GB/T 2792
	对胶带外表面	5～10	5～10	
电气强度/(MV/m)		>30	>30	GB/T 1408.1～3
体积电阻率/Ω·m		>1×10^{12}	>1×10^{12}	GB/T 1410
耐热老化试验/%		<25	<25	SY 4010 附录 A
吸水率/%		<0.035	<0.035	SY 4010 附录 B
水蒸气渗透率(24h)/(mg/cm²)		<0.45	<0.45	GB 1037

（2）防腐层等级及结构

聚乙烯胶带防腐层的等级及结构见表 4-16。

表 4-16　聚乙烯胶带防腐层的等级及结构

防腐层等级	防腐层结构	总厚度/mm
普通级	一层底漆＋一层内带(缠绕压边 10～20mm)＋一层外带(缠绕压边 10～20mm)	≥0.7
加强级	一层底漆＋两层内带(一次缠绕成型,压边为宽带的 50%～55%)＋一层外带(缠绕压边 10～20mm)	≥1.0
特加强级	一层底漆＋两层内带(一次缠绕成型,压边为宽带的 50%～55%)＋两层外带(一次缠绕成型,压边为宽带的 50%～55%)	≥1.4

（3）防腐层施工要求

① 表面处理　钢管表面处理应达到 GB/T 8923.1—2011 规定的 Sa2 级或 St3 级。涂覆时，钢管表面状态应保持表面处理等级要求。

② 涂覆　可采用高压无气喷涂、刷涂或其他适当方法涂覆底漆。底漆漆膜应均匀连续，无漏涂、流痕等缺陷。

在底漆表干后，使用适当的机械或手工机具缠绕胶带，胶带层数及压边要求应符合表 4-16 的规定。接头搭接应不少于 1/4 管周长，且不少于 100mm。要求缠绕平整。

三、管道内涂覆有机涂层

管道内腐蚀主要是指管道内壁直接与输送介质接触，而很多介质中混杂着许多腐蚀性物质，使管道内壁遭受严重的化学腐蚀。由于石油炼制的特殊性，在一些特殊环境使用的管线，其腐蚀比较严重。即使自来水输送的地下管道，国外也采用防腐性内涂层。因此，对管道进行内涂有机涂料具有重要意义。内防腐主要集中在两大方向：一是管道内涂层；二是管道衬塑。内涂层具有成本低、工艺简单、涂覆容易等特点，是最有效和实用的防腐方法。在管道内壁涂覆涂层不仅在输送原油或天然气时能避免管道内壁受到腐蚀，还可以降低管道内壁表面粗糙度、降低摩阻、提高管道寿命、减少能耗、节约成本。在天然气管道上，还能防止夹杂在气流中的其他杂质沉积在被腐蚀的管道内表面上，提高管道的输气能力。

1. 内防腐涂层种类

防腐蚀涂料必须满足以下基本要求：良好的附着力和一定的机械强度，良好的耐蚀性能，较小的透气性和渗水性。防腐涂料除了要满足以上要求，还应继续向无毒（或低毒）、无污染、省能源、经济高效的方向发展；也要配合石油工业提出的新要求，由单一功能向多功能发展；由低档次、短时效向高档次、长时效发展。目前适用于管道内涂层的材料品种主要有环氧粉末涂料、聚氨酯防腐涂料、煤焦油环氧树脂等。

（1）环氧粉末涂料

环氧粉末涂料与管道外喷涂的环氧粉末基本一致，它以环氧树脂为基料，加入适量的固化剂、颜料、填料及其他添加剂，经混合、熔融挤出、冷却、粉碎、筛分等工序制成。随着技术发展，人们对现有的环氧粉末进行了各种改进，例如以环氧树脂为主要基料，以玻璃鳞片为骨料，添加各种功能添加剂混配成涂料状材料，进一步提高涂料的黏结性、力学性能、化学稳定性、电绝缘性和抗老化性；利用纳米铁钛微粉作为防锈颜料，将其与固化剂、环氧树脂等原料按照一定配比混合制备纳米复合涂料；与传统环氧涂料相比，经过纳米颗粒改性的环氧涂料的抗腐蚀性能、耐附着力和抗弯曲性能大幅提升；Sherwin-Williams 公司通过将表面活性剂与环氧聚合物进行一系列聚合、缩合等反应，使活性基团进入聚合物分子链中形成新物质，将该物质与改性的固化剂高速分散混合制备出新型双酚 A 型固体防腐涂料；该涂料不必再添加溶剂和稀释剂，还具有零 VOC 释放、固化时间短、耐水性等优点，因此方便储存、易于施工。

（2）聚氨酯防腐涂料

聚氨酯是指分子结构中含有氨基甲酸酯键的高聚物。氨基甲酸酯键由异氰酸基和羟基反应形成，故聚氨酯树脂的单体是多异氰酸酯和多羟基化合物。聚氨酯根据其固化机理的不同可分为五种类型：①氧固化聚氨酯改性油（单组分）；②多羟基化合物固化多异氰酸酯的加成物或预聚物（双组分）；③多羟基化合物固化封闭型多异氰酸酯的加成物或预聚物（单组分）；④湿固化多异氰酸酯预聚物（单组分）；⑤催化湿固化多异氰酸酯预聚物（双组分）。

聚氨酯漆具有耐磨、耐化学腐蚀、耐热及良好的附着力等优点，并可对多种树脂进行改性。聚氨酯漆的耐酸、耐碱、耐水、耐热性优于乙烯树脂漆，耐酸、耐水性优于环氧树脂，而其耐碱、耐溶剂性与环氧树脂相似。但是，聚氨酯的保光保色性差，易失光粉化。

与国外聚氨酯涂料的快速发展相比，我国在聚氨酯防腐蚀涂料的研发、应用以及涂装方法的开发方面还存在一定差距，包括新型聚氨酯固化剂和多元醇化合物的合成，尤其在涂料成分配比的设计差距较大。

（3）煤焦油环氧树脂

煤焦油是煤粉经过复杂干馏工艺生成的深褐色、黏稠态液体，可直接涂覆于管道上，用于管道的防护层，具有耐水性好、绝缘性好、抗土壤腐蚀等优点。但其机械强度及低温韧性差，施工过程中需要加热涂覆，会挥发出大量有害物质。因此，煤焦油在使用过程中常添加合成树脂进行改性。

煤焦油环氧树脂是由环氧树脂、煤焦油、固化剂及其他助剂组成的热固性共混物。在煤焦油中加入环氧树脂、固化剂和助剂后，环氧树脂与固化剂发生交联反应，生成交联的网状结构，提高了煤焦油的耐热性、黏结力、抗拉强度和抗压强度。环氧树脂中的环氧基可与煤焦油中含活泼氢原子的羟基、氨基、亚氨基发生化学交联反应，加大煤焦油的分子量，加长煤焦油的分子链，从而形成固化的环氧煤焦油，所以环氧煤焦油表现出较好的性能，例如热稳定性好、耐化学腐蚀性好，能耐 $10\%H_2SO_4$、$10\%HCl$、$10\%NaOH$、$10\%NaCl$ 水溶液的腐蚀。

环氧树脂与煤焦油有较好的相溶性，只要在一定温度下混合均匀，在室温下即可固化，生成固化的环氧煤焦油。例如，以高温煤焦油、环氧树脂（E-44）、乙二胺（固化剂）、丙酮（稀释剂）、石英粉的比例为 50:50:3.3:3.2:130 的配方制得环氧煤焦油胶泥，这种环氧煤焦油胶泥可在常温下固化，抗拉强度达 4.3MPa，抗压强度达 37.3MPa。但是，环氧煤焦油胶泥中环氧树脂的含量减少，其抗压强度和抗拉强度降低。例如，以高温煤焦油、环氧树脂、乙二胺、丙酮、滑石粉（或水泥）的比例为 360:100:10:50:200 的配方制得环氧煤焦油胶泥，它可在常温下固化，其抗拉强度为 0.8~3.8MPa，抗剪强度为 0.6~5.8MPa；70℃，24h 后便不流淌。

2. 涂覆技术

管道内涂覆工艺一般分为两种，即现场涂覆法和工厂涂覆法。前者用于已铺设的管道，后者用于新建管道。

（1）现场涂覆法

现场涂覆处理常用的方法为挤压涂覆法，即两涂覆器之间的涂料以一定的挤压力涂在管壁上。该方法使用两个涂管器，一个在前，一个在后，中间充以涂料，用天然气或压缩空气推动这组夹有涂料的管塞通过管道来涂覆涂料。此工艺复杂，质量可控性较差，做一次清管和涂覆操作的涂覆长度一般只有 5~8 km，适合于小口径短距离管道的施工。

工程上设计的风送涂挤防腐蚀工艺用来修复旧管线。施工工艺流程为：管线吹扫试压→外补漏→清管→涂加固层涂过渡层→涂主防腐层→试验质检→管线回填→验交使用，具有投资小、修复速度快、质量可靠、涂层牢固、耐蚀性强等特点，单次涂覆距离可达 10km，尤其适合大管径、长距离管线的修复。这种工艺的缺点是喷涂的漆膜较薄。

（2）工厂涂覆法

管内喷涂有机涂料与管外喷涂有机涂料工艺流程没有太大区别，但管内喷涂工艺比管外喷涂难度大得多，主要是如何将喷枪通入管道内进行喷涂，要实现这一点，必要的喷涂设备工装是十分重要的。

工厂涂覆典型的工艺流程为：管道预热→表面处理→除尘→检测→喷涂→涂膜固化→涂层质量检验→堆放。其中质量保证的关键有表面处理、喷涂、干膜厚度和涂膜固化。

① 管线内表面预处理　目前多采用物理清洗法。常用的物理清洗法有高压水射流清洗法和机械清洗法。高压水射流清洗法是近年发展起来的新清洗技术，利用高压泵将其压力转化成高速流体的动能，强烈冲刷内表面，从而使内壁上的污垢脱落并冲刷出管线。这种工艺灵活性强，便于现场施工，操作简便，效果良好。不足之处为设备投资很大，对于结构较为复杂的管线效果欠佳。

② 管线内涂覆　喷涂方法有空气喷涂、高压无气喷涂、静电粉末喷涂和高温离子喷涂。使用最多的是高压无气喷涂，使用率 80%以上。高压无气喷涂的涂层厚度均匀、针眼气孔等缺陷少。另外，还能减少对环境的污染。

不论采用哪一种喷涂方法，内喷涂必须将喷枪插入管子的内部。由于喷枪有一定的体积，因此内喷涂的管径不能太小，一般管子的直径大于 88mm 才能实现管内喷涂。另外，喷枪的长度至少要有 6m 多长，并且喷枪要一边喷涂一边匀速地移出。为了防止涂料在喷涂过程由于重力作用向管底流淌，喷涂的管子采用旋转工装，这样管子一边旋转，喷枪一边向外匀速抽出。但喷涂后的有机涂料在停放时仍会流淌，因此在管外采用加热促进涂膜固化，一般在涂料表干之前，涂覆的管子一直处于旋转状态。

环氧液体涂料是内涂层的一大方向，但是环氧液体黏度高、性能特殊，采用传统的高压无气或有气喷涂效果不理想，针对此问题，人们设计了离心喷涂工艺，采用孔径分布呈双螺旋的雾化喷嘴喷涂效果最佳。但是，由于环氧树脂为双组分，在喷涂后、涂膜干燥的过程中，喷枪内的环氧树脂也停留在喷枪内，这样当管道内涂膜层表干，换新管子喷涂时，喷枪内的环氧树脂也就表干、半固化，出现喷枪无法喷涂的问题。为了解决这一问题，人们在喷枪喷嘴后加了混合器，让环氧树脂的液料和固化剂分两个输送小管送入混合器，然后在混合器中混合喷出，即使出现喷枪堵塞，只要将喷嘴和混合器进行疏通即可。典型的双组分内喷枪原理见图4-6。

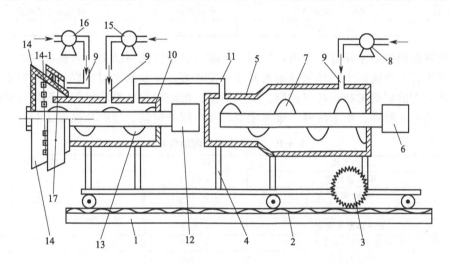

图 4-6　典型的双组分内喷枪原理

1—机底盘；2—齿条；3—齿轮；4—机架；5—主料桶；6—主料电机；7—主料绞龙；
8—料泵A；9—进料管；10—混料筒；11—连接管；12—混料电机；13—混料绞龙；
14—旋转喷头；14-1—喷孔；15—料泵B；16—料泵C；17—锥筒套

③ 涂膜固化　管线内壁涂覆完成后需快速固化，如环境温度较高可自然固化，需在管体两端用薄膜密封。而工厂常用的方法是加热固化，温度一般在 70～80℃，固化时间需 30min左右。

四、管道内涂耐磨防腐涂层

地下管道在输送新开采石油、天然气或污水等介质时，由于介质中会有一定砂粒和介质的腐蚀性，易发生磨损腐蚀，造成内涂层的划伤、破裂等。在管道内涂耐磨防腐涂层是预防管道磨损腐蚀的有效办法。

1. 耐磨防腐涂层概述

耐磨涂层的主要类型包括高分子涂层、金属涂层以及氧化物、氮化物、碳化物的陶瓷涂层。高分子涂层又可以分为有机黏结剂型和无机黏结剂型两类，如表4-17所示。前者是采用一种黏结剂作为载体，把一种或多种固体增强粒子黏附在管道内表面，这种传统的黏结型固体润滑涂层是目前品种最多，应用最广的一类。通常采用的黏结剂有环氧树脂、酚醛树脂、聚酰胺树脂、聚酰亚胺树脂、聚氨酯等，采用二硫化钼（MoS_2）、石墨、PTFE、金属氧化物、卤化物、硒化物软金属等作为固体润滑剂（表4-18）。后者是由具有固体润滑和耐磨性能的特种高分子工程涂料形成的涂层。用于涂料的不仅有溶液型涂料，还包括粉末型涂料，如聚乙烯粉末涂料、聚氨酯粉末涂料、环氧树脂粉末涂料以及聚氨酯/环氧树脂粉末涂料等。溶液型涂料采用的树脂与上述黏结剂树脂类似。

表 4-17　黏结剂类型

有机黏结剂	室温固化型	丙烯酸树脂、环氧树脂、氯乙烯树脂、乙酸乙烯树脂、有机硅树脂、乙烯缩醛树脂、聚氨酯树脂、聚烯丙基树脂
	加热固化型	酚醛树脂、环氧树脂、醇酸树脂、聚酰胺树脂、聚酰亚胺树脂
无机黏结剂		氟化钙、氟化钡、硅酸钠、磷酸铝、硅酸钙、氧化硼等

表 4-18　固体增强粒子的分类

层状结构物	二硫化钼、二硫化钨、石墨、氮化硼	金属盐	钙、钠、镁、铝的盐类
软金属化合物	氧化铅、硫化铅等	合成树脂	聚四氟乙烯树脂
软金属	铟、铅、银等		

耐磨涂料所用树脂主要分为三类，即环氧树脂类、聚氨酯树脂类、有机硅树脂类及各自的改性物。在所有耐磨树脂中，环氧类耐磨树脂开发较多，聚氨酯类耐磨性最好，特别是弹性聚氨酯。通常采用的耐磨树脂有环氧树脂、醇酸树脂、酚醛树脂、聚酯树脂、聚酰胺树脂、聚酰亚胺树脂、聚苯并咪唑、聚苯硫醚、聚氨酯等，其中部分树脂的耐磨性见表 4-19。

表 4-19　几种涂料的耐磨性对比

序号	涂料名称	摩擦失重/g	附着力/级
1	环氧-聚酰胺	0.0183	1～2
2	环氧-酚醛	0.0151	1～2
3	环氧改性单组分聚氨酯	0.0424	2
4	开环环氧聚氨酯	0.0098	1～2
5	有机硅改性聚氨酯	0.0556	2～3
6	弹性聚氨酯	0.0030	差
7	环氧改性有机硅	0.0931	2～3
8	SOI 聚氨酯	0.0105	2

2. 环氧树脂系耐磨防腐涂层

溶剂型涂料中的有机溶剂消耗大量石油资源，易燃易爆，有一定的毒害性。随着国家环保法规的要求越来越严格，无溶剂涂料得到了快速发展。无溶剂涂料火灾隐患低，符合环保法规要求，施工周期短，单道施工能获得较厚涂层，防腐效果好。采用合适的涂装工艺，可获得性能优异的防腐耐磨涂层。

有机高分子中加入固体增强粒子，使涂层的硬度及耐磨性提高。大多数有机黏结剂为高分子物质，它是形成涂层的成膜物质，而固体颗粒为增强相。由于颗粒的自重较大，在有机涂料或高分子液体中容易下沉，颗粒加入后涂料的黏度增大，颗粒难以雾化，因此对这种加入固体粒子的有机涂料内喷涂多采用无气喷涂，喷涂枪多采用螺旋离心式。

尽管采用固化剂、环氧树脂加固体颗粒分管输送的螺旋离心喷涂工艺可以在管内实施耐磨环氧树脂涂层制备，但由于固体颗粒自重较大，在制备涂层固化过程中，即使管子是旋转的，但根据离心力，重力大的粒子离心力大，必然使固体颗粒沉积在涂层的底部较多，因此，涂层表面的环氧树脂较多。当涂层固化后，发现涂层底部由于大量固体颗粒存在而导致涂层黏结性降低；而涂层表面固体颗粒少，与纯环氧树脂涂层相似，达不到耐磨效果。

由于共混法制备 SiO_2/环氧树脂（EP）复合涂层存在自然沉降现象，导致 SiO_2 颗粒大多沉于涂层中底部，而涂层表层颗粒含量较少，使得复合涂层表面硬度、耐磨性得不到显著提高，并且随着沉降到涂层底部的颗粒体积分数增大，涂层底部起黏结作用的环氧树脂体积分数减小，引起涂层黏结强度下降，最终使共混法制备的 SiO_2/EP 复合涂层很难满足天然气输气管道防护涂层的实际需求。为此，需要对 SiO_2/EP 复合涂层结构进行梯度优化设计。

梯度优化设计的设想：首先，涂层与金属基材的界面处不应含有较多 SiO_2 颗粒。这是因为，如果界面处 SiO_2 含量较多，体积分数较大，起黏结作用的环氧树脂体积分数减少，容易降低涂层的黏结强度。其次，分布在复合涂层表层的颗粒粒径应较小。较小颗粒对涂层的增强作用类似于金属材料中的"细晶强化"，即当涂层遭受外力破坏时，小颗粒分布在涂层表层，外力可被更多的颗粒吸收，受力更均匀，应力集中较小；颗粒较小，其比表面积较大，颗粒与环氧树脂界面结合面积大，不利于裂纹扩展。虽然较大颗粒具有更高的耐磨性，但是出于整个涂层体系性能考虑，较大颗粒分布在涂层表层会降低涂层韧性，导致涂层塑性变形能力变差，使得涂层在较低水平的变形量下就容易出现裂纹，并以片状或块状脱落。另外，考虑到涂层表面粗糙度的要求，分布在涂层表层的颗粒粒径不宜过大。最后，分布在复合涂层中部的颗粒粒径应较大。当受外力作用时，颗粒对涂层体系起到一定的负荷支撑作用，粒径越大，颗粒强度和刚度越高，负荷支撑作用越明显。所以，使较大颗粒分布在涂层表层和底层之间的中部区域，不仅可以负荷来自涂层表层的自重，还可以起到大骨架作用，支撑并稳固涂层体系。

梯度优化设计后的 SiO_2/EP 复合涂层结构如图 4-7 所示。由图 4-7 可见，在固化后的涂层稳态结构中，含量较多的小尺寸颗粒分布在涂层表层区域，含量较少的中度和大尺寸颗粒分布在涂层中部，而涂层底层依然为纯环氧树脂。涂层成分的这种梯度分布一方面提高涂层表面硬度和表面耐磨性，保证涂层外观较光滑平整；另一方面大尺寸颗粒在涂层中部起支撑和稳固涂层体系的作用，并且涂层与基体具有良好的黏结力。

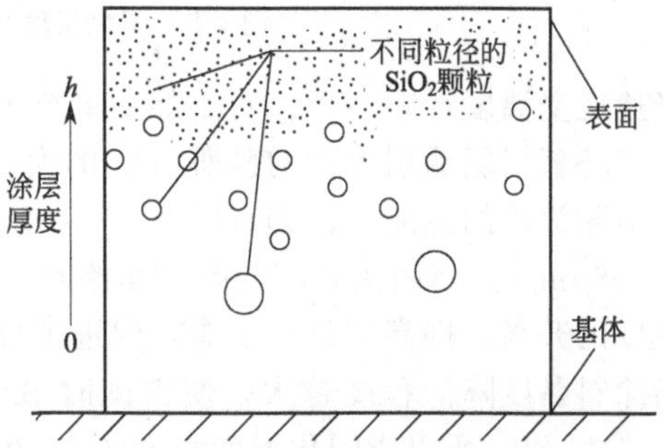

图 4-7 SiO_2/EP 梯度复合涂层结构

为了实现这一优化的复合涂层结构，利用静电喷涂技术将质量分数为 30%、粒径分布在 $5\sim50\mu m$ 之间的 SiO_2 粉末均匀地喷覆在还未表干的环氧树脂涂层表层，使 SiO_2 颗粒在环氧树脂涂层中自由沉降，通过控制固化温度和时间来控制 SiO_2 颗粒沉降深度，使其在环氧树脂涂层中呈梯度分布，制得 SiO_2/EP 梯度耐磨复合涂层。

图 4-8 为环氧树脂涂料黏度随固化温度和时间的变化。由图 4-8 可见，当固化温度为室温（25℃）时，环氧树脂涂料黏度随时间变化不大。温度为 $40\sim70℃$，环氧树脂涂料黏度随固化时间延长而线性增加；而且温度越高，环氧树脂固化反应越剧烈，黏度升高越显著。

SiO_2 颗粒在环氧树脂涂层中的自沉降现象符合 Stoke's 沉降定律。可根据式（4-1）计算 SiO_2 颗粒在涂层中的沉降速度：

$$v=d^2(\rho_1-\rho_2)g/(18\mu) \tag{4-1}$$

式中，v 为颗粒沉降速度，$\mu m/s$；d 为颗粒粒径，μm；ρ_1 为颗粒密度，g/cm^3；ρ_2 为涂料密度，g/cm^3；g 为常数，$9.8N/kg$；μ 为涂料黏度，$Pa\cdot s$。

将不同固化温度和时间下环氧树脂涂料的黏度值代入 Stoke's 公式推算出相应固化温度和时间下的 SiO_2 颗粒在涂层中的沉降速度，结果见图 4-9。公式中各参量取值为：颗粒密度为 $2.45g/cm^3$，涂料密度为 $1.13g/cm^3$，颗粒粒径为 $50\mu m$。由图 4-9 可见，室温（25℃）时，SiO_2 颗粒在涂层中的沉降速度变化较小；当固化温度从 40℃逐渐升高到 70℃，$0\sim5min$ 时，SiO_2 颗粒在涂层中的沉降速度随温度升高而增大，70℃时 SiO_2 颗粒沉降速度最大，40℃时 SiO_2 颗粒沉降速度最小；5min 时，固化温度越高，SiO_2 颗粒的沉降速度越小，70℃时 SiO_2 颗粒沉降速度最小，40℃时 SiO_2 颗粒沉降速度最大；$5\sim15min$ 时，SiO_2 颗粒在涂层中的沉

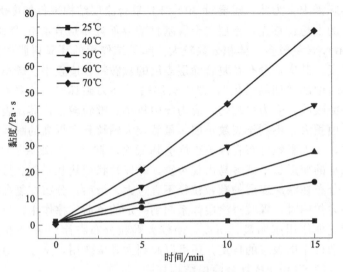

图 4-8　固化温度和时间对环氧树脂涂料黏度的影响

降速度受温度影响不大。对于某一单个 SiO_2 颗粒,重力 $|G|$ 为一定值,所以沉降速度主要取决于环氧树脂涂层提供的黏滞力 f 的大小。室温时,涂料黏度较小,SiO_2 颗粒的重力大于环氧树脂涂层的黏滞力,即 $|G|>|f|$,所以颗粒在两种力的作用下呈慢速沉降,速度大小为 $1.198\mu m/s$。当固化温度升高,初始时,环氧树脂与固化剂的固化交联反应还未完全开始,但温度的升高,提高了分子动能,促进了分子运动,涂层动力黏度降低;而且温度越高,环氧树脂涂料黏度降低程度越大,使得此时 SiO_2 颗粒的重力远远大于环氧树脂涂层的黏滞力,即 $|G|\gg|f|$,所以当固化温度为 $40℃$、$50℃$、$60℃$、$70℃$ 时,SiO_2 颗粒在涂层中开始时的沉降速度反而比室温的大;而且温度越高,开始时 SiO_2 颗粒沉降速度越大,其沉降速度的计算值分别为 $1.634\mu m/s$、$2.246\mu m/s$、$2.995\mu m/s$、$4.493\mu m/s$。

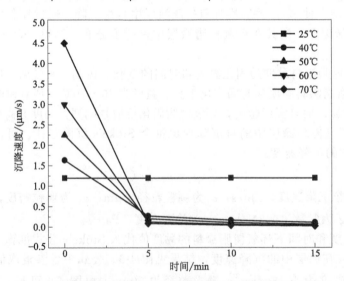

图 4-9　固化温度和时间对 SiO_2 颗粒在涂层中沉降速度的影响

随着时间的延长和环氧树脂与固化剂的固化交联反应的进行,涂层开始交联固化,小分子物质彼此交联,逐渐转变为网状高分子结构,阻碍了聚合物分子的运动,导致涂层动力黏度增大,环氧树脂涂层黏滞力大小逐渐趋近于 SiO_2 颗粒重力大小,即 $|f|\rightarrow|G|$,所以 SiO_2 颗粒

在涂层中的沉降速度降低。涂层固化温度越高，树脂交联反应越剧烈，物质从小分子向高分子的转变越迅速，SiO_2 颗粒沉降速度的降低越显著。当加热固化时间为 5min 时，在不同固化温度下，SiO_2 颗粒在涂层中的沉降速度分别为 $0.268\mu m/s$（40℃）、$0.202\mu m/s$（50℃）、$0.125\mu m/s$（60℃）、$0.086\mu m/s$（70℃）；时间继续延长，环氧树脂涂层交联固化程度越来越完全，涂层动力黏度越来越大，环氧树脂涂层黏滞力大小进一步趋近于 SiO_2 颗粒重力大小。当加热固化时间为 15min 时，环氧树脂涂层黏滞力大小已经近似于 SiO_2 颗粒重力大小，即 $|G| \approx |f|$。此时，不同固化温度下，SiO_2 颗粒在涂层中的沉降速度分别为 $0.110\mu m/s$（40℃）、$0.065\mu m/s$（50℃）、$0.039\mu m/s$（60℃）、$0.024\mu m/s$（70℃）。因此，随着时间的进一步延长，SiO_2 颗粒在涂层中的沉降速度受温度影响越来越小，并逐渐趋近于 0。

根据 $h=[d^2(\rho_1-\rho_2)g/18]\ln t$ 计算涂层在不同温度下固化成型 30min 后，不同粒径 SiO_2 颗粒在涂层中的沉降深度，结果如图 4-10 所示。由图 4-10 可见，随着颗粒粒径的增大，SiO_2 颗粒在环氧树脂涂层中的沉降深度增大；随着温度的升高，相同粒径颗粒在涂层中的沉降深度减小。依据图 4-10，可以确定不同固化条件下某一粒径颗粒在涂层中的沉降深度，通过控制固化温度和加热固化时间来控制不同粒径的 SiO_2 颗粒在涂层中的沉降深度，使不同粒径颗粒在涂层中呈梯度分布，即小颗粒在上，大颗粒在中下部，涂层底部基本不含颗粒，从而得到 SiO_2/EP 梯度复合涂层。

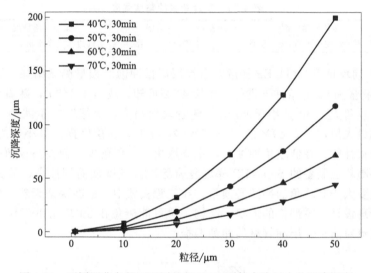

图 4-10　不同固化条件下不同粒径 SiO_2 颗粒在涂层中的沉降深度

例如，当所制备涂层的厚度为管道常用防护涂层厚度（$100\mu m$）时，通过对图 4-10 分析得知，宜选择固化温度 60℃、加热固化时间 30min 作为制备 SiO_2/EP 梯度复合涂层时的固化条件，由图可知，此时复合涂层中最小粒径颗粒（$5\mu m$）在涂层中的沉降深度为 $3\mu m$，最大粒径颗粒（$50\mu m$）在涂层中的沉降深度为 $71\mu m$，粒径在 $5\sim50\mu m$ 之间的颗粒分布在 $3\sim71\mu m$ 之间，在涂层厚度为 $70\sim100\mu m$ 范围内的环氧树脂涂层底部，基本无颗粒出现。此时 SiO_2 颗粒在涂层中的分布符合梯度复合涂层结构。对同一厚度涂层而言，相对于最宜固化温度（60℃），较低温度时涂层黏度变化较慢，颗粒沉降速度较快，颗粒容易分布于沉降深度较大位置，而涂层表层颗粒含量降低；较高温度时涂层黏度变化较快，颗粒沉降速度变化快，颗粒容易分布于沉降深度较小位置，而涂层中部颗粒含量降低，所以，在固化温度较低和较高条件下制备的复合涂层结构都难以达到梯度结构的要求。

图 4-11 为质量分数 30%，粒径分布在 $5\sim50\mu m$ 之间的 SiO_2 颗粒制得厚度为 $100\mu m$ 的

图 4-11　SiO_2 颗粒在复合涂层中的分布（涂层厚度 $100\mu m$，固化条件 $60℃/30min$）

复合涂层在固化温度为 $60℃$、加热固化时间为 $30min$ 条件下固化成型后的纵截面显微形貌。由图 4-11 可见，SiO_2/EP 复合涂层中的 SiO_2 颗粒为有序沉降，即含量较多、尺寸较小的颗粒主要分布在涂层表层区域，含量较少、尺寸较大的颗粒分布在涂层中部，涂层底部颗粒含量极少，依然以环氧树脂为主。制备的 SiO_2/EP 复合涂层中分布状况符合梯度复合涂层要求。

表 4-20 为制备复合涂层的黏结强度。由表 4-20 可见，梯度复合涂层与纯环氧树脂涂层的黏结强度相当，划格试验后两种涂层都未剥落，黏结强度同为 0 级。

表 4-20　复合涂层的黏结强度

涂层	涂层脱落情况	分级	涂层	涂层脱落情况	分级
梯度复合涂层	切割边缘完全平滑,无一脱落	0	纯环氧树脂涂层	切割边缘完全平滑,无一脱落	0

图 4-12 为不同攻角下 SiO_2/EP 梯度复合涂层质量冲蚀磨损量测试结果。试验在冲蚀压力为 $0.4MPa$，磨料量为 $500g$ 条件下进行。由图 4-12 可知，攻角小于 $30°$，随着攻角的增大，涂层磨损量上升；攻角大于 $30°$ 且小于 $90°$ 时，随着攻角增大，涂层磨损量减小。攻角为 $30°$ 时，涂层磨损量达到最大值，为 $0.49×10^{-2}g$；攻角为 $90°$ 时，涂层磨损量最小，为 $0.17×10^{-2}g$。材料的耐冲蚀磨损性能，在低攻角冲蚀时，主要取决于材料硬度；而在高攻角时，主要取决于材料韧性。用外喷粉法制备的 SiO_2/EP 梯度复合涂层其硬度低而韧性高，故其在低攻角冲蚀下的冲蚀磨损量要大于高攻角的冲蚀磨损量。在工程实践中，应在保证天然气集输设备工作效率的前提下，合理设计其零部件的形状、结构，尽可能避免在 $30°$ 攻角下工作，以减少含有固体颗粒的高速气流对防护涂层和管材的冲蚀磨损。

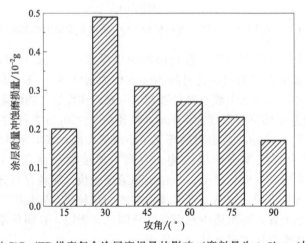

图 4-12　不同攻角对 SiO_2/EP 梯度复合涂层磨损量的影响（磨料量为 $0.5kg$，冲蚀压力为 $0.4MPa$）

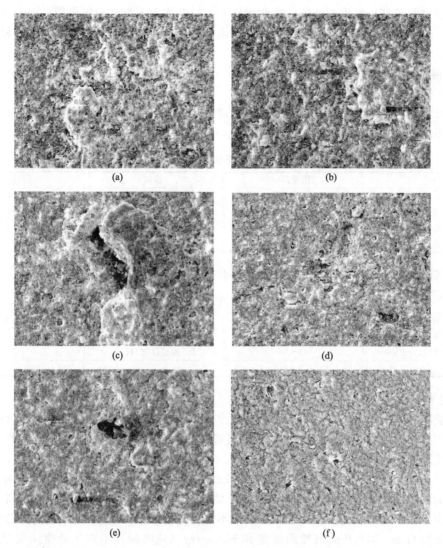

图 4-13 不同攻角下 SiO$_2$/EP 梯度复合涂层冲蚀磨损形貌 (磨料量为 0.5kg，冲蚀压力为 0.4MPa)

(a) 15°；(b) 30°；(c) 45°；(d) 60°；(e) 75°；(f) 90°

图 4-13 为不同攻角下 SiO$_2$/EP 梯度复合涂层冲蚀磨损形貌。试验在冲蚀压力为 0.4MPa，磨料量为 500g 条件下进行。在攻角为 15°～45°时，如图 4-13(a)～(c)所示，涂层大部分损坏表面都出现波纹状变形唇和鱼鳞状剥落坑的形貌，同时伴有犁耕状沟槽。挟沙气流的冲蚀角度决定着涂层材料冲蚀磨损的机理。低攻角时，磨料粒子动能的水平分量较大，对涂层表面水平碾压和微切削作用力较大，且较为分散，涂层在水平碾压和切削作用下变形，形成变形唇；随后变形唇之间挤压堆叠，当涂层变形唇堆叠到一定程度，涂层便会发生不均匀扯离撕裂，最终以微米级片层脱落，在涂层表面留下鱼鳞状剥落坑，同时伴有犁耕状微沟槽。另外，垂直方向的应力分量虽然较小，在连续垂直分量的"撞击"下，也可使涂层材料表面产生初始微裂纹并使其扩展和交叉最终导致微破坏。在攻角为 60°～90°时，如图 4-13(d)～(f)所示，水平碾压和切削作用产生的磨损减轻，磨损表面波纹状变形唇已不明显。磨料粒子对涂层的碾压和切削作用逐渐转变为凿削，涂层大部分损坏表面主要以凿削坑和裂纹扩展与交叉而产生的断裂为主。当攻角增至 90°时，涂层受水平作用力减小为零，碾压和切削作用消失。此时，涂层表面所受的作用力全部为垂直于表面的正压应力，涂层大部分损坏表面都出现小的蜂窝状冲蚀楔入坑，

坑的四周有材料被挤压突出的迹象。在此条件下，材料表面不存在切削作用，而受到的正向冲蚀压力大，局部区域的应力集中更加明显，但试样涂层的韧性很好，因此涂层磨损较轻微，冲蚀率较小。

3. 无溶剂耐磨防腐涂层

（1）涂料配方

通过对无溶剂耐磨防腐涂料的成膜树脂、玻璃鳞片、防沉降剂、触变剂和活性稀释剂的优化，确定无溶剂环氧树脂涂料的基本配方见表 4-21。

表 4-21　无溶剂环氧树脂涂料的基本配方

品名	用量/%	品名	用量/%
E-51 树脂（4#）	45～60	颜填料	适量
玻璃鳞片	15～25（进行预处理）	活性稀释剂	5～15
触变性添加剂	3～5	改性胺类固化剂	20～25
复合处理	0.1～0.5	促进剂	0.1～2

按上述配方制备的无溶剂型环氧树脂涂料的技术指标见表 4-22。

表 4-22　表 4-21 中涂料的技术指标

检测项目	检测结果	检测项目	检测结果
外观	黏稠状液体	附着力/MPa	≥5.0
表观黏度（25℃）/dPa·s	30～50	铅笔硬度/H	5
密度/（g/cm³）	1.3～1.4		

（2）涂料的施工工艺

粉状填料的无溶剂涂料可采用高压无气喷涂、滚涂或灌涂等方式施工，片状填料的无溶剂涂料可采用抹涂、滚涂或灌涂等方式施工。玻璃鳞片涂料在刷涂过程中易混进空气并带走鳞片，因此玻璃鳞片涂料一般不宜采用刷涂施工。早期鳞片涂料黏度高，施工寿命短，喷涂后应用辊筒滚平，施工质量较难保证，近 20 年来该问题逐渐得到解决。目前，无溶剂环氧涂料的施工适用期已长达 4h。偶联剂、触变剂、漂浮助剂的应用，使得一次喷涂厚度达到 $300\mu m$ 而不流挂。由于涂料表面张力较小、喷涂后表面不需再进行滚平。喷涂工具的改进，如较常用的有 Wiwa 型与 Graco 型高压无气喷涂装置和 Hotspray（热喷涂）型双组分喷涂装置，保证了无溶剂涂料的施工质量。

涂装前基材需进行表面处理，钢制管材经喷砂后可达国家标准 Sa2.5 级。最好的办法是先用环氧底漆打底，待涂料固化后再涂装无溶剂涂料，其厚度一般不低于 $300～400\mu m$。对强腐蚀介质，涂层的厚度可加厚至 $1～3mm$。

五、地下石油天然气输送管管外 3PE 防腐

1. 3PE 防腐层简介

3PE 防腐覆盖层系统是近几年由美国、欧洲开发的新型管道外防腐涂料层，目前深受国际管道界的重视，现已越来越多地应用于油、气、水金属管道的防腐工程上。3PE 防腐技术综合了环氧涂层与挤压聚乙烯两种防腐层的优良性能，将环氧涂层的界面特性和耐化学特性与挤压聚乙烯防腐层的机械保护特性等优点结合起来，从而显著改善了各自性能。其特点是机械强度高、耐磨损、耐腐蚀、耐热、耐冷。三层 PE 用于输出介质温度≤70℃的管道防腐，在寒冷地带也适用。因此，3PE 防腐层是理想的埋地管线外防护层。3PE 防腐层的全称为熔结环氧/挤塑聚乙烯结构防护层，其主要性能指标如下。

黏结剥离强度：＞200N/cm；

抗阴极剥离：6mm，R65℃，24d 或 48d；

热老化：（110℃，200d）MI 指数变化 9%，延伸率变化 33%，屈服强度变化 17%；

柔韧性：在 2.5°～3°弯曲无裂口；

冲击强度：-40℃时>15N/mm，+80℃时>5N/mm；

抗压痕：<0.001mm；

UV 稳定性：大于 10 年；

热浸泡剥离强度：>100N/cm（80℃，14d）；

毒性：涂覆中无危害人体的成分逸出。

与其他防腐层相比，3PE 防腐层具有如下优点。

（1）防腐性能好

由于聚乙烯具有高分子量、高力学性能、不吸水、抗老化等特点，是稳定性好的物质，因此其防腐层克服了石油沥青、煤焦油瓷漆防腐层耐温性差、机械强度低的缺点；同时克服了单层环氧粉末防腐层吸水率高、不耐冲击、抗外界机械损伤能力差的不足。由于环氧底层的采用，该防腐层又克服了聚乙烯胶黏带和两层聚乙烯防腐层黏结性能差的缺陷。由于三层 PE 防腐层克服了上述各种防腐层的缺点，具有良好的物理化学性能、电绝缘性能、防水和耐化学侵蚀性能以及优良的强度、抗冲击等性能。因此，它是当今防腐层中最理想的长效地下管道防腐方案。

（2）防腐产品质量稳定

3PE 防腐层的原材料均为合成材料，具有严格的规范和质量要求，使得原材料的内在质量可以得到有效控制。同时，3PE 防腐方案已形成严谨的标准体系，其涂覆工艺从预热、抛丸除锈到涂覆有完整的机械工装，产品的检验、管端打磨都有标准规范，从而确保了产品质量稳定。

（3）环境污染小

在 3PE 防腐层的生产过程中，由于所用材料都是无污染环保型产品，无有害气体和物质排放，而且设置了预防噪声、粉末回收和除尘的装置。因此，该防腐层有利于环境保护，也能够保证施工人员的健康。

（4）造价日趋经济合理

国际 3PE 防腐层每平方米造价约 10～12 美元。我国在初期引进并吸收这种防腐结构时，每平方米造价约 108～112 元。随着材料的国产化、生产人员素质的提高，目前每平方米造价已降至 75 元。造价的降低使得该防腐层的优势更加明显，可大面积应用于石油天然气管道防腐。

2. 防腐层结构

3PE 防腐层由三部分组成，即环氧树脂底层、中间聚合物涂层和外包聚乙烯表涂层。

图 4-14 是典型的 3PE 防腐涂层的结构。在实际的涂覆过程中，三种防腐涂料应按照管道的运行温度和涂覆作业设备选择所组成的结构。

（1）环氧树脂底层

环氧树脂底层的主要作用是：形成连续的涂膜，与钢管表面直接粘接，具有很好的耐化学腐蚀性和抗阴极剥离性能；与中间层胶黏剂的活性基团反应形成化学黏结，保证整体防腐层在较高温度下具有良好的黏结性。

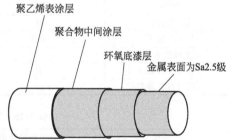

图 4-14 典型的 3PE 防腐层涂层的结构示意

环氧树脂涂料作为底层或第一层，厚度为 60～100μm，它具有良好的附着力、优良的抗阴极剥离性能和化学屏障特性、抗氧性，可与金属表面直接地粘接在一起。过去，底层采用聚乙烯涂层，由于聚乙烯是一种非极性材料，它在金属表面的附着力极差，尤其在较高的温度条件下，聚乙烯涂层管的黏结力不足，抗阴极剥离性能更差。环氧树脂涂料克服了这一缺点，它不仅具有良好的抗化学性能，而且对金属表面和聚乙烯中间层的附着力很强。

虽然环氧树脂底漆和环氧粉末都可以用作三层防腐涂料的底层，但大多数厂家都喜欢环氧粉末，其原因如下。

① 环氧粉末在涂施时不需要预先混合，不需要使用溶剂，用常规设备涂施就可以达到厚度要求。

② 它在三层防腐系统中性能稳定，此外没有环境污染问题，喷过的涂料可以回收重复使用，使用率达到 95%。

③ 三层防腐涂料中的环氧粉末，虽然与单层防腐涂料中的环氧粉末相同，但它的性能已经做了改进：

a. 具有充分的柔韧性，可以现场弯曲，同时在膜较薄的情况下仍具有最大的抗化学性能和抗阴极剥离性能；

b. 呈半固化状态的环氧树脂底层能与中间层涂料发生化学反应；

c. 有良好的涂膜流动性和溶解黏度。

常用的环氧树脂底层涂料一般分为熔结环氧粉末、无溶剂环氧液或含有溶剂的环氧液。但是，在实际的涂施过程中，要想选择最佳的涂料，这不仅要考虑涂覆设备、管子直径、运行温度、所用的表面涂层以及管子涂覆速度等因素，而且还要考虑环氧树脂底漆的物理性质（见表4-23）、使用效果（见表4-24）和固化条件（见表4-25）。

表 4-23 环氧树脂底漆的物理性质

性能	熔化黏结环氧粉末	无溶剂环氧液	含溶剂环氧液
固化种类	热固化	热固化	热固化
固态含量/%	100	100	71
组分相对体积含量	1	2	2
黏结剂适用期	不可用	80℃下50min	20℃下1h
可燃性	无	无	可燃
储存期	5~25℃,6个月	5~35℃,12个月	5~35℃,12个月

表 4-24 环氧树脂底漆的使用效果

性能	熔化黏结环氧粉末	无溶剂环氧液	含溶剂环氧液
涂覆设备	静电粉末喷涂	往复式无气热喷涂	常温下空压喷涂
投资	适中	适中	最便宜
侧向挤压	好	最好	最好
十字头挤压	最佳	良好	良好
粉末喷涂黏结	最好	良好	良好
过量喷涂再循环	有	无	无
沉积材料有效量	95	50~80	35~55

表 4-25 环氧树脂底漆的固化条件

性能	熔化黏结环氧粉末	无溶剂环氧液	含溶剂环氧液
涂覆温度/℃	180~230	25~190	25~190
固化温度/℃	180~230	150~190	150~190
中间层固化时间	5~30s	30s~2h	30s~6h
管子涂覆速度/(m/min)	2~15	0~10	0~10
质量控制前的延长时间/h	1	24	24

由表 4-23～表 4-25 可见，在使用设备、涂覆速度及温度、质量控制、涂料适用范围、固化温度、涂料黏结力和利用率等方面，三种底层涂料都有很大区别。熔结环氧树脂底漆具有涂覆速度快、质量控制稳定、适用于各种口径的管子的特点，各项性能指标都优于无溶剂环氧液或含溶剂环氧液，同时它的密闭循环设备可使涂料的利用率高达 95%。

（2）聚合物中间层

聚合物中间层称为第二层，是由共聚物或三聚物组成的带有分支结构功能团的黏合剂。三层防腐涂料中聚合物中间层使用目的是把环氧树脂底漆层和聚乙烯表层牢牢地结合在一起，形成统一的整体。环氧树脂为极性涂料，聚乙烯为非极性涂料，因此，聚合物中间层在结构上必须兼有极性和非极性功能，使两边具有良好的附着性能。三层防腐涂料的中间层是一种用接枝单体改性的聚乙烯基聚合物。聚合物中的极性分子团能同底层涂料中的自由环氧分子团发生化学反应，而非极性分子团很容易与聚乙烯表层结合在一起，这样底层与表层就能很好地粘接在一起，并具有良好的耐剥离性及耐热水浸泡性能。聚合物中间层的涂覆应紧随环氧树脂底漆层之后进行，其间隔时间绝不能超过 15s，厚度应严格控制在 $250\sim400\mu m$。

（3）聚乙烯面层

聚乙烯面层的主要作用是起机械保护与防腐作用。有几种类型的聚乙烯可作为三层结构覆盖层系统的表层，最常用的有高、中、低等密度的聚乙烯或改性聚乙烯（见表 4-26）。无论选择哪一种表层材料，都要考虑所用涂料的性能和管线的运行温度。在实际应用中，各国根据工程的需要从性能和降低造价方面做了研究和改进。通常的外防护层是低密度或中密度的聚乙烯，适应温度范围广（40～85℃）。当使用温度高或有更高要求时，可选用耐温 90℃ 的高密度聚乙烯或耐温 110℃ 的改性聚丙烯。聚乙烯表层对潮气具有优良的屏障作用，可以保护环氧树脂底层及黏结剂层，抗机械损伤能力强，减少剥离，且阴极保护电流低。聚乙烯表层的作用是为整个涂层提供良好的抗冲击性能、很低的水渗透性和较好的耐温性。此外，其环境应力开裂的耐受力也很好。聚乙烯表层是用常规挤出机和涂施设备进行涂层施工，表层的厚度根据管线的直径或运行条件而定，一般应为 1.5～3mm。

表 4-26　聚乙烯的性能指标

项目	实验方法	单位	性能指标		
			低密度聚乙烯	高密度聚乙烯	聚丙烯
密度	DIN 53479	kg/cm^3	925	945	915
含碳量	ASTMD 1603	%	2～3	2～2.5	2.5
熔融指数	DIN 53735	g/10min	0.2～0.3	0.1	0.8
维卡软化点	DIN 53460	℃	90	125	135
屈服强度	DIN 53455	MPa	10	24	23
极限延伸率	DIN 53455	%	600	500	400
硬度	DIN 53505	D	45	60	65
耐环境应力开裂	ASTMD 1693	h	>1000(1)	>1000(2)	>3000(1)
电绝缘强度	DIN 5348	kV/mm	30	25	32
透水率	DIN 53122	$g/(m^2 \cdot 24h)$	0.9	0.3	0.7
透氧率	DIN 53380	$cm^3/(m^2 \cdot 24h \cdot bar^{①})$	2000	650	700
吸水率	ASTMD 746	%	0.01	0.01	0.005

① $1bar=10^5 Pa$。

3. 生产工艺

三层结构覆盖层的施工是在工厂生产线上进行的。该生产线对金属管道进行单层、双层和三层的防腐层涂装，三层结构覆盖层系统的涂覆工艺流程如图 4-15 所示。

三层结构覆盖层系统是按在线防腐设备进行组合设计的，三层系统的涂覆应按技术规范程

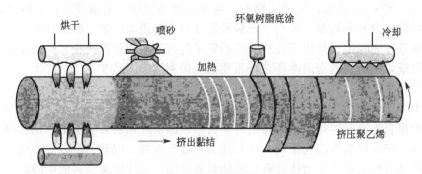

图 4-15 3PE 防腐层的涂覆工艺流程

序进行。三层结构覆盖层系统的预制生产线工艺流程如下。

进管及检验→钢管表面清洗及预热→钢管表面打砂除锈→除锈钢管质量检验→钢管感应加热→FBE 喷涂→黏结剂挤出涂覆→PE 挤出、涂覆→冷却系统→管端预留处理→防腐涂层检验及标识→出管。

（1）钢管表面预处理

清除钢管表面油污和杂质，钢管表面干燥以后进行喷砂除锈，除锈质量达到 Sa2.5 级，锚纹深度为 $50\sim70\mu m$。预处理后要检查钢管表面有无缺陷。检查合格后，用干燥空气吹净表面磨料。

（2）加热钢管

用电感应加热器加热管子，直到钢管的温度达到 $185\sim235℃$。用红外线温度指示器测量钢管温度，因为钢管的涂覆温度主要取决于环氧树脂类型。根据厂家提供的数据在生产线上调试确定，取不同的温度测量也是为了比较不同温度对涂层的影响。

（3）喷涂熔结环氧树脂底漆

采用静电喷枪对钢管进行熔结环氧树脂底漆喷涂，平均膜厚 $72\mu m$。

（4）涂覆聚合物中间层

用常规卧式挤出机涂覆聚合物中间层，涂覆时必须在熔结环氧树脂胶化过程中进行，聚合物中间层挤出温度 $190℃$，平均膜厚 $298\mu m$。

（5）覆盖聚乙烯层

采用纵向挤出或侧向缠绕工艺，挤出温度 $240℃$，管子前进速度为 $3.14m/min$，平均膜厚 $1.88mm$。在侧向缠绕时采用耐热硅橡胶辊挤压搭接部分的聚乙烯，确保粘接密实。

（6）采用循环水冷却法

缠绕上聚乙烯覆盖层之后，再对钢管冷却，使钢管温度不高于 $60℃$。注意：从涂覆熔结环氧树脂开始到防腐层冷却这段时间的间隔中，应保证熔结环氧树脂的固化。

目前，生产线上的三层涂覆设备是由计算机控制的，其设备对钢管进行自动处理和涂覆，按需要调节涂覆厚度，同时记录涂覆管段的涂覆状况以及漏涂检查。对涂覆过程、最终检查和试验结果等情况应进行综合分析。其中一些指标包括：表面粗糙度和清洁度、有无漏涂、抗冲击性、黏结力、覆盖层厚度、伸缩性、横截面检测、固化、阴极剥离、抗压性、断裂的伸长度、覆盖层的电阻率、耐紫外线等技术参数，以此来观察和评价其质量特性，并经济有效地实现和控制管线的外防腐。

4. 3PE 防腐层的应用

在我国，3PE 已率先在石油天然气系统得到应用。我国已建成的陕京天然气管道、库部输油管道以及最近国家重点工程西气东输近 4000km 管道均采用了 3PE 外防腐涂层。在天津市，陕气进津 67km 高压管道、外环线 30km 高压天然气管道、陕京线地下储气库 122km 管线也是采用 3PE。它已成为今后管道外防腐层的发展方向。

第四节　管道的化学镀

化学镀也称为自催化镀，是在无外加电流的条件下，借助合适的还原剂使溶液中的金属离子在具有自催化活性的表面被还原为金属状态并沉积的过程。这种方法是唯一能用来代替电镀的湿法镀膜法，其镀层对含硫介质，如石油介质防护性能好，特别是对管件、输送机械等表面防护具有独特优势。

一、化学镀的优缺点

化学镀具有如下优点。

① 可处理的基体材料广泛　除金属材料外，通过敏化、活化等前处理，化学镀可在非金属材料如塑料、尼龙、玻璃、陶瓷以及半导体材料表面上镀覆，而电镀法只能在导体表面上施镀，所以化学镀工艺是非金属表面金属化的常用方法，也是非导体材料电镀前做导电底层的方法。

② 镀层厚度均匀　化学镀液的分散力接近 100%，无明显的边缘效应，几乎是基材（工件）形状的复制，因此特别适合形状复杂的工件、腔体件、深孔件、管件内壁等表面施镀，而电镀法因受电力线分布不均匀的限制很难做到。由于化学镀层厚度均匀又易于控制，表面光洁平整，一般均不需要镀后加工，适宜作为加工件超差的修复及选择性施镀。

③ 工艺设备简单，不需要电源、输电系统及辅助电极，操作时只需把工件正确悬挂在镀液中即可。

④ 化学镀镍磷合金具有高的硬度和好的耐磨性以及耐腐蚀性，镀层有光亮或半光亮的外观、晶粒细、致密、孔隙率低，某些化学镀层还具有特殊的物理化学性能。

⑤ 镀层与基体的结合力高，不易脱落。

虽然化学镀具有很多优点，但化学镀溶液的成本比电镀高，稳定性差，不易维护、调整和再生，且可沉积的金属及合金品种远少于电镀。

二、化学镀原理

化学镀的沉积过程不是通过界面上固-液两相间金属原子和离子的交换，而是液相离子 M^{n+} 通过液相中的还原剂 R 在金属或其他材料表面上的还原沉积。化学镀的关键是还原剂的选择和应用，最常用的还原剂是次磷酸盐和甲醛，近年来又逐渐采用硼氢化物以及氨基硼烷类和类衍生物等作为还原剂，以便室温操作和改变镀层性能。

1. 还原剂的电化学行为

化学镀有金属离子 M^{n+} 被还原的阴极反应和还原剂被氧化的阳极反应如下所示。

阴极反应：
$$M^{n+} + ne^- \longrightarrow M \tag{4-2}$$

阳极反应：
$$R \longrightarrow O + ne^- \tag{4-3}$$

式中，R 为还原剂；O 为氧化剂。

为了能使上述两反应同时进行，式(4-3) 的平衡电位 $E^e_{O/R}$ 必须低于式(4-2) 的平衡电位 $E^e_{M^{n+}/M}$，其平衡电位可用 Nernst 公式求出：

$$E^e_{O/R} = E^\circ_{O/R} + \frac{RT}{nF} \ln \frac{[O]}{[R]} \tag{4-4}$$

$$E_{M^{n+}/M}^{e} = E_{M^{n+}/M}^{\circ} + \frac{RT}{nF}\ln[M^{n+}] \tag{4-5}$$

式中，$[O]$、$[R]$、$[M^{n+}]$ 为氧化剂、还原剂及金属离子的浓度；R 为热力学气体常数；T 为温度；F 为法拉第常数。

还原剂的阳极反应通常与 pH 值有关，可使式(4-3) 变为：

$$R \longrightarrow O + mH^+ + ne^- \tag{4-6}$$

式中，m 为 H^+ 数；n 为电子数。

式(4-4) 的平衡电位应为：

$$E_{O/R}^{e} = E_{O/R}^{\circ} + \frac{RT}{nF}\ln\frac{[O][H]^m}{[R]} = E_{O/R}^{\circ} + \frac{RT}{nF}\ln\frac{[O]}{[R]} - \frac{2.3mRT}{nF}pH \tag{4-7}$$

如果把式(4-5) 和式(4-7) 用图表示，可得图 4-16。由图 4-16 可知，金属离子的还原电位必须在阴影部分的 pH 值区域内。

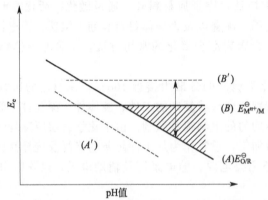

图 4-16 化学镀的阳极反应电位 $E_{O/R}^{\ominus}$ 和阴极反应电位 $E_{M^{n+}/M}^{\ominus}$ 与 pH 值的关系

由式(4-7) 可知，还原剂的标准电位越低，直线（A）越向下移动，阴影部分越大，还原剂的还原能力越强。另外，若被还原的金属离子标准电位越高，直线（B）越向上方移动，金属离子就越容易被还原。金属离子的标准电位越低，就必须用强的还原剂还原。

在碱性化学镀液中加入不使金属离子的氢氧化物产生沉淀的配位剂，设配位剂为 L^{m-}，配位反应如下：

$$M^{n+} + L^{m-} \Longrightarrow M^{n+}L^{m-} \tag{4-8}$$

配离子的稳定常数 K 为：

$$K = \frac{[M^{n+}L^{m-}]}{[M^{n+}][L^{m-}]} \tag{4-9}$$

M^{n+} 和 $M^{n+}L^{m-}$ 的氧化还原反应为：

$$M^{n+} + ne^- \Longrightarrow M \tag{4-10}$$

$$M^{n+}L^{m-} + ne^- \Longrightarrow M + L^{m-} \tag{4-11}$$

式(4-10)、式(4-11) 的标准电极电位分别表示为 $E_{M^{n+}/M}^{\circ}$、$E_{ML/M}^{\circ}$。在平衡时，电极电位应相等，所以有：

$$E_e = E_{M^{n+}/M}^{\circ} + \frac{RT}{nF}\ln[M^{n+}] = E_{ML/M}^{\circ} + \frac{RT}{nF}\ln[M^{n+}L^{m-}]/[L^m]$$

$$= E_{ML/M}^{\circ} + \frac{RT}{nF}\ln K + \frac{RT}{nF}\ln[M^{n+}] \tag{4-12}$$

由式(4-12) 可得：

$$E^\circ_{\mathrm{ML/M}} = E^\circ_{\mathrm{M}^{n+}/\mathrm{M}} - \frac{RT}{nF}\ln K \tag{4-13}$$

由式(4-13)可见，在配位剂存在的情况下，其稳定系数 K 越大，金属络离子的电位越低。不过当 pH 值降低时，配位剂以 $H_{m-1}L$、$H_{m-2}L^2$、$H_{m-3}L^3$ 等离子形态存在。因此，金属络离子表现的稳定常数比 K 小，所以在 pH 值低的情况下，标准电极电位的降低较小。表 4-27 是铜和镍的络离子稳定常数。图 4-17 是 Cu-EDTA、Ni-EDTA 络离子的条件稳定常数，主要还原剂的电极反应和标准电位如表 4-28 所示，其中有代表性的金属络离子的标准电位随 pH 的变化见图 4-18。图 4-18 说明，采用甲醛化学镀铜可以在任何 pH 值下实现，但从动力学上看并非如此。

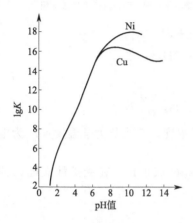

图 4-17　Cu-EDTA、Ni-EDTA
络离子的条件稳定常数

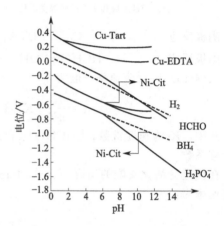

图 4-18　金属络离子、还原剂的电位-pH 图
Tart—酒石酸；Cit—柠檬酸

表 4-27　铜和镍的络离子稳定常数

络离子	$\lg K$	络离子	$\lg K$
柠檬酸	—	Cu-Tart	5.1
Cu-Cit	18	EDTA	—
Ni-Cit	14.3	Cu-EDTA	18.8
酒石酸	—	Ni-EDTA	18.6

表 4-28　主要还原剂的电极反应和标准电位

电极反应	标准电位/V
$H_3PO_2 + H_2O \rightleftharpoons H_3PO_3 + 2H^+ + 2e^-$	$E_e = -0.499 - 0.06\mathrm{pH}$
$H_2PO_2^- + 3OH^- \rightleftharpoons HPO_3^{2-} + 2H_2O + 2e^-$	$E_e = -0.31 - 0.09\mathrm{pH}$
$HCHO + H_2O \rightleftharpoons HCOOH + 2H^+ + 2e^-$	$E_e = +0.056 - 0.06\mathrm{pH}$
$HCHO + 3OH^- \rightleftharpoons HCOO^- + 2H_2O + 2e^-$	$E_e = +0.19 - 0.09\mathrm{pH}$
$2HCHO + 4OH^- \rightleftharpoons 2HCOO^- + H_2 + 2H_2O + 2e^-$	$E^e = +0.32 - 0.06\mathrm{pH}$
$N_2H_5^+ \rightleftharpoons N_2 + 5H^+ + 4e^-$	$E_e = -0.31 - 0.06\mathrm{pH}$
$BH_4^- + 8OH^- \rightleftharpoons BO_2^- + 6H_2O + 8e^-$	$E_e = -0.45 - 0.06\mathrm{pH}$

2. 化学镀的反应动力学

化学镀可以通过阳极反应和阴极反应的电化学反应来说明，析出速度（i_p）等于阳极反应或阴极反应的速度（i_a 和 i_c）。

图 4-19(a) 是阳极反应和阴极反应都受活化支配的情况；图 4-19(b) 是阳极反应受活化支配，阴极反应受扩散支配的情况。

下面以甲醛为还原剂的 EDTA 镀铜液来说明这些反应：

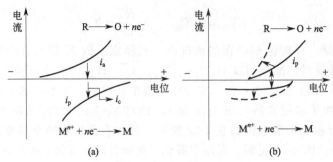

图 4-19　电流-电位曲线

（a）阳极反应和阴极反应都受活化支配；（b）阳极反应受活化支配，阴极反应受扩散支配

阴极反应：
$$Cu^{2+}\text{-}EDTA_4 + 2e^- \longrightarrow Cu + EDTA_4 \tag{4-14}$$

阳极反应：
$$HCHO + 3OH^- \longrightarrow HCOO^- + 2H_2O + 2e^- \tag{4-15}$$

式（4-15）的反应速率一般为：

$$v = \frac{i_a}{nF} = K[HCHO][OH^-]^3 \exp\frac{2\alpha F}{RT}E \tag{4-16}$$

式中，K 为速度常数；$[HCHO]$、$[OH^-]$ 为离子浓度；T 为热力学温度；E 为电位；α 为转移系数。

在反应受活化支配的情况下，式（4-16）中 i_a 与 $\exp E$ 成正比。在受扩散支配的情况下，反应速率为：

$$v = \frac{i_p}{nF} = D\frac{c_b - c_e}{\delta} \tag{4-17}$$

式中，D 为扩散常数；δ 为扩散层厚度；c_b，c_e 分别为溶液的内部和电极界面的离子浓度。

当 c_e 为 0 时，可得最大电流密度：

$$i_{pmax} = nFD\frac{c_b}{\delta} \tag{4-18}$$

在图 4-19（b）的情况下，要加快反应速率，就要像虚线所示那样把阳极电流 i_a 加大，同时也必须把阴极电流 i_c 加大，因此，根据式（4-18）应当提高离子浓度，或者剧烈搅拌溶液使 δ 减小。阳极电流的提高（减小极化）一般是困难的，但可以采用提高温度的方法。图 4-20 是甲醛的阳极极化曲线随温度变化的情况。

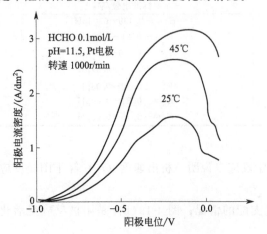

图 4-20　温度对甲醛阳极极化的影响

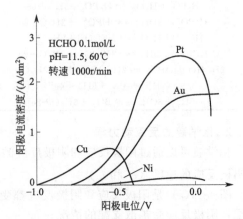

图 4-21　采用各种电极时甲醛的阳极极化曲线

在化学镀中，析出金属在自催化的表面不断成长。要镀的金属表面对某种还原剂的催化性如何，可以通过考察在该金属表面上还原剂的阳极极化特性来了解。图 4-21 是铂、金、铜、镍在甲醛中的阳极极化曲线。根据图 4-18，在高 pH 值时，镍可以被甲醛还原；但由图 4-21 可见，甲醛在镍上反应速率极慢。因此，以甲醛为还原剂，在铜上镀镍时速度极慢，此反应不能应用。

图 4-22 表示出 pH 对甲醛阳极极化的影响。显然，甲醛的还原速率在强碱液中增大。因此，根据图 4-18，从热力学上看，即使在酸性溶液中也能使镍析出，但从动力学上看是不可能的。

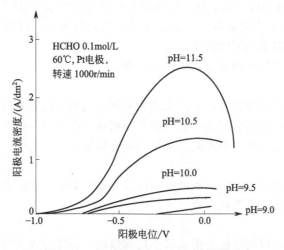

图 4-22　pH 对甲醛的阳极极化的影响

三、化学镀工艺

化学镀的工艺流程为：零件表面除油→除锈→化学镀→镀件清水洗→表面热水洗→表面钝化→烘干。

零件表面除油是采用添加一定表面活性剂的 4％NaOH 溶液对表面进行冲洗。若零件表面油污较重，可选用热碱冲洗，必要时用毛刷刷干净。除油后用清水冲干净。零件表面除锈是在加一定缓蚀剂的 10％左右的 HCl 溶液进行，直至除锈干净为止，然后用清水冲洗干净。

化学镀关键要是调整化学镀池中的温度和 pH 值。对于中温化学镀，一般控制化学镀池中的温度在 65℃以上，在 85℃时较好。对于化学镀过程的 pH 变化，常用氨水调整 pH 值，使 pH 值保持在 5 左右。

化学镀镍液基本配方：

$NiSO_4$：30g/L；

NaH_2PO_2：28g/L；

加速剂：5g/L，可以是丁二酸、乳酸、苹果酸、柠檬酸等；

氨水：调整 pH＝5 左右；

其他助剂：光亮剂、缓蚀剂、稳定剂等，根据不同要求进行调整。

在化学镀液中，$NiSO_4$ 含量增大，镀件表面显灰色；NaH_2PO_2 含量增大，镀件表面呈白色。

可根据不同要求改变 $NiSO_4$ 或 NaH_2PO_2 的含量。镀件表面钝化可选用亚硝酸钠、硅酸钠、氢氧化钠等溶液浸泡 3～5min。

热水洗一般要求使镀件的温度达到 80℃左右，表面热水洗后，镀件表面不易产生白斑。

化学镀中，镀液会不断地发生变化，要不断地观察，发现颜色不正常或镀池中污泥多时，应及时更换。

化学镀目前还没有统一的标准，各企业在加速剂、稳定剂、光亮剂等添加剂方面使用的浓度和药品品种差别较大。

四、化学镀的质量检验

化学镀镍-磷镀层可改善管道的防腐蚀性能和提供耐磨性能，其结构、物理和化学性质取决于镀层的组成、化学镀镍槽液的化学成分、基材预处理和镀后热处理。一般而言，当镀层中磷含量增加到 8%（质量分数）以上时，防腐蚀性能将显著提高；而当镀层中磷含量少于 8%（质量分数）时，耐磨性能得到提高。但是，通过适当的热处理，将会大大提高磷含量镀层的显微硬度，从而提高了镀层的耐磨性能。

化学镀镍的质量检测包括物理及化学成分检验。

（1）外观

按主要表面的外观可分为光亮、半光亮或无光泽；当用目视检查时，表面应均匀，不应有麻点、裂纹、起泡、分层或结瘤和其他会危害最终精饰（除非有其他要求）等缺陷。肉眼可见的起泡或裂纹以及由热处理引起的缺陷，应视为不合格品。

（2）表面粗糙度

如果需方规定了表面粗糙度，其测量方法应按 GB/T 10610 的规定进行。镀层的表面粗糙度一般不会优于镀前基体的表面粗糙度。

（3）厚度

在标识部分所指定的镀层厚度是指其最小局部厚度。在需方没有特别指明的情况下，镀层的最小局部厚度应在工件重要表面（可以和直径 20mm 的球相切）的任何一点测量。

在不同使用条件下，镍-磷镀层应具有足够的耐磨性，这使得镀层有最小厚度的要求。在粗糙或多孔的工件表面，为了将基体材料对镍-磷镀层特性的影响减少到最小，镍-磷镀层应更厚一些。为了以最小的镍-磷镀层厚度获得最佳的耐磨性，基体材料的表面应平整和无气孔。表面粗糙度 $Ra<0.2\mu m$ 的基体材料可用于样板。表 4-29 为满足耐磨性使用性能要求的防腐蚀镀层最小镍-磷镀层厚度。

表 4-29　满足耐磨性使用性能要求的防腐蚀镀层最小镍-磷镀层厚度

使用条件序号	种类	铁基材料上的最小镀层厚度/μm	铝基材料上的最小镀层厚度/μm
5（极度恶劣）	在易受潮和易磨损的室外条件使用，如：油田设备	125	—
4（非常恶劣）	在海洋性和其他恶劣的室外条件下使用，极易受到磨损，易暴露在酸性溶液、高温高压条件	75	—
3（恶劣）	在非海洋性的室外条件下使用，由于雨水和露水易受潮，比较容易受磨损，高温时会暴露在碱性盐环境中	25	60
2（一般条件）	在室内条件下使用，但表面会有凝结水珠；在工业使用条件下会暴露在干性或油性环境中	13	25
1（温和）	在温暖干燥的室内环境中使用，低温焊接和轻微磨损	5	13
0（非常温和）	在高度专业化的电子和半导体设备、薄膜电阻、电容器、感应器和扩散焊中使用	0.1	0.1

化学镀层厚度的测量方法主要有破坏性测试方法和非破坏性测试方法。

破坏性测试方法有显微镜法、库仑法和扫描电镜法。显微镜法根据 GB/T 6462 中规定的方法进行测试。库仑法可以用于测量化学镀镍-磷镀层的总厚度，铜和镍底层的厚度。该方法可以在工件的重要表面（可以和直径 20mm 的球相切）的任何一点测量。扫描电镜法可以用于测量化学镀镍-磷镀层及其底层的厚度。

非破坏性测试方法有 β 射线背散射法、X 射线光谱测定法、称量-镀覆-再称量法、磁性法。β 射线背散射法适用于测量铝基金属的镀层厚度以及全部镀层的厚度，不适于铜基体。称量-镀覆-再称量法是选用一个已知表面积的工件（或选用与已镀覆工件基材相同的试样，试样表面积已知），在镀覆前后分别称量工件或试样的质量，精确到 0.001g。要保证每次测量都是在室温下进行，并且工件或试样都是干燥的。根据增加的质量、镀层的密度和面积按式(4-19)计算出镀层的厚度。

$$T = \frac{10m}{A\rho} \tag{4-19}$$

式中，T 为镀层厚度，μm；m 为增加的质量，mg；A 为总面积，cm^2；ρ 为密度，g/cm^3。

（4）弯曲试验

将试样沿直径最小为 12mm 或试样厚度 4 倍的心轴绕 180°用 4 倍的放大镜检查，有无脱皮、起泡现象。

（5）硬度

如果需方要求提供硬度值，应按 GB/T 9790 规定的方法测量。在热处理后测量，其结果应在需方规定的硬度值的 ±10％以内。

（6）镀层的耐蚀性

如果有要求，镀层的耐蚀性及其测试方法应根据 GB/T 6461 的标准来规定。GB/T 10125、醋酸盐雾试验以及铜加速盐雾试验等方法可以被指定为评估镀层抗点蚀能力的测定方法。

（7）耐磨性

如果有要求，应由需方指定镀层耐磨性的要求，并指定用于检测镀层耐磨性是否达到要求的测试方法。

（8）结合力

化学镀镍-磷镀层可以附着在有镀覆层和未经镀覆的金属上。根据需方的规定，镀层应能够通过 GB/T 5270 中规定的一种或几种结合力的测试。

（9）化学成分

化学镀镍-磷镀层中的磷含量应在标识中指定，表 4-30 为不同使用条件下镀层的种类和磷含量。

表 4-30 不同使用条件下推荐采用的镍-磷镀层的种类和磷含量

种类	磷含量(质量分数)/％	应用
1	对磷含量没有特殊要求	一般要求的镀层
2(低磷)	1～3	具有导电性、可焊性
3(低磷)	2～4	较高的镀态硬度，以防止黏附和磨损
4(中磷)	5～9	一般耐磨和耐腐蚀要求
5(高磷)	>10	较高的镀态耐腐蚀性，非磁性，可扩散焊，具有较高的延展柔韧性

参 考 文 献

[1] 陈世和. 车辆钢结构腐蚀与防护 [M]. 北京：中国铁道出版社，1994.

[2] 梁志杰，臧永华. 刷镀技术实用指南 [M]. 北京：中国建筑工业出版社，1988.

[3] 廖明福，吴鸿恩. 润滑技术的应用 [M]. 西安：陕西科学技术出版社，1985.

[4] 周复旦. 石油化工建设工程预算（下册）[M]. 中国石油化工总公司合同预算技术中心站，1989.

[5]　徐晓刚．化工腐蚀与防护 [M]．北京：中国石化出版社，2009．

[6]　侯保荣．海洋腐蚀环境理论及其应用 [M]．北京：科学出版社，1999．

[7]　钱苗根．现代表面技术 [M]．北京：机械工业出版社，2016．

[8]　钱苗根，郭兴伍．现代表面工程 [M]．上海：上海交通大学出版社，2012．

[9]　姜银方，朱元佑，戈晓岚．现代表面工程技术 [M]．北京：化学工业出版社，2014．

[10]　孙康送．现代工程材料成形与制造工艺基础上册 [M]．北京：机械工业出版社，2001．

[11]　张木青，于兆勤，李作全，等．机械制造工程训练（第3版）[M]．广州：华南理工大学出版社，2007．

[12]　梁志杰，魏孝信，马世宁，等．非金属刷镀技术 [M]．北京：机械工业出版社，1993．

[13]　阎洪．金属表面处理新技术 [M]．北京：冶金工业出版社，1996．

[14]　董允，张廷森，林晓娉．现代表面工程技术 [M]．北京：机械工业出版社，2003．

[15]　郭士强．多元合金热浸镀技术在油田油管防腐中的实验研究 [D]．大庆：东北石油大学，2012．

[16]　孙华，镍磷化学镀添加剂的研究 [D]．西安：西安理工大学，2015．

[17]　杨帆．SiO_2/EP梯度耐磨复合涂层的制备及其性能研究 [D]．西安：西安理工大学，2015．

[18]　雷阿利，冯拉俊．化学镀镍磷合金复合加速剂的研究 [J]．电镀与涂饰，2008，27（5）：19-21．

[19]　雷阿利，冯拉俊，杨士川．络合剂对Ni-P化学镀层在含硫介质中耐蚀性的影响 [[J]．中国腐蚀与防护学报，2007，27（4）：215-218．

[20]　雷阿利，冯拉俊．高磷高耐蚀性化学镀Ni-P合金复合络合剂的研究 [J]．腐蚀与防护，2006，27（3）：145-147．

[21]　雷阿利，冯拉俊，马小菊，连炜．铸铁化学镀Ni-P合金稳定剂的研究 [J]．铸造技术，2006，27（4）：330-332．

[22]　冯拉俊，马小菊，雷阿利．含硫介质中化学镀Ni-P合金镀层耐蚀性研究 [J]．中国腐蚀与防护学报，2006，26（3）：156-159．

[23]　冯拉俊，雷阿利．铸铁表面化学镀工艺参数 [J]．铸造技术，2004，25（7）：498-499．

[24]　马小菊．含硫介质中耐蚀材料的选择及腐蚀机理研究 [D]．西安：西安理工大学，2006．

[25]　李光照．冷喷涂法制备高分子防腐涂层性能研究 [D]．西安：西安理工大学，2009．

第 五 章

地下管道的电化学保护

地下管道主要为钢质管道，其腐蚀机理大部分为电化学腐蚀，因此电化学保护是地下管道腐蚀防护的重要方法。电化学保护设备简单，施工方便，成本低，保护效果好。电化学保护可分为阳极保护和阴极保护。阳极保护是在金属表面上通入足够的阳极电流，使金属电位往正的方向移动，达到并保持在钝化区内，从而防止金属的腐蚀。因此，要求在可以形成钝化的条件下才能进行阳极保护。阴极保护是在地下管道上通以阴极电流，使金属表面阴极极化，地下管道不再失去电子，达到防止地下管道腐蚀的效果。阴极保护又分为牺牲阳极保护和外加电流阴极保护。由于阴极保护不需要形成钝化表面，只需要介质导电就可实现，因此在地下管道的实际运行中主要采取阴极保护。

阴极保护除不需要可以形成钝化膜的介质外，阴极保护还属于安全型保护，也就是说即使不能对地下管道进行百分之百的保护，但一般不会加速管道的腐蚀。除此之外，阴极保护在防止管道外部介质腐蚀的同时，也可防止管道内部介质的腐蚀；还会对应力腐蚀破裂、小孔腐蚀等有防护作用。在阴极保护中，牺牲阳极保护的优点是不需要外部电源，对邻近的构筑物无干扰或干扰小，投产后基本不需要维护，工程经济，施工方便；但缺点是保护电流不能调整，在高阻抗的环境中不能使用，消耗有色金属，调试相对复杂。外加电流阴极保护输出电流连续可调，保护范围大，不受土壤电阻率限制，保护装置寿命长；但缺点是需要外加电源，对邻近的构筑物有干扰，维护工作量大。

第一节　牺牲阳极阴极保护

牺牲阳极阴极保护的基本原理是采用一种比被保护管道金属电位更负的金属或合金，与被保护金属联结，依靠它与被保护金属之间存在一定的电位差产生的电流，使被保护金属阴极极化而受到保护，如图 5-1 所示。地下金属管道上电极电位较高，为电池阴极，发生 $Fe^{2+} + 2e^- \longrightarrow Fe$ 反应，或在酸性介质中发生 $2H^+ + 2e^- \longrightarrow H_2$ 反应，或在中性、碱性介质中发生 $O_2 + 2H_2O + 4e^- \longrightarrow 4OH^-$ 反应；牺牲阳极电位较负，进行 $M \longrightarrow M^{n+} + ne^-$ 反应。这样牺牲阳极不断地被腐蚀，产生的电子传递到地下管道，使地下管道免遭土壤腐蚀。根据上述原理，要求牺牲阳极有足够低的电位，才能产生足够的电流；除此之外，要求介质为电解质，也就是必须导电，这样金属 M 才能被腐蚀，生成 M^{n+}，而且土壤介质也能快速地将

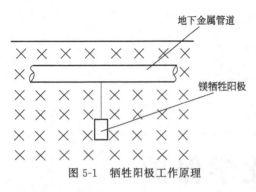

图 5-1　牺牲阳极工作原理

M^{n+} 扩散到土壤中，使金属阳极表面不至于极化，保证金属能够给出电子，但牺牲阳极又不能消耗过快，这样不仅会产生过保护，甚至还会使阳极更换频率加快，保护成本升高。如何使牺牲阳极保护效果好，成本低？这涉及阳极材料的选择、牺牲阳极保护范围计算、土壤电导率的改性、阳极表面去极化等问题。

可供选择的牺牲阳极材料有很多种，如镁及镁合金、锌及锌合金、铝合金等。其中，镁牺牲阳极材料可提供的电位约为 $-1.75V$，锌约为 $-1.1V$，工业纯铝约为 $-0.8V$。在实际运行中，牺牲阳极应根据每种材料提供的电位、金属所接触的周围环境以及所需要提供保护电流的大小等方面进行综合考虑。

一、土壤介质对牺牲阳极的要求

土壤是一个由气、液、固三种状态物质组成的复杂体系，这三种状态物质的组成随温度、气候、季节等因素的变化而改变，由此导致土壤的电阻率、氧化还原电位、pH 值、含盐量等随之变化，使得土壤的腐蚀性评定极为复杂。作为常用的参考指标，表 5-1 给出了土壤电阻率评定土壤腐蚀性的标准。

表 5-1　土壤电阻率与土壤腐蚀性

腐蚀性	各国的土壤电阻率/Ω·cm				
	中国	苏联	英国	日本	美国
较强	—	<5	<9	—	—
强	<20	5～9	9～24	<20	<20
中等	20～50	10～20	23～50	20～45	20～45
弱	>50	20～0	50～100	45～60	45～60
很弱	—	>100	>100	>60	60～100

牺牲阳极种类的选择主要根据土壤电阻率、土壤含盐类型及被保护管道覆盖层状态来进行。这是由于土壤不能对牺牲阳极进行腐蚀，牺牲阳极就无法给出电子，则地下管道就得不到电子，不能实现电化学保护。表 5-2 为不同电阻率的水和土壤中阳极种类的选择指南。在大多数情况下，由于镁阳极自腐蚀电位较低，容易在土壤中被腐蚀，使 $Mg \longrightarrow Mg^{2+} + 2e^-$ 的反应加速。因此，镁阳极适用于各种土壤环境。一般来说，锌阳极适用于电阻率低的潮湿环境，而铝阳极还没有统一的认识，国外一直不主张用于土壤环境中，而国内目前已有不少实践，并被推荐用于低电阻率、潮湿和存在氯化物的环境中。

表 5-2　牺牲阳极种类的应用选择

水中		土壤中	
阳极种类	电阻率/Ω·cm	阳极种类	电阻率/Ω·cm
铝	<150	带状镁阳极	>100
		镁（-1.7V）	60～100
锌	<500	镁（-1.5V 或 -1.7V）	40～60
		镁（-1.5V）	<40
镁	>500	镁（-1.7V），锌	<15
		锌或 Al-Zn-In-Si	<5（含 Cl⁻）

二、牺牲阳极的设计

1. 工艺计算

牺牲阳极设计的计算内容包括阳极接地电阻、阳极输出电流、所需阳极数量和阳极工作寿命。由于单个牺牲阳极产生的电流有限，而地下管道有电阻，又会使电流发散，因此单个牺牲阳极保护范围是局部的，对整个管道来讲，必须将多个牺牲阳极并联来共同完成保护。

（1）阳极接地电阻的计算

接地电阻是牺牲阳极与土壤间界面形成的电阻，这种电阻的大小直接影响牺牲阳极给出电流的大小，是牺牲阳极保护面积、保护度的主要参数。

对于单支水平式和立式的圆柱形牺牲阳极，当 L_a（阳极填料层长度）远大于 d（阳极等效直径）、t（阳极中心至地面的距离）远大于 $L/4$（L 为阳极长度）时，可分别根据式(5-1)～式(5-3) 计算阳极接地电阻。

单支立式圆柱形牺牲阳极无填料时，接地电阻为：

$$R_v = \frac{\rho}{2\pi L}\left(\ln\frac{2L}{D} + \frac{1}{2}\ln\frac{4t+L_a}{4t-L}\right) \tag{5-1}$$

单支立式圆柱形牺牲阳极有填料时，接地电阻为：

$$R_v = \frac{\rho}{2\pi L}\left(\ln\frac{2L_a}{D} + \frac{1}{2}\ln\frac{4t+L_a}{4t-L} + \frac{\rho_a}{\rho}\ln\frac{D}{d}\right) \tag{5-2}$$

单支水平式圆柱形牺牲阳极有填料时，接地电阻为：

$$R_H = \frac{\rho}{2\pi L_a}\left(\ln\frac{2L_a}{D} + \frac{1}{2}\ln\frac{L_a}{2t} + \frac{\rho_a}{\rho}\ln\frac{D}{d}\right) \tag{5-3}$$

式中，R_v 为立式阳极接地电阻，Ω；R_H 为水平式阳极接地电阻，Ω；ρ 为土壤电阻率，$\Omega \cdot m$；ρ_a 为填包料电阻率，$\Omega \cdot m$；L 为阳极长度，m；L_a 为阳极填料层长度，m；d 为阳极等效直径，m；D 为填料层直径，m；t 为阳极中心至地面的距离，m。

多支阳极并联的总接地电阻比理论值要大，这是由于阳极之间存在屏蔽作用，可根据阳极的间距加以修正：

$$R_{总} = \frac{R_v}{N}\eta \tag{5-4}$$

式中，$R_{总}$ 为阳极组总接地电阻，Ω；R_v 为单只阳极接地电阻，Ω；N 为并联阳极支数；η 为修正系数，查图 5-2。

（2）阳极输出电流的计算

阳极输出电流是由阴、阳极极化电位差除以回路电阻来计算的，见式(5-5)：

$$I_a = \frac{(E_c - e_c) - (E_a + e_a)}{R_a + R_c + R_w} \approx \frac{\Delta E}{R_a} \tag{5-5}$$

式中，I_a 为阳极输出电流，A；E_a 为阳极开路电位，V；E_c 为阴极开路电位，V；e_a 为阳极极化电位，V；e_c 为阴极极化电位，V；R_a 为阳极接地电阻，Ω；R_c 为阴极接地电阻，Ω；R_w 为回路导线电阻，Ω；ΔE 为阳极有效电位差，V；当 R_c、R_w 忽略不计时，就成为右边的简式。

（3）阳极支数的计算

根据保护电流密度和被保护的表面积，可计算出所需保护总电流 I_A，再根据单支阳极输出电流，即可计算出所需阳极支数。一般要取 2～3 倍的余量。

$$N = \frac{(2\sim3)I_A}{I_a} \tag{5-6}$$

式中，N 为所需阳极支数；I_A 为所需保护总电流，A；I_a 为单支阳极输出电流，A。

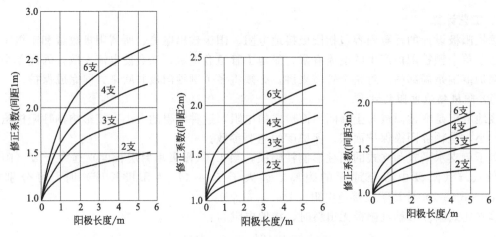

图 5-2　阳极组接地电阻修正系数

（4）阳极寿命的计算

根据法拉第电解原理，牺牲阳极的使用寿命可按式(5-7)计算，阳极利用率取 0.85。

$$T = 0.85 \frac{m}{\omega I} \tag{5-7}$$

式中，T 为阳极工作寿命，a；m 为阳极质量，kg；I 为阳极输出电流，A；ω 为阳极实际消耗率，kg/(A·a)（可查表 5-3～表 5-5 或换算得来）。在实际工程中，牺牲阳极的设计寿命可选为 10～15 年。

表 5-3　镁合金牺牲阳极的性能

性能		单位	Mg、Mg-Mn	Mg-Al-Zn-Mn
密度		g/cm³	1.74	1.77
开路电位(SCE)		−V	1.56	1.48
对铁的驱动电位		−V	0.75	0.65
理论发生电量		A·h/g	2.20	2.21
海水中 3mA/cm²	电流效率	%	50	55
	发生电量	A·h/g	1.10	1.22
	消耗率	kg/(A·a)	8.0	7.2
土壤中 0.03mA/cm²	电流效率	%	40	50
	发生电量	A·h/g	0.88	1.11
	消耗率	kg/(A·a)	10.0	7.92

表 5-4　锌阳极的电化学性能

材料	开路电位(SCE) /(−V)	工作电压 /(−V)	理论电容量 /(A·h/kg)	实际电容量 /(A·h/kg)	电流效率 (海水)/%	备注
纯锌	1.03	0.20	820	—	≥95	—
Zn-Al-Cd	1.05～1.09	0.20	820	≥780	≥95	GB 4950—2002
Zn-Al	≥1.1(SCE)	0.25	820	—	≥90(土壤)	GB/T 21448

表 5-5　Al-Zn-In 系合金的电化学性能 （引自 GB/T 4948—2002）

项目	开路电位(SCE) /(−V)	工作电位(SCE) /(−V)	实际发生电量 /(A·h/kg)	电流效率 /%	溶解情况
性能	1.18～1.10	1.12～1.05	≥2400	≥85	腐蚀产物易脱落表面溶解均匀

2. 牺牲阳极地床

（1）地床的结构

为保证牺牲阳极在土壤中的性能稳定，阳极四周要填充适当的化学填包料，其作用是：使阳极与填料相邻，改善阳极工作环境；降低阳极接地电阻，增大阳极输出电流；填料的化学成分有利于阳极产物的溶解，不结痂，减少不必要的阳极极化；维持阳极地床长期湿润。

对化学填包料的基本要求有：电阻率低，渗透性好，不易流失，保湿性好。

牺牲阳极填包分为袋装和现场钻孔中填装两种方法。注意袋装用的袋子必须是天然纤维织品，严禁使用化纤织物。现场钻孔填装效果虽好，但填料用量要大，稍不注意就容易把土粒带入填料中，影响填包质量。填料的厚度应在各个方向均保持 5～10cm 为好。

表 5-6 为目前常用牺牲阳极填包料的化学配方。

表 5-6　牺牲阳极填包料化学配方

序号	阳极类型	填包料配方(质量分数)/%				适用条件
		石膏粉	工业硫酸钠	工业硫酸镁	膨润土	
1	镁阳极	50	—	—	50	≤20Ω·m
2		25	—	25	50	≤20Ω·m
3		75	5	—	20	>20Ω·m
4		15	15	20	50	>20Ω·m
5		15	—	35	50	>20Ω·m
6	锌阳极	50	5	—	45	
7		75	5	—	20	
8	铝阳极	食盐 40～60	生石灰 20～30	—	20～30	

（2）阳极形状

针对不同的保护对象和应用环境，牺牲阳极的几何形状也各不相同，主要有棒形、块（板）形、带状、镯形等几种。

在土壤环境中多用棒形牺牲阳极，阳极多做成梯形或 D 形截面。根据阳极接地电阻的计算可知，阳极长度决定了接地电阻，也就决定了阳极输出功率，其截面的大小决定阳极的寿命。

带状牺牲阳极主要应用在高电阻率土壤环境中，有时也用于某些特殊场合，如临时性保护、套管内管道的保护、高压干扰的均压栅（环）等。

镯形牺牲阳极只适用于水下或海底管道的保护。

块（板）形牺牲阳极多用于船壳、水下构筑物、容器内保护等。

（3）阳极地床的布置

牺牲阳极的分布可采用单支或集中成组两种方式；阳极埋设分为立式、水平式两种；埋设方向有轴向和径向。阳极埋设位置一般距管道外壁 3～5m，最小不宜小于 0.3m，埋设深度以阳极顶部距地面不小于 1m 为宜。对于北方地区，必须在冻土层以下。成组埋设时，阳极间距以 2～3m 为宜。

在地下水位低于 3m 的干燥地带，牺牲阳极应当加深埋设；对于河流、湖泊地带，牺牲阳极应尽量埋设在河床（湖底）的安全部位，以防洪水冲刷和挖泥清淤时损坏。

在城市和管网区使用牺牲阳极时，要注意阳极和被保护构筑物之间不应有其他金属构筑物，如电缆及水、气管道等。

图 5-3 是牺牲阳极埋设示意。阳极组在管道上的间距，对于长输管道每千米为 1～2 组，对于城市管道及站内管网以 200～300m 一组为宜。

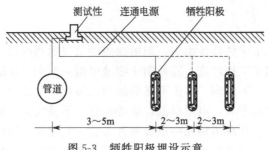

图 5-3 牺牲阳极埋设示意

三、牺牲阳极常见问题

牺牲阳极材料提供的电位不高，输出的保护电流较小，保护范围较小，不适宜在高电阻率环境中使用，在防腐绝缘质量差的条件下使用不经济。当土壤电阻率较高（大于 $100\Omega\cdot m$）、牺牲阳极输出电流过小时，需要大量牺牲阳极才能满足要求。因此，牺牲阳极阴极保护法一般适用于土壤电阻率 $<100\Omega\cdot m$、金属构件保护所需电流较小的情况，例如，在中、短距离和复杂管网以及随管道安装一起施工时，工程量较小的运行场合等；而且牺牲阳极应埋在湿润的土壤环境中，便于管线和牺牲阳极两者之间的接触（电阻较低），使牺牲阳极能提供一定量的保护电流。

土壤介质中牺牲阳极材料主要有镁、铝、锌基合金三大类。牺牲阳极材料的选择也是一个经济问题。镁阳极材料的费用约为锌阳极的 2 倍，镁本身激励电势较高，能输出较大的电流，因此阳极消耗较快。在相同电阻率土壤环境中，镁电极的消耗比锌阳极快 2.5 倍。若使用镁阳极，其费用可能是锌阳极的 5 倍；而且镁阳极可能使构筑物受到过度保护，又浪费电源。

土壤电阻率低于 $10\Omega\cdot m$ 时，通常用锌阳极更为经济，但在土壤电阻率比较高的地方，不能采用锌阳极时，阴极保护较多采用镁阳极。但镁阳极在含盐量 $3\%\sim4\%$、土壤电阻率小于 $1\Omega\cdot m$ 的条件下使用，高的输出电流将伴随着严重的自腐蚀。此外，镁阳极的电流效率太低，通常只有 50% 左右，使镁阳极的使用寿命太短；在有下泄电流或杂散电流存在的情况下很容易发生电位逆转，使镁阳极失去阴极保护的作用，甚至加速地下管道的腐蚀。铝阳极则不宜在土壤中使用，因为铝阳极腐蚀后会生成 $Al(OH)_3$，形成坚硬的外壳；而当土壤电阻率小于 $5\Omega\cdot m$，或氯离子浓度很高如在海水中，其使用效果较好。

锌合金阳极在高温介质中极化存在晶间腐蚀。锌阳极在工作环境温度较高的情况下使用，晶间腐蚀的敏感性明显增加，而且晶间腐蚀速率随温度的升高而加快，温度高于 $49℃$ 时会加剧。

锌阳极也可能产生电位极性逆转。当温度高于 $60℃$ 时，由于锌阳极表面不断地生成电位比锌本身电位正得多的膜，从而使其变正，但阴极铁的电位基本不变，因而出现电位的极性反转，这时锌阳极成为阴极受到保护，而铁成为阳极加速腐蚀。大多数锌阳极处在高温地热场范围内工作或在较高温度的水中工作，锌阳极会钝化，发生危险的极性逆转现象，这一点应引起高度重视。镁阳极和铝阳极可用于较高温度，但电流效率大大降低。

四、地下管道用牺牲阳极材料研究

针对镁合金牺牲阳极电流效率低、自腐蚀严重的实际情况，以土壤腐蚀防护普遍使用的 Mg-Al-Zn-Mn 牺牲阳极为对象，通过添加稀土元素对镁基牺牲阳极的性能进行优化，获得性能稳定、适用于陕西省地质条件下使用的稀土-镁合金牺牲阳极材料。

国家标准 GB/T 17731 制定了镁合金牺牲阳极的主要成分：Al 5.3%～6.7%、Zn 2.5%～3.5%、Mn 0.15%～0.6%、余量为 Mg（杂质 Fe≤0.003%，Cu≤0.01%，Ni≤0.001%，Si≤0.08%），研究稀土元素钇添加量对镁合金牺牲阳极性能改善的影响，具体配方见表 5-7。将纯 Mg、Al、$AlMn_{10}$、$MgRE_{30}$ 放入熔炼炉并均匀撒上 RJ-2 覆盖剂，然后升温至 690～710℃后保温 30min，放入 Zn，搅拌后保温 1min，静置，浇注，冷却得到 5 种镁合金牺牲阳极。

表 5-7　镁钇合金牺牲阳极成分

序号	合金元素（质量分数）/%				
	Al	Zn	Mn	Y	Mg
1#	6.19	3.35	0.31	0	余量
2#	6.19	3.35	0.31	0.15	余量
3#	6.19	3.35	0.31	0.3	余量
4#	6.19	3.35	0.31	0.6	余量
5#	6.19	3.35	0.31	1.2	余量

根据图 5-4 所示装置对这 5 种镁合金牺牲阳极进行为期 15d 的实验室评定，试验期间保持温度为 35℃±0.1℃，用饱和甘汞电极和万用表测开路电位。打开恒电流源，调节电流至 1.6mA，在第 1 天、第 7 天、第 14 天、第 15 天测试试样的闭路电位，每个试样电位测定时，甘汞参比电极的尖端必须处于试液表面 10mm 内。烧杯内液面降低时可加入去离子水。试验完毕后，将试样从电解质中取出，并去掉涂封。用清水冲洗掉试样表面易脱落腐蚀产物，再超声波清洗 5min，最后计算镁合金牺牲阳极的电流效率。

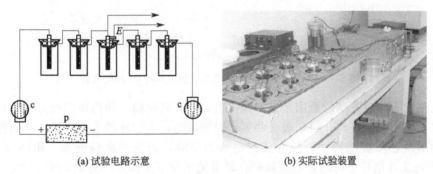

(a) 试验电路示意　　　　　　(b) 实际试验装置

图 5-4　镁合金牺牲阳极实验室评定装置

经过 15d 的实验室评定试验，得出 5 种镁合金阳极在饱和 $CaSO_4$-$Mg(OH)_2$ 溶液中的电化学性能见表 5-8。由表 5-8 可见，2# 试样的开路电位最负，为 −1.4912V（SCE）；电流容量最大，为 1321.9A·h/kg；电流效率也最高，为 62.56%。随着钇（Y）含量的增加，开路电位先负移再正移，电流效率和实际电流容量先增加后逐渐减少。当 Y 含量达到 0.15%（2# 试样）时，开路电位出现极小值；当 Y 含量达到 1.2%（5# 试样）时，镁牺牲阳极的开路电位已经正移至 −1.4552V，电流效率降至 53.57%，实际电流容量也降低为 1131.9A·h/kg，比不添加 Y 时的还要低。

表 5-8　镁钇牺牲阳极的电学性能

合金	开路电位（SCE）/V	电流效率/%	实际电流容量/(A·h/kg)
1#	−1.4641	55.68	1176.5
2#	−1.4912	62.56	1321.9
3#	−1.4745	58.75	1241.4
4#	−1.4656	55.22	1166.8
5#	−1.4552	53.57	1131.9

图 5-5 是 5 种镁合金牺牲阳极（1#～5#）15d 内工作电位随时间的变化曲线。由图 5-5 可见，刚开始时，镁牺牲阳极的工作电位比较正，随着腐蚀的进行，回路中开始有腐蚀电流产生，电位开始大幅度下降，接着又开始慢慢回升，大约在 2d 后，电位基本趋于稳定。从镁牺牲阳极的工作电位稳定情况来看，含 0.15％Y 的 2# 镁合金牺牲阳极稳定得最快，2# 镁牺牲阳极在刚开始时也产生了大幅度负移，后来的变化幅度较小，而且很快稳定起来；1# 是未加稀土 Y 的镁合金牺牲阳极，它的工作电位变化幅度一直很大，在 7d 之后才出现了比较平稳的变化。说明在镁合金中加入稀土 Y，可以稳定其工作电位，相比于未加稀土 Y 的镁牺牲阳极极化到稳定状态的时间短。

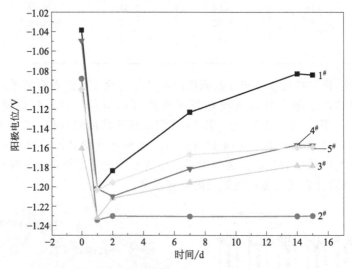

图 5-5　不同含钇镁合金牺牲阳极的工作电位-时间曲线

出现电位先下降后升高的原因是最初镁阳极表面有氧化膜，使得镁阳极的电位在开始时比较正，随着牺牲阳极的工作，最初表面的氧化膜被腐蚀，电位开始下降。进一步的腐蚀使阳极的溶解产物围绕在阳极的周围，使介质的电导率下降，阳极的电位升高。由图 5-5 还可见，2# 牺牲阳极在工作电位下降后，一直维持在较低的电位下工作，一方面说明 2# 镁阳极的腐蚀产物对介质的电阻率没有影响；另一方面说明 2# 镁阳极腐蚀比较均匀，放电量稳定。

为了进一步分析稀土元素 Y 添加后 Mg-Al-Zn-Mn 牺牲阳极性能变化的原因，对镁阳极的金相组织进行了观察，结果如图 5-6 所示。由图 5-6 可观察到，铸造镁合金主要表现为树枝晶，由灰白色的 α-Mg 固溶体和共晶组织 β-$Mg_{17}Al_{12}$ 组成，β-$Mg_{17}Al_{12}$ 相周围的层片状或点状组织是合金冷却过程中产生二次析出的 β 相。另外，还有分布于合金晶内与晶界处的黑色点状 Mn-Al 化合物相。图 5-6(a) 是未添加 Y 的镁合金牺牲阳极金相组织，晶粒为柱状晶，晶界处分布着连续的 β-$Mg_{17}Al_{12}$ 相，并且呈网状结构。图 5-6(b)～(e) 是不同 Y 含量的镁合金牺牲阳极的金相组织，晶粒为树枝晶，可以清晰地看到狭长的一次枝晶和二次枝晶，而且随着 Y 含量的逐渐增大，树枝晶的枝干也变得更多、更细长，从而导致晶界面积增大；β-$Mg_{17}Al_{12}$ 相连续分布被打破，开始以颗粒状弥散在晶界和晶内。稀土元素 Y 能够使晶粒形状发生变化的原因有两个方面：一方面，Y 原子和 Mg 的晶格结构相似，而且原子半径相差不大，根据点阵匹配原理，Y 原子可作为 Mg 的结晶核心，所以大量 Y 原子的存在使 Mg 的形核率提高，相应地晶粒不易长大，从而得到细化；另一方面，由于 Y 会优先和 Al 化合生成 Al_2Y_3 相，而 Al_2Y_3 相的结晶温度较高，会优先结晶并富集于 α-Mg 晶界前沿，形成过冷层，阻碍 α-Mg 的长大，从而细化晶粒。

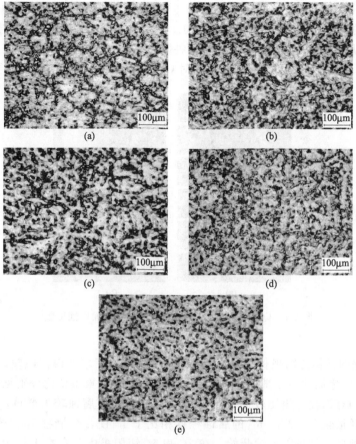

图 5-6　镁阳极的金相组织显微照片
(a) 无 Y；(b) 0.15％Y；(c) 0.3％Y；(d) 0.6％Y；(e) 1.2％Y

经过 15d 的陕西某地土壤浸出液中电偶试验测量得出，5 种镁合金牺牲阳极在土壤中对 Q235 钢的保护效果如表 5-9 所示。由表 5-9 可以看出，稀土元素 Y 的加入使镁阳极在土壤中的开路电位先负移后正移，添加微量稀土 Y 的镁阳极的开路电位和工作电位比未加 Y 的都要负。但是，当稀土 Y 含量为 0.12％时，镁阳极在土壤中电流效率最高可达 55.43％，对 Q235 钢的保护度最高可以达到 96.20％。但随着稀土 Y 含量的增加，镁阳极在土壤中的电流效率逐渐降低，保护度也降低。

表 5-9　镁牺牲阳极在陕西某地土壤浸出液中的实验结果（相对饱和甘汞电极）

序号	开路电位/V	工作电位/V	电流效率/%	保护度/%
1#	−1.4071	−1.1473	45.79	89.60
2#	−1.4253	−1.1669	55.43	96.20
3#	−1.4122	−1.1592	54.34	95.35
4#	−1.4094	−1.1514	53.36	91.39
5#	−1.3963	−1.1455	51.65	89.32

实验室测试的镁合金牺牲阳极材料在陕西某地土壤浸出液中对 Q235 钢的保护效果见图 5-7。其中 1#～5# 试片是经过不同稀土含量的镁合金牺牲阳极试样保护的 Q235 钢，6# 试片是未经保护的 Q235 钢。对比表面酸洗前的一组照片可以看出，1# 试片表面已经产生少许褐色的腐蚀产物，2#、3#、4# 试片表面腐蚀不明显，5# 试片也有褐色的腐蚀产物生成，但相对 1# 试片要少些，6# 试片表面出现大量的褐色腐蚀产物。从酸洗之后的照片可以看出，1# 试

片表面有少量的不明显点蚀坑，2#、3#、4#、5# 试片表面光亮，基本没有腐蚀的痕迹，6# 试片表面出现大片的腐蚀坑。因此，可以说明被 1#～5# 镁合金牺牲阳极材料保护的 Q235 钢试片比 6# 未保护的试片腐蚀轻。证明了该镁合金牺牲阳极在土壤中能够对 Q235 钢试样起到很好的保护作用，而且 2#、3#、4# 三种牺牲阳极材料对 Q235 钢的保护程度相比于 1# 要更好。

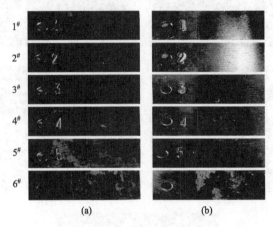

图 5-7　Q235 钢试样在土壤浸出液中的表面腐蚀形貌
(a) 酸洗前；(b) 酸洗后

保护 Q235 钢的镁牺牲阳极材料在陕西某地土壤中进行了埋地模拟试验，土壤模拟实验中 Q235 钢试片和镁合金牺牲阳极试片试验前、后的腐蚀形貌及重量变化分别见图 5-8 和表 5-10。镁牺牲阳极自身均有消耗。相比较而言，1# 镁合金牺牲阳极腐蚀较为严重，出现了大块脱落的情况，导致消耗量较大，2#～5# 的腐蚀程度相比于 1# 镁合金牺牲阳极要小许多，消耗量也要少些，其腐蚀形式都是以点蚀开始，在 3# 和 5# 镁阳极中还存在大块脱落的腐蚀坑，2# 镁阳极的腐蚀坑相对均匀细小，消耗量最少。说明 2# 镁合金牺牲阳极的性能最佳。

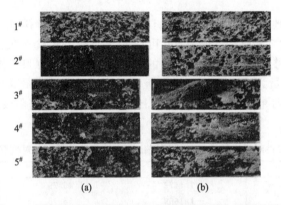

图 5-8　镁阳极试样在模拟土壤中阴极保护后表面腐蚀形貌
(a) 酸洗前；(b) 酸洗后

表 5-10　实验前、后试片重量变化

序号	阳极有效面积/cm²	铁有效面积/cm²	镁阳极失重/g	Q235 钢失重/g
1#	8.6	16.3	0.3063	0.0062
2#	8.6	16.3	0.2037	0.0006
3#	8.6	16.3	0.2610	0.0008
4#	8.6	16.3	0.3037	0.0009
5#	8.6	16.3	0.3333	0.0015

由上述结果可知，含 0.15％稀土元素钇（Y）的 Mg-Al-Zn-Mn 牺牲阳极材料保护同样的 Q235 钢，其自身失重最小，保护 Q235 钢的损失也最小。

第二节　外加电流阴极保护

外加电流阴极保护是通过阴极保护系统装置，使其交流电源整流为低压的直流电源，将被保护的金属管线与直流电源的负极相连接，把另一辅助阳极地床接到电源的正极，电流的流向是从电源的正极流到辅助阳极，再从辅助阳极流出，经土壤电解质到达金属管道表面，再流回电源的负极。辅助阳极的表面发生了失电子氧化反应，即遭受腐蚀，则辅助阳极地床本身存在一定的消耗。因此，整个金属管线就成为阴极被保护起来。

一般外加电流的阴极保护站，输出电压为 10～50V，电流为数十到几百安培，可提供的保护电流、电压远远大于牺牲阳极的阴极保护。因此，外加电流的阴极保护适用于长输管线和区域性管网的保护。

一、阴极保护设计

1. 外加电流阴极保护系统

外加电流阴极保护系统的主要组成部分有辅助阳极、直流电源、管道电绝缘接头以及用于测量保护电位的附件、参比电极等。

（1）辅助阳极

辅助阳极是外加电流系统中的重要组成部分，其作用是为被保护地下管道电流提供回路电极。为了降低阳极的接地电阻，延长阳极的使用寿命，外加电流阴极保护用阳极通常并不直接埋在土壤中，而是在阳极周围填充碳质回填料而构成阳极地床。碳质回填料通常包括冶金焦炭、石油煅烧炭和石墨颗粒等。

① 辅助阳极要求　用于外加电流阴极保护的辅助阳极材料需要满足以下三个要求：

a. 具有良好的导电性。在高的阳极电流密度下极化小，电流量大，即在一定电压下，阳极单位面积上能通过的电流大。

b. 化学和电化学稳定性好，在恶劣环境中腐蚀率低。

c. 有较好的力学性能，便于加工、运输和安装，成本低。

② 辅助阳极材料　可作为辅助阳极材料的种类很多，按照阳极的溶解性能，可分为可溶性阳极（如钢、铝）、微溶性阳极（如高硅铸铁、石墨）和不溶性阳极（如铂、镀铂、金属氧化物）三大类。常用辅助阳极材料及其性能如表 5-11 所示。

表 5-11　常用辅助阳极材料及其性能

材料	使用环境	允许电流密度/(A/m^2)	消耗率/[kg/(A・a)]
碳钢	水、土壤	—	9
铸铁	水、土壤	—	2～9
铝	—	10	2.4～4.0
硅铸铁	海水	50	0.3～1.0
	淡水、土壤	10	0.05～0.2
石墨	海水	10	0.16
	淡水	2.5	0.04
	土壤	5～10	<0.6
磁性氧化铁	海水	400	约 0.1
	土壤	10	约 0.1
铅银合金	海水	30～300	0.03

材料	使用环境	允许电流密度/(A/m²)	消耗率/[kg/(A·a)]
镀铂钛	海水、淡水	1000	$6×10^{-6}$
	土壤	400	$6×10^{-6}$

碳钢阳极在早期外加电流阴极保护中有着广泛应用。该材料的主要优点是：力学性能好，便于加工且来源广泛，价格低廉，在土壤、海水及淡水中均可使用。但由于碳钢的耐蚀性较差，消耗率高［理论消耗率 $9.1kg/(A·a)$］，腐蚀产物使阳极钝化，导致外加电压增大，因此碳钢辅助阳极的应用受到限制。

石墨阳极是由各种碳素材料通过高温焙烧，除去烃类和水分，再与煤焦油或沥青粉末混合，随后经焙烧压制而成。石墨阳极使用寿命长，消耗率低，输出电流稳定。石墨阳极允许电流密度为 $5\sim10A/m^2$。石墨阳极价格较低，比碳钢阳极经济，效果明显，但随着新的阳极材料出现，其在地床中的应用也逐渐减少。

高硅铸铁阳极有三种类型，即加铬、加钼及不加铬和钼。高硅铸铁阳极的稳定性随着硅含量的增加而提高。含硅量小于 14%，阳极稳定性较差；含硅量大于 18%，脆性相当大，实际中不能应用。为了改善高硅铸铁阳极的力学性能，掺入 Mn、Cu、Cr、Ni、Mo、Nb 等元素。当土壤或水中氯离子含量大于 0.02% 时，须采用掺加 $4.0\%\sim4.5\%$Cr 的含铬高硅铸铁。高硅铸铁阳极使用电流密度为 $5\sim80A/m^2$，阳极消耗率为 $0.1\sim0.5kg/(A·a)$。高硅铸铁阳极具有良好的导电性能，硬度高，耐磨蚀和耐冲刷，广泛用于石油、天然气、化工厂、自来水公司等地下或水中金属构筑物的保护与防腐蚀。高硅铸铁阳极在土壤中使用时，应采用焦炭作为填充料，焦炭最大粒径应小于 15mm。高硅铸铁阳极离地面距离不宜小于 1m，立式阳极之间的距离一般为 3m，卧式阳极一字形排列时，间隔 $0.3\sim1m$。高硅铸铁阳极熔炼工艺较难，机械加工性能和焊接性能差，易发生"尖端效应"。

铂阳极和镀铂阳极是非常优良的阳极材料，是一种高耐蚀的钝化金属，使用的电流密度高（$5000A/m^2$），消耗率低，一般小于 $6mg/(A·a)$，质量小。为了利用铂的电化学稳定性，在钛、铌、钽等金属基体上镀覆一薄层铂而构成复合阳极。在使用钛镀铂、铌镀铂时，外加电压不能超过基体钛、铌氧化膜的击穿电压（钛的击穿电压为 $12\sim14V$，铌的击穿电压为 $40\sim50V$），否则易引起基体金属活化，产生脱铂现象。由于铂价格昂贵，在地床中消耗速率大，而且地床接地电阻随时间的延长逐渐增大，使得铂阳极的广泛应用受到限制，所以铂阳极在地床中远不如高硅铸铁和石墨阳极用得广泛。

聚合物阳极是以石墨粉作为柔性阳极导电材料，铜质电缆芯作为电流导线，以导电聚合物为基材制作而成的长线形连续性辅助阳极，它是阴极保护领域中新的阳极产品，成功解决了老旧管道防腐层严重老化、阴极保护电流显著增大的难题。聚合物阳极主要应用于埋地钢制管道和储罐的阴极保护，施工方便，防腐效果显著，其主要特点是：保护电路分布均匀，对周围金属构筑物干扰影响最小，可根据保护对象任意剪裁，使用方便灵活，不会对环境造成污染。在裸管或涂层严重破坏的管道、受屏蔽的复杂管网区的保护以及高电阻率的土壤中，防腐效果是其他阳极无法比拟的。

混合金属氧化物阳极是钛基体上热烧结一层柔性较好、耐蚀、高电导率的稳定贵金属氧化物。首先在氯碱工业中应用，后推广应用于阴极保护领域。混合金属氧化物阳极，易于加工且质量小，便于搬运和安装。氧化物涂层的电阻率极小（$10^{-7}\Omega·m$），极耐酸性环境且消耗率极低，在 $100A/m^2$ 工作电流密度下使用寿命可达 20 年，其消耗速率约 $2mg/(A·a)$。通过调整氧化物层的成分，可以使其适应不同的环境，如海水、淡水、土壤中。由于混合金属氧化物阳极还具有极优异的物理、化学和电化学性能等其他阳极所不具备的优点，它已成为目前最为理想和最有前途的辅助阳极材料。

辅助阳极材料的选择要根据介质腐蚀性、污染规定、辅助阳极结构及分布，结合辅助阳极特性选择合适的辅助阳极材料。

③ 辅助阳极埋设与安装　辅助阳极埋设的位置会影响管道沿线保护电流的分布，因此，阳极的布置应考虑满足分散能力的要求，以使电流均匀分布。一般来说，阳极距离管道越远，保护电流分布越均匀，但这将加大阳极引线的电压降并增加投资。长输管道的辅助阳极一般埋设在距管道 $300\sim500m$ 处。若条件有限时，可采用深阳极，即把它埋在地下几十米至一二百米深处。对于埋地结构的保护，设计中还应选择合适的阳极床位置，它们应适当地靠近电源，处于电阻率低和干扰小及电缆少受干扰的地方。

辅助阳极安装时要求与导线接触良好、牢固，与被保护设备有良好的绝缘，更换方便。辅助阳极安装完成后要严格检查与被保护管道的绝缘情况。

最后，检查辅助阳极与电源的连接方向是否正确。如果它与电源的负极相连，则使管道成为系统的阳极，会大大加速管道的腐蚀。

（2）直流电源

直流电源是强制电流的动力源，其基本要求是：稳定可靠，能够长期连续运行，适应各种环境条件。

外加电流阴极保护系统需要低电压、大电流输出的可调直流电源。大多数电压不超过 $24V$，土壤中阴极保护电压会更高一些。电源的种类形式很多，凡能产生直流电的电源都可作为阴极保护的电源，常见的直流电源有整流器、恒电位仪、恒电流仪、热电发生器、密闭循环蒸汽发电机、太阳能电池、风力发电机、大容量蓄电池等。

在阴极保护系统运行中，由于种种原因会引起电位的变化。为了维持电极电位恒定，就需要不断地改变系统电流，以使电极电位自动处于恒定。这就可以采用人工检测或调整的方法，而大多数采用恒电位仪进行自动控制。

阴极保护中手调直流电源多采用整流器，其中最常用的是硒整流器、硅整流器和可控硅整流器。自动控制直流电源多采用可控硅恒电位仪。

（3）管道电绝缘接头及保持纵向电连续的设施

为了保证管道阴极保护系统的有效性并提高保护效率，要求做好管道电绝缘。除了设有高质量的防腐绝缘层以外，还要有各种绝缘体。为了保证保护电流在管道流过，还要保持其纵向导电性能。

① 绝缘法兰与绝缘接头　在站场的进、出口管道上，支线与干线连接处，大型穿跨越管段两端，杂散电流干扰段及使用不同的阴极保护方法的交界处等，要设置绝缘连接。

管道的绝缘连接有绝缘法兰、绝缘接头等形式。它使两边的管段电绝缘，保护电流不能从管道的这一端流到另一端。

② 绝缘支撑　当管道以套管形式穿越公路、铁路时，管道必须与套管电绝缘。当穿越河流或沼泽地区敷设时，常采用固定锚、加重块等稳管措施，管道必须与这些混凝土块的钢筋绝缘。管道与所有相遇的金属构筑物（如电缆、容器及管道等）也必须电绝缘。若一处绝缘不好，都会造成系统短路接地或保护电流散失，使管道阴极保护达不到要求，应在这些地方加绝缘支撑或在管道与管架之间加绝缘垫。

③ 管道纵向电连续性设施　待保护的管道若中间有非焊接的接头，应焊上跨接的导线，以保证阴极保护电流在管道上纵向导通。对于预应力混凝土管道，每节管子的纵向钢筋需首、尾跨接。

（4）测试桩及检查片

① 测试桩　测试桩是为了检查管道阴极保护情况而在沿线设置的永久性设施。在管道上焊

接导线，引到地面的测试桩上。测试桩有电位测试桩、电流测试桩、套管测试桩、绝缘接头测试桩、牺牲阳极测试桩等，可用来测试管道的保护电位、保护电流、电绝缘性能及干扰等参数。

② 检查片　检查片是为了定量测试阴极保护效果，选择典型的地段埋设的钢试片。检查片埋设前应分组编号，每组试片中，一半与被保护管道相连，即通电保护；另一半计算保护度，用以比较阴极保护的效果。

2. 外加电流阴极保护的工艺计算

管道阴极保护范围制约因素是管道防腐层电阻和管径，以最大保护电位和最小保护电位的临界点来划分，因此保护一条管道常常需要设一个或几个阴极保护站。首先要知道一个站的保护半径，才能确定设几个站。按照 SYJ 36 标准的要求还应留有 10% 的余量。为了求得保护长度，必须知道当管道上通入阴极极化电流后，所产生的极化电位的沿线分布，求取最大保护电位经过多少千米，降低到最小保护电位。

（1）管道沿线外加电位与电流的分布规律

如图 5-9 所示，外加电流的电源正极接辅助阳极，负极接在被保护管段的中央，这一点称

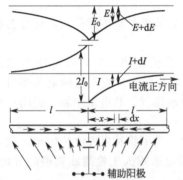

图 5-9　管道沿线外加电位与电流分布规律

为汇流点或通电点。电流自电源正极流出，经阳极和大地流至汇流点两侧管道，在两侧金属管壁中流动的电流流向汇流点。因此，沿线电流密度和电位的分布是不均匀的，理论上在汇流点处的电流值最大，电位最负。管道沿线电位分布的基本公式，是根据下列假设条件推出的。

① 管道防腐层均匀一致，并具有良好的电绝缘性能，与土壤接触且土质均匀一致，因此管道沿线各点的单位面积过渡电阻相等。过渡电阻是指电流从土壤沿径向流入管道时的电阻，其数值主要决定于防腐层电阻。

② 因土壤截面积很大，土壤电阻可以忽略不计。

如图 5-9 所示，在离汇流点 x（km）处取一微元段 dx，由于通入外电流以后的阴极极化作用，dx 小段处的管地电位往负的方向上偏移，设其偏移值为 E。E 等于通电后的保护电位与自然电位之差。

设单位长度（m）金属管道的电阻为 r_T（Ω），单位面积（m²）的防腐层过渡电阻为 R_p（Ω），单位长度（m）上电流从土壤流入金属管道的过渡电阻为 R_T（Ω），如管外径为 D，则 $R_T = R_p / \pi D$。

在 dx 小段上电流的增量 dI，就是在该小段上从土壤流入管道的保护电流。由于忽略土壤电压降，故

$$dI = -\frac{E}{R_T}dx \quad 即 \quad \frac{dI}{dx} = -\frac{E}{R_T} \tag{5-8}$$

负号表示电流的流动方向与 x 的增量方向相反。

当电流 I 轴向流过管道时，由于管道金属本身的电阻所产生的压降为：

$$dE = -Ir_T dx \quad 即 \quad \frac{dI}{dx} = -Ir_T \tag{5-9}$$

对以上两式求导，并取 $a = \sqrt{\dfrac{r_T}{R_T}}$，可得：

$$\frac{d^2 I}{dx^2} - a^2 I = 0 \tag{5-10}$$

$$\frac{d^2 E}{dx^2} - a^2 E = 0 \tag{5-11}$$

式(5-10) 和式(5-11) 为二阶常系数齐次线性微分方程，其通解为

$$I = A_1 e^{ax} + B_1 e^{-ax} \qquad (5\text{-}12)$$

$$E = A_2 e^{ax} + B_2 e^{-ax} \qquad (5\text{-}13)$$

式中，系数 A_1、A_2、B_1、B_2 可根据边界条件求出。边界条件通常有三种情况。

a. 无限长管段的计算：即全线只有一个阴极保护站，线路上没有装设绝缘法兰。

b. 有限长管段的计算：即全线有多个阴极保护站，两个相邻站之间的管道由两个站共同保护。

c. 保护段终点有绝缘法兰的计算：一般设有阴极保护的管道在进入输油站或油库以前应装设绝缘法兰，以免保护电流向站内或库内流失。

(2) 保护范围的计算

① 无限长管道的保护范围计算　在汇流点处，$x=0$、$I=I_0$、$E=E_0$，I_0 为管道一侧的电流，距汇流点无限远处，$x \to \infty$、$I=0$、$E=0$。将此边界条件代入通解式(5-12) 和式(5-13) 得：$A_1=0$、$B_1=I_0$，$A_2=0$、$B_2=E_0$。故无限长管道的外加电位及电流的分布方程式为：

$$I = I_0 e^{-ax} \qquad (5\text{-}14)$$

$$E = E_0 e^{-ax} \qquad (5\text{-}15)$$

由式(5-14)、式(5-15) 可解出沿线各处电位与电流的相互关系为：

$$\frac{dE}{dx} = -r_T I = \frac{dE_0 e^{-ax}}{dx} = -a E_0 e^{-ax}$$

$$I = \frac{a}{r_T} E_0 e^{-ax}$$

在汇流点处，$x=0$，故汇流点一侧的电流为：

$$I_0 = \frac{a}{r_T} E_0 = \frac{E_0}{\sqrt{R_T r_T}} \qquad (5\text{-}16)$$

汇流点处的总电流就是该保护装置的输出电流，它等于管道一侧流至汇流点电流的两倍，即 $I = 2I_0$。

式(5-14) 和式(5-15) 说明，当全线只有一个阴极保护站时，管道沿线的电位及电流值按对数曲线规律下降，在汇流点附近的电位和电流值变化激烈，离汇流点愈远变化愈平缓。曲线的陡度取决于衰减因数 $\sqrt{r_T/R_T}$，主要是防腐层过渡电阻 R_T 的影响。

如前所述，由于最大保护电位是有限度的，故汇流点处的电位应小于或等于最大保护电位 E_{max}。当沿线的管/地电位降至最小保护电位 E_{min} 处，就是保护段的末端，故一个阴极保护站所可能保护的一侧的最长距离，可由式(5-15) 算出。将 $E_0 = E_{max}$、$E = E_{min}$、$x = L_{max}$ 代入式(5-15)，可得：

$$E_{min} = E_{max} e_{max}^{-aL}$$

$$L_{max} = \frac{1}{a} \ln \frac{E_{max}}{E_{min}} \qquad (5\text{-}17)$$

由式(5-16) 和式(5-17) 可见，阴极保护管道所需保护电流 I_0 的大小和可保护段落长度受防腐层电阻的影响很大。防腐层质量好，则电能消耗少，保护距离也长。根据国内经验，当沥青防腐层的施工质量较好时，管道单位面积（m^2）防腐层过渡电阻能达到 10000Ω 以上，有的达 $20000 \sim 30000\Omega$。故目前按标准规范要求，在设计计算中常取防腐层的 $R_P = 10000\Omega$，对于塑料和粉末防腐层，均应高出此值。

计算中需要注意的是，式(5-17) 中的 E_{max} 和 E_{min} 均为极化的管地电位，而前面所述的最大和最小保护电位是相对于硫酸铜电极而言的。在大多数土壤中，用硫酸铜电极测得的钢管

的自然电位在 $-0.60\sim-0.50\text{V}$ 之间。若实测平均值为 -0.55V，则当取最大保护电位为 -1.20V、最小保护电位为 -0.85V 时，极化电位为：

$$E_{\max}=-1.20-(-0.55)=-0.65\text{V}$$
$$E_{\min}=-0.85-(-0.55)=-0.30\text{V}$$

对于长度超出一个站保护范围的长距离管道，常需在沿线设若干个阴极保护站，其保护段长度应按有限长管道计算。

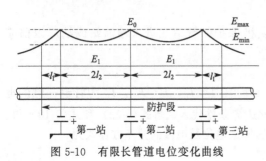

图 5-10　有限长管道电位变化曲线

② 有限长管道的保护范围计算　有限长管道的保护段，即指两个相邻的阴极保护站之间的管段，或两端设有绝缘接头的管段。其极化电位和电流的变化受两个站的共同作用。由于两个站的相互影响，使极化电位变化曲线抬高（如图 5-10 所示），因此，有限长管道比无限长管道的保护距离长（如图 5-10 所示，$l_1>l_2$）。

设两个站间距离为 $2l$，在中点处（$x=l$）正好达到最小保护电位，$E_1=E_{\min}$。电位变化曲线在中点处发生转折，即 $\dfrac{\mathrm{d}E_1}{\mathrm{d}x}=0$。由于保护电流来自两个站，其电流流动方向相反，故在中点处电流为零，边界条件为：

$$x=0,I=I_0,E=E_0$$
$$x=l,I=0,E=E_{\min},\frac{qx}{qE^t}=0$$

代入通解式(5-12) 和式(5-13)，可得：

$$E=E_0\frac{\mathrm{ch}[\alpha(l-x)]}{\mathrm{ch}(\alpha l)} \tag{5-18}$$

$$I=I_0\frac{\mathrm{sh}[\alpha(l-x)]}{\mathrm{sh}(\alpha l)} \tag{5-19}$$

式中，$\mathrm{ch}(m)$ 和 $\mathrm{sh}(m)$ 分别为双曲线函数的余弦和正弦。

由式(5-18)、式(5-19) 得：

$$I=-\frac{1}{r_{\mathrm{T}}}\times\frac{\mathrm{d}E}{\mathrm{d}x}=-\frac{1}{r_{\mathrm{T}}}\times\frac{\mathrm{d}}{\mathrm{d}x}E_0\frac{\mathrm{ch}[\alpha(l-x)]}{\mathrm{ch}(\alpha l)}=\frac{E_0}{\sqrt{r_{\mathrm{T}}R_{\mathrm{T}}}}\times\frac{\mathrm{sh}[\alpha(l-x)]}{\mathrm{sh}(\alpha l)}$$

在汇流点处，$x=0$、$I=I_0$，代入上式得，汇流点一侧电流为：

$$I_0=\frac{E_0}{\sqrt{r_{\mathrm{T}}R_{\mathrm{T}}}}\mathrm{th}(\alpha l) \tag{5-20}$$

由式(5-18) 可求出：

$$E_{\min}=\frac{E_{\max}}{\mathrm{ch}(\alpha l_{\max})}$$

得有限长管道一侧的保护长度：

$$L_{\max}=\frac{1}{\alpha}\mathrm{arch}\frac{E_{\max}}{E_{\min}}=\frac{1}{\alpha}\ln\left[\frac{E_{\max}}{E_{\min}}+\sqrt{\left(\frac{E_{\max}}{E_{\min}}\right)^2-1}\right]$$

考虑到双曲余弦函数 $\mathrm{ch}(\alpha l)=\dfrac{1}{2}(\mathrm{e}^{\alpha l}+\mathrm{e}^{-\alpha l})$ 中，$\mathrm{e}^{-\alpha l}$ 这项很小，可近似忽略，将上式简化为：

$$L_{max} = \frac{1}{\alpha} \ln 2 \frac{E_{max}}{E_{min}} \tag{5-21}$$

将有限长管道与无限长管道的公式进行比较可见：

a. 无限长管道的电位是按指数函数的规律变化，而有限长管道是按双曲函数的规律变化，故有限长管道电位和电流分布的变化较缓慢，其保护距离比无限长管道长。

b. 有限长管道消耗的电能比无限长管道少。

管道末端有绝缘法兰的计算结果与有限长管道的计算结果相近，故实际工作中都按有限长管道计算，不再另述。

根据上述公式，可以估算被保护管道全线所需的阴极保护站的数量及其位置（通常尽可能设在泵站或压缩机站上），但必须强调的是：在上述推导过程中忽略了土壤中的 IR 降，并认为沿线防腐层过渡电阻均匀一致；实际上，在几十千米长的管道沿线，不仅土壤电阻率变化较大，防腐层质量也难保持一致，故在设计中要留有一定的余地。

③ 图解法估算　保护范围也可由图解法估算，设管道的保护电流密度为 J_s。埋地管道阴极保护的范围主要与平均电流密度有关，与管道纵向电阻所允许的电压降的大小有关。

管道上的电压降为：

$$\Delta U_L = \frac{1}{2} r_T L = \frac{\pi d J_s r_T L^2}{2} \tag{5-22}$$

所以，保护范围为：

$$2L = \sqrt{\frac{8 \Delta U_L}{\pi d J_s r_T}} \tag{5-23}$$

式中，L 为单侧保护长度；ΔU_L 为管道上纵向压降，V；d 为管道直径，mm；J_s 为保护电流密度，A/m²；r_T 为单位长度管道纵向电阻，Ω·m。

$$r_T = \frac{\rho_T}{\pi(d - \delta)\delta}$$

式中，ρ_T 为钢管电阻率，Ω·mm²/m；δ 为管壁厚度，mm。

在图 5-11 中绘出了保护距离 $2L$ 和保护电流密度 J_s 的关系曲线。

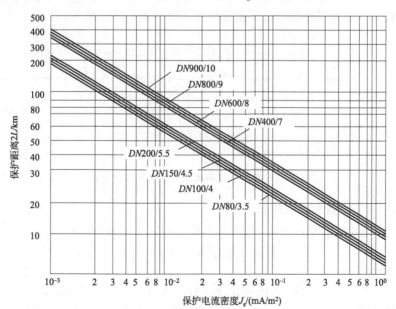

图 5-11　管道的阴极保护范围

④ 保护电流的计算　对应式(5-23)，I_0 的计算如下：

管道阴极保护系统的总电流就是汇流点处的总电流 $I = 2I_0$。

$$2I_0 = \pi d J_s \times 2L$$

$$2I_0 = \sqrt{8\Delta U_L \pi d J_s / r_T} \tag{5-24}$$

式中，I_0 为单侧管道的保护电流，A；其他符号意义同前。

图 5-12 绘出了已知保护范围为 $2L$ 所需要的阴极保护电流 $2I_0$、电流密度 J_s 和管径 d（DN）的关系。

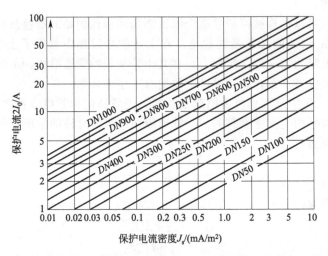

图 5-12　管道 $2L$ 范围所需保护电流 $2I_0$、电流密度 J_s 和管径 d 的关系

(3) 电源容量及功率的计算

电源容量主要是指电源的额定输出电流和电压。根据被保护系统所需的总电流和总电压来选择直流电源的类型和规格。

电源的额定输出电流一般是将计算所得的最大保护电流量加上适当的余量，并取一个整数。

电源的输出电压可利用外加电流阴极保护系统的等效电路（图 5-13）来计算。

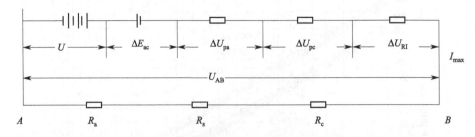

图 5-13　外加电流阴极保护系统的等效电路

由图 5-13 可知，系统的端电压 U_{AB} 为：

$$U_{AB} = U - (\Delta E_{ac} + \Delta U_{pa} + \Delta U_{pc} + \Delta U_{RI}) \tag{5-25}$$

或

$$U_{AB} = I_{max}(R_a + R_s + R_c) \tag{5-26}$$

因此，电源电压为：

$$U = I_{max}(R_a + R_s + R_c) + \Delta E_{ac} + \Delta U_{pa} + \Delta U_{pc} + \Delta U_{RI}$$

式中，U 为电源电压，V；I_{max} 为电源的额定输出电流，A；ΔE_{ac} 为系统断路时的反电动势，V；ΔU_{pa} 为阳极极化引起的电压降，V；ΔU_{pc} 为阴极极化引起的电压降，V；ΔU_{RI} 为内电路电阻引起的电压降，V；R_a 为阳极与介质的界面电阻，Ω；R_c 为阴极/土壤界面的过渡电阻，Ω，对于无限管道，$R_c = \dfrac{\sqrt{R_T r_T}}{2\text{th}(\alpha l)}$，对于有限长管道，$R_c = \dfrac{\sqrt{R_T r_T}}{2}$；$R_s$ 为介质的电阻，Ω。

在断路时阳极和阴极间的反电动势 ΔE_{ac} 值低于阳极材料的电化学介质。当阴极为钢，阳极也为钢时，该值为零；阳极为铅银合金时，该值为 0.15V；阳极为高硅铸铁时，该值为 0.20V；阳极为镀铂钛或铂钯合金时，该值为 1.65V；阳极为石墨时，该值为 1.95V。

阳极极化电压降 ΔU_{pa} 的值往往很大。阳极为铅银合金时，该值可达 5V 以上。

阴极极化电压降为 0.25～0.40V。

内电路电阻引起的压降，取决于阳极电缆的长度和界面大小以及阳极附件欧姆电阻的大小，通常要求不超过 1V。

强制电流阴极保护系统的电源功率可按式(5-27) 计算：

$$P = \frac{IU}{\eta} \tag{5-27}$$

式中，U 为电源设备的输出电压，V，$U = I(R_a + R_L + R_c) + U_r$；$I$ 为电源设备输出电流，A，取 $I = 2I_0$；P 为电源功率，W；η 为电源效率，取 0.7。

根据经验，在一般条件下，阳极接地电阻占回路总电阻的 70%～80%，故阳极材料的选择及其埋置场所的处理，对节省电能消耗至关重要。

(4) 阳极接地装置的计算

① 接地电阻的计算 辅助阳极的接地电阻，因地床结构不同而有所区别，各种结构的接地电阻的计算公式可参见相关手册。这里给出了三种设计常用埋设方式的阳极接地电阻计算公式。

单支立式阳极接地电阻的计算：

$$R_{v1} = \frac{\rho}{2\pi l} \ln \frac{2L}{d} \sqrt{\frac{4t + 3L}{4t + l}} \quad (t \gg d) \tag{5-28}$$

深埋式阳极接地电阻的计算：

$$R_{v2} = \frac{\rho}{2\pi L} \ln \frac{2L}{d} \quad (t \gg L) \tag{5-29}$$

单支水平式阳极接地电阻的计算：

$$R_H = \frac{\rho}{2\pi L} \ln \frac{L^2}{td} \quad (t \ll L) \tag{5-30}$$

式中，R_{v1} 为单支立式阳极接地电阻，Ω；R_{v2} 为深埋式阳极接地电阻，Ω；R_H 为单支水平式阳极接地电阻，Ω；L 为阳极长度（含填料），m；d 为阳极直径（含填料），m；t 为埋深，m；ρ 为土壤电阻率，$\Omega \cdot$m。

组合阳极接地电阻的计算：

$$R_g = F \frac{R_v}{n} \tag{5-31}$$

式中，R_g 为阳极组接地电阻，Ω；n 为阳极支数；F 为电阻修正系数（查图5-14）；R_v 为单支阳极接地电阻，Ω。

② 辅助阳极寿命的计算 辅助阳极的工作寿命，是指阳极工作到因阳极消耗的时间致使阳极电阻上升使电源设备输出不匹配，而不能正常工作。当然，这里的寿命计算不包括因地床

设计不合理造成的"气阻"、施工质量不可靠造成的阳极电缆断线等因素引起的阳极报废。

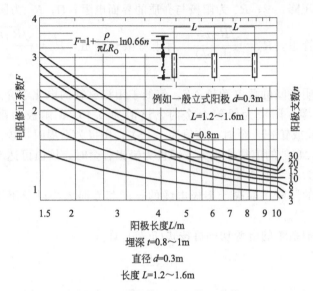

图 5-14　阳极接地电阻修正系数

通常阳极的工作寿命由式(5-32)计算:

$$T = \frac{Km}{gI} \qquad (5-32)$$

式中,T 为阳极工作寿命,a;K 为阳极利用系数,常取 $0.7 \sim 0.85$;m 为阳极质量,kg;g 为阳极消耗率(查表 5-11),kg/(A·a);I 为阳极工作电流,A。

③ 所需辅助阳极尺寸及支数的计算　可以先确定阳极的尺寸,再计算阳极所需的支数;也可以先确定阳极的支数,再计算阳极的尺寸。这里介绍后者的相关计算。

所需辅助阳极的支数,可以由阳极的设计寿命及消耗率所决定,可按式(5-32)换算得到阳极的总质量:$m = TgI/K$,再从接地电阻和规格型号选取阳极的支数。一般阳极的设计寿命为 15 年或 20 年。例如,当计算阳极的总质量为 200kg 时,可选择 40kg/支的 5 支,或20kg/支的 10 支。前者接地电阻大,所耗电费比后者要多而且不经济,但前者的寿命要比后者长。当耗电量大时,这一经济因素更为重要。举个实例:20 世纪 70 年代华北地区某输水管道管径 1200mm,防腐层质量极差,所以单站耗电流达 70 $\sim$ 100A,假定回路总电阻为 1Ω,阳极接地电阻为 0.8Ω,则仪器输出电压为:$U = 100A \times 1Ω + 2V = 102V$。

有效功率为:$102V \times 100A = 10200W$。

取整流效率为 0.7,则实耗功率为:

$10200W \div 0.7 \approx 14600W$。

每年耗电为:$14600 \times 8760 \approx 127900$(kW·h)。

按当时电价 0.08 元/(kW·h)计,每年电费为:

$0.08 \times 127900 = 10232$(元)。

阳极寿命按 20 年计,则 20 年电费总计为:

$10232 \times 20 = 204640$(元)。

如果从设计考虑,将阳极接地电阻从 0.8Ω 降至 0.5Ω,则这笔费用就变成每年 7218 元,20 年电费为 144360 元,节约了 60280 元。而降低接地电阻所需的一次投资仅为 2000 元左右(当时价格),远远小于节约下来的运行费用。

对于阳极数量的最经济选择,可由式(5-33)得出:

$$y = an + b/n + c \tag{5-33}$$

将式（5-33）微分求解得：

$$\frac{\mathrm{d}y}{\mathrm{d}n} = a - \frac{b}{n^2} = 0 \tag{5-34}$$

则

$$a = \frac{b}{n^2}$$

所以

$$n = \sqrt{\frac{b}{a}}$$

式中，y 为阳极系统总年均费用；n 为阳极支数；c 为不依赖 n 的一个常数；a 为单支阳极资金年回收混合利息系数；b 为单支阳极年运行电费。

阳极尺寸的确定需要先算出阳极总的有效表面积：

$$\sum S_a = \frac{I}{j_a} \tag{5-35}$$

式中，$\sum S_a$ 为阳极总的有效表面积，m^2；I 为最大的保护电流，A；j_a 为阳极的工作电流密度，A/m^2。

再根据阳极的总有效面积和阳极数目计算单个阳极的有效表面积：

$$S_a = \frac{\sum S_a}{n} = \frac{I}{n j_a} \tag{5-36}$$

式中，S_a 为单个阳极的有效表面积，m^2；n 为阳极支数。

然后由单个阳极的有效表面积计算阳极的尺寸。

当采用圆形阳极时，阳极的有效直径为：

$$d = \sqrt{\frac{4S_a}{\pi}} \tag{5-37}$$

当采用圆柱形阳极时，阳极的有效直径为：

$$d = \frac{S_a}{\pi L} \tag{5-38}$$

式中，L 为单个阳极的有效长度，m。

当采用长条形阳极时，可根据单个阳极的有效表面积来考虑阳极的长度、宽度和有效厚度：

$$L = \frac{S_a}{2(b+h)} \tag{5-39}$$

式中，L 为阳极长度，m；b 为阳极宽度；h 为阳极有效厚度，m，一般为实际厚度的 $2/3 \sim 3/4$。

二、深井阳极及参比电极设计

1. 深井阳极设计

深井阳极技术是外加电流阴极保护的主要技术，主要是由控制电源、阳极井床和地下金属构筑物组成的阴极保护极化回路，在系统中深井阳极接恒电位仪的正极向四周发出电流，地下管网接负极，从而形成阴极保护（图 5-15）。

（1）深井阳极结构

深井阳极安装是将阳极布置在专门的从地表垂直向下延伸的钻孔中，因其占地少，电流分布均匀，地表电场强度小，对非保护的地下钢结构的影响小，又可避免杂散电流干扰，保护距离长，因而它适用于地表土壤电阻率非常高的区域，而深处的地层电阻率相对较低。加上合适的电压后，深井阳极发出的保护电流将沿被保护管网均匀分布，尤其在管网密集的区域采用深井阳极更为合适。深井阳极结构外面是长套管，中间是一根一根的管状钛阳极，它们之间填充了透气性好的焦炭颗粒。深井阳极地床中密实的炭质填料保证了阳极表面排出最大的电流，安装适当的通气系统可使阳极产生气阻的危险降至最小。

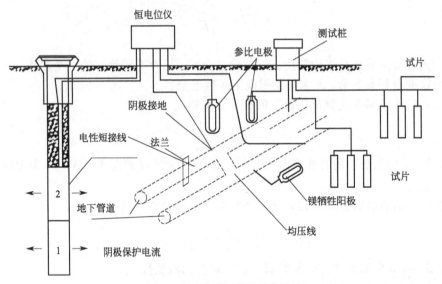

图 5-15　深井阳极阴极保护示意

深井阳极的阳极体涂层是 $ItO_2\text{-}Ta_2O_5$ 或者 $IrO_2\text{-}SnO_2\text{-}Pd$，而不是 $RuO_2\text{-}TiO_2$。当然，这种管状阳极在低电阻率的土壤中也可浅埋，但要采用填包料。

深井阳极地床由多支管状阳极组成。国内生产的管状阳极尺寸是 $\phi 25mm \times 500mm$、$\phi 25mm \times 1000mm$，每支发生电流分别为 $6\sim 8A$ 和 $12\sim 16A$；国外阳极地床规格有 $20\sim 25A$ 和 $40\sim 50A$ 两种，20A 和 40A 的阳极地床的理论设计寿命达到 85 年。若将额定电流提高到 25A 和 50A，则理论设计寿命为 68 年。

（2）深井阳极安装

深井阳极安装可分为闭孔式阳极安装和开孔式阳极安装两种。闭孔式阳极安装主要包括钻井/钻井干接地电阻测试、下井套管安装、阳极串/排空管安装、碳粉颗粒回填、井头工作、阳极箱安装接线及阳极串接地电阻测试等。

深井阳极地床的深度可以根据土壤电阻率的计算来确定，常用的典型深度有 40m、60m、80m 等。随着我国对环境保护监管的不断加强，很有必要对常用的深井阳极安装方式进行研究和改进以保护环境。常用的安装方式易对环境造成一定污染，因为深井阳极地床一般较深，极易穿越地下水层，如果不采取措施，则地面污水就可能沿井壁渗入地下水层污染地下水。如果深井阳极地床穿越了几个地下水层（图 5-16），还可能将地下水层 1 和地下水层 2 导通，如果其中任何一个地下水层遭到污染，就将使另一个地下水层受到污染。

为防止深井阳极地床造成此类环境污染，建议在深井阳极地床设计初期，应进行详细的地质勘查，准确确定地下水位的分布状况和水质状况，在施工过程中可采取分层隔断或密封措施防止水污染。如图 5-16 所示，在地面采取水泥砂浆进行封堵，可防止地表污水污染地下水；同时地下水层 1 和地下水层 2 之间也采取水泥砂浆进行封堵，可防止地下水层 1 和地下水层 2 之间的相互污染。

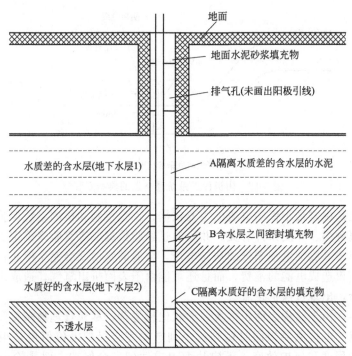

图 5-16 深井阳极地床穿越地下水层

2. 参比电极设计

测量金属的电极电位或管地电位时要采用参比电极。参比电极可根据被保护结构所处的介质环境条件和参比电极的性能做出适当选择，其选择原则是：电位稳定、耐蚀、价格便宜、制作容易、安装和使用方便。对于埋地管道，特别是用于现场测试时，多用饱和 $Cu/CuSO_4$ 电极。

如果参比电极电位受到各种因素的影响而发生变化，则会导致所测试的管道管地电位不准确，特别是阴极保护系统的通电点处所埋设的长效参比电极，如果其自身电位不准确，则可能导致阴极保护电源设备的输出电位不准确，从而导致阴极保护系统的欠保护或过保护，不但不能对管道进行保护，还可能加速管道的失效。因此，需要经常对参比电极进行校验。

图 5-17 是国内石油、天然气行业阴极保护系统通电点的典型安装。参比电极布置的位置要适当。如果离阳极太近，有可能造成离阳极较远的部位保护不足；如果离阳极太远，则可能造成阳极附近区域的过保护。从理论上讲，参比电极布置的位置应该是被保护结构电位处于平均值的地方，但实际上这一布置往往会遇到很多困难。故参比电极通常是安装在距阳极一定距离、安装方便的位置上。

三、阴极保护参数设定

在阴极保护中，判断金属是否完全保护和确定整个阴极保护系统的设计依据时，必须确定最小保护电位、最小保护电流密度和最大保护电位等三个参数。

1. 最小保护电位

理论上讲，最小保护电位是指对保护结构通以阴极电流，使之极化。当被保护结构的总电位降低到腐蚀微电池的阳极起始电位时，被保护结构腐蚀停止，此时的电位称为最小保护电位。

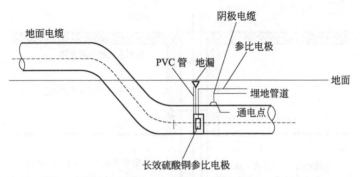

图 5-17　阴极保护系统通电点的典型安装

最小保护电位是确定最小保护电流的主要依据，也是控制和检测系统保护效果的标准。最小保护电位与金属种类、介质条件有关，并可通过经验数据或者实验来确定。只要被保护金属的阴极极化电位等于其腐蚀电池阳极的初始电位，金属的腐蚀就会完全停止；若被保护金属结构的电位太负，不仅造成电能的浪费，而且还可能由于表面析出氢气，造成涂层严重剥落或金属产生氢脆的危险，出现过保护现象。

在实际运用中，由于结构表面积很大，形状比较复杂，尽管合理地布置阳极和调节保护电流，结构表面各点的电位值要想同时达到这个理想的完全保护电位值也是很难的，甚至不可能。为了兼顾保护程度和保护效率，不应片面追求达到完全保护，而是给出一个保护电位范围，允许金属在保护电位下仍以不大的速率进行均匀腐蚀。可通过测定保护效率与保护电位关系曲线，并结合现场实测电位的具体情况，根据保护效果好、控制比较方便、保护电位幅度与阳极布置相适应等原则，确定结构表面控制电位的下限值，即最小保护电位。保护电位的数值与被保护金属的种类及所处的环境因素有关。我国国家标准规定了不同类型金属构筑物在水中和埋地的保护电位范围（见表 5-12）。

表 5-12　不同类型金属构筑物在水中和埋地的最小保护电位　　　　单位：V

金属或合金	饱和 Cu/CuSO$_4$（淡水和土壤）	饱和 Ag/AgCl/KCl（任何电解质）
钢铁（通气环境）	-0.85	-0.75
钢铁（不通气环境）	-0.95	-0.85
铅	-0.6	-0.5
铜合金	$-0.65 \sim -0.5$	$-0.4 \sim 0.55$
正极限	-0.95	-0.85
负极限	-1.2	-1.1

当介质的电阻率较高时，会给保护电位测量造成很大的误差。因此，有关标准对金属结构的保护电位还作出以下补充规定：

① 采用断电法　通过消除 IR 降带来的影响来测量金属结构的极化电位，相对于饱和 $CuSO_4$ 参比电极，金属的极化电位至少为 $-0.85V$；

② 采用瞬时中断法　中断 $0.5s$ 电流后，测定断电电位，以此为基准让其去极化，$4h$ 后电位衰减值与基准值之差大于 $100mV$ 即为合格。

2. 最小保护电流密度

使金属完全保护时所需要的电流密度称为最小保护电流密度，它是设计外加电流阴极保护系统的主要依据，其大小在一定程度上反映了保护技术水平的高低，决定着整个系统设备材料和线路。因此，最小保护电流密度是阴极保护系统的一项重要技术经济综合指标。最小保护电流密度的数值主要受金属的种类、腐蚀介质的种类与电阻率、金属与电解质溶液的相对运动速度、金属表面有无涂层、涂层品种与涂层情况、保护系统的总电阻、阳极形状大小与分布、阴极沉积物情况等的影响。一般而言，当金属在腐蚀性较强的电解质溶液中工作时，相对运动速度大；当金属表面裸露且无阴极沉积物时，所需要的最小保护电流密度更大。常见金属构件的最小保护电流密度见表 5-13。

表 5-13　不同类型金属构件在介质中的最小保护电流密度

构件	材质	介质	保护电流密度/(mA/m²)
管柱	钢(无涂料)	淡水	80～150
船体	钢(有涂料)	淡水	0.5～8
换热器	钢(无涂料)	淡水	100～200
容器	钢(沥青玻璃布)	土壤	0.005～0.02
套管	钢(无涂料)	土壤	10～100
管道	钢(有覆盖层)	土壤	0.01～0.5

最小保护电流密度不能被直接观测到，必须由总面积和总电流或区域面积和区域电流相除得到。因此，必须准确地测量和计算保护电流密度这个参数。若采用的保护电流密度数值有很小的误差时，则所需的保护总电流强度会产生很大的误差。最小保护电流密度一般由阴极极化曲线，即保护电位与保护电流密度的关系曲线和现场观测来确定。阴极极化曲线是阴极表面电位随保护电流的增加而变化的过程。图 5-18 为测试阴极极化曲线试验装置，由恒电位仪、电解池、参比电极、辅助阳极等几个部分组成。

3. 最大保护电位

最大保护电位是根据实际情况确定的结构表面电位控制的上限值。在外加电流阴极保护实施中，为了大幅度降低保护电流，节省电能与阳极，减小保护设备与线路的容量，通常利用涂料与阴极保护进行联合腐蚀防护。

采用阴极保护，基体表面的电极电位并不是越负越有利于金属结构的保护，保护电位应控制在最小保护电位与最大保护电位之间：保护电位过小，结构得不到完全保护；保护电位过大，结构会产生过保护现象，既造成结构的保护度下降，使得结构被腐蚀，还会削弱结构保护层（如涂层）的附着力，导致涂层鼓泡。

上述参数中，保护电位是最主要的参数。因为电极过程取决于电极电位，它决定金属的保护程度，并可以利用它来判断可控制阴极保护是否完全。而保护电流密度的影响因素较多，数值变化很大。当保护电位一定时，电流密度还会根据系统的变化而变化，故保护电流密度只是一个次要参数。

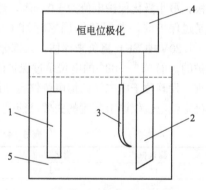

图 5-18　阴极极化曲线测试装置示意
1—阳极（碳棒）；2—阴极（试片）；
3—甘汞电极；4—恒电位仪；5—烧杯

第三节　地下管道外加电流阴极保护的研究及应用

一、埋地输油管道的外加电流阴极保护

通过对庆-哈输油埋地管线的外加电流阴极保护系统进行分析，从而对其外加电流阴极保护系统进行优化。

庆-哈输油管线全长 182.8km，阴极保护为外加电流阴极保护方式。根据《埋地钢质管道强制电流阴极保护设计规范》要求，参数如下：

自然电位：—0.55V（相对于饱和硫酸铜参比电极）；

最小极化保护电位：—0.85V（相对于饱和硫酸铜参比电极）；

最大极化保护电位：—1.25V（相对于饱和硫酸铜参比电极）；

阴极保护电流密度：0.05mA/m；

阴极保护半径：可以达到50km。

庆-哈管道全线各个站场之间的距离约为60km，站场两侧采用绝缘法兰作为电绝缘。根据设计计算，阴极保护的保护半径为50km，而每两个站场间的管线距离都超过50km，因此，每两个站场间设置一座阴极保护站无法达到完全保护的要求，保护距离不够，所以采用双向阴极保护的方法，在每一个站场中放置1台恒电位仪，这种恒电位仪是双回路的，既可当备用仪器又可当两台恒电位仪使用。在中间设置两座加热站，设计采用双向保护，在首、末站采用单向保护，这样每一段管道都会得到充分的保护。管道全线设置检测桩128个，公路穿越采用钢质套管保护。为了防止套管屏蔽外加电流，套管穿越地区采用牺牲阳极保护。经测试，管道沿线的土壤电阻率较高，多数地区高于50Ω·m，各站附近金属结构较多，部分地段还有高压线伴行，设计采用深井阳极阴极保护；阳极采用10支一组的高硅铸铁阳极，井深60m，阳极井距阴极保护站外管道垂直距离大于100m。

采用保护电位准则对庆-哈管线全线现场进行阴极保护评估，检测时采用饱和 $Cu/CuSO_4$ 参比电极，测试仪器为高阻数字式万用表。选取管道沿线20个桩，检测测试桩状况并测量管线的管地电位，测量结果见表5-14。由表5-14可见，按照庆-哈输油管线设计标准，相对于饱和硫酸铜参比电极，最小极化保护电位为—0.85V，最大极化保护电位为—1.25V，由测试桩测得的管地电位有一半是过保护的，参照我国国家标准 GB/T 21448—2017 规定的管道防腐层的限制临界电位不应比—1.20V（CSE）更负来评估，大部分的测试桩测得的保护电位都是有效的。只有88#和93#是欠保护的，而94#~98#的电位是过保护的。对庆-哈输油管线的阴极保护站恒电位仪的工作情况进行检查，发现位于中二站的恒电位仪自动调节装置失效，只能手动调节，并且无法显示输出电压，由此确定恒电位仪调节装置的失效可能是导致94#~98#桩过保护的主要原因。

表 5-14　庆-哈管线各测试桩保护电位及电流

测试桩	管地电位/V	电流/mA	保护状况	备注
1#	—1.424	0.015	正常	
7#				测试线断
10#				测试线断
14#	—1.249	0.013	正常	
24#	—1.216	0.015	正常	
32#	—1.180	0.018	正常	
42#	—1.126	0.063	正常	
45#	—1.107	0.042	正常	
53#				测试桩不见
57#	—1.090	0.021	正常	
59#	—1.096	0.023	正常	
64#	—1.465	0.036	正常	
73#	—1.306	0.019	正常	
84#	—0.931	0.014	正常	
88#	—0.84	0.000	欠保护	
93#	—0.70	0.000	欠保护	
94#	—2.17	0.012	过保护	
95#	—2.11	0.015	过保护	
96#	—2.05	0.014	过保护	
98#	—1.88	0.019	过保护	

在测试管线管地电位沿途发现多处测试桩毁坏或失效，这与管线多处穿过农田、公路有关。另外，还发现两处管道腐蚀泄漏地点，如图 5-19 所示。

图 5-19　发生泄漏的管道

综上所述，在首站到中一站、中一站到中二站阴极保护设备工作正常的情况下，管线阴极保护状态基本正常，管线大部分处于正常保护的范围之内，只有处于阴极保护边缘的地段欠保护。可见，设计之初的恒电位仪双向保护并未实施；阴极保护设施的维护工作并不理想，大部分测试桩遭到破坏，恒电位仪故障未及时维修。

采用来自首站和中二站的土壤进行模拟土壤试验，土壤试样分为两组，首站编号为土壤 $1^\#$、中二站编号为土壤 $2^\#$。将 X52 管线（$\phi 55mm \times 3mm$）经线切割切成长 800mm 的试样，在防腐管道厂加工制作聚氨酯泡沫外加 PE 保温防护层的管线试件，未包覆防腐层的端部焊上一段导线，然后将未包覆部分用环氧树脂涂覆密封。将四条管线破坏成同样程度，两个为一组，一个加阴极保护、另一个不加阴极保护，分别浸泡于 $1^\#$ 和 $2^\#$ 土壤中。为了更明显地对比阴极保护效果，在每根管线的导线上悬挂一个 X52 钢试片作为检测片，也置于模拟土壤环境中。采用 ZF-3 恒电位仪控制电位，饱和 $Cu/CuSO_4$ 电极为参比电极，铸铁为辅助阳极。恒电位仪输出设为 $-1000mV$，在浸泡 3d 后开始测量、记录每组管地电位数据。在实验过程中，要确保各组的管地电位达到阴极保护的要求，当恒电位仪的输出不足以维持阴极保护时，提高其输出电压。浸泡 2 个月后，对 $2^\#$ 土壤带有阴极保护的试样，扩大开口的面积，2d 后测量其管地电位。8d 后再次扩大其开口面积，2d 后再测量管地电位，如图 5-20 所示。最后除去各组试样外防腐层，对比各组试样腐蚀情况。

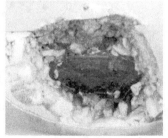

图 5-20　试样破坏开口

对各组管线进行保护电位测试，得到管道的保护电位与时间关系图（图 5-21 和图

5-22)。由图 5-21 和图 5-22 可见，首站未加阴极保护的管道自然电位变化较大，最高值为 -612mV，最低值为 -838mV，平均值为 -765mV；中二站未加阴极保护的自然电位最高值为 -639mV，最低值为 -808mV，平均值为 -740mV；加阴极保护的管道，保护电位平稳，而且电位都比自腐蚀电位负，大约为 200mV。未加阴极保护的管道，保护电位不稳定，波动较大，随着时间的延长呈缩减趋势。对比发现，不同土壤环境对管道自腐蚀电位影响较大，这与土壤的含水量、电阻率和土壤中可溶性离子含量、土壤的 pH 值、氧化还原电位等参数的不同有关。土壤各种参数的变化是引起阴极保护系统环境因素变化的主要原因之一。由此可见，土壤环境变化对庆-哈输油管线阴极保护系统造成不可忽略的影响，不同地段的阴极保护参数均有所差别。

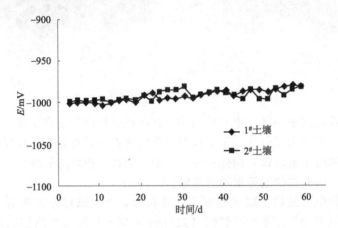

图 5-21　阴极保护电位下管道的保护电位与时间关系

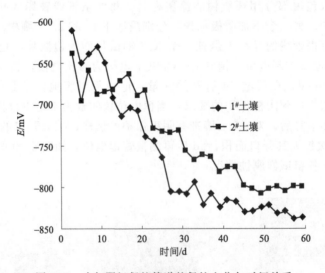

图 5-22　未加阴极保护管道的保护电位与时间关系

　　试件浸泡 2 个月后，对 $2^{\#}$ 土壤有阴极保护管线的开口进行两次扩大。第一次扩口后，测量的保护电位急剧正移，恒电位仪输出为 -1000mV，保护电位为 -847mV，高于 -850mV，将恒电位仪调整为 -1100mV，才使保护电位低于 -850mV；第二次扩口后，保护电位又开始正移，将恒电位仪输出调整为 -1100mV，测量数据如表 5-15 所示。由此可见，防护层质量的变化对阴极保护系统的影响也很大。

表 5-15 管道破损扩口保护电位测试结果

扩口次序	浸泡时间/d	恒电位仪输出/mV	保护电位/mV
第一次扩口	2	−1000	−847
	3	−1100	−989
	4	−1100	−1010
	5	−1100	−1012
	6	−1100	−1013
	7	−1100	−1002
	8	−1100	−998
	9	−1100	−996
	10	−1100	−995
第二次扩口	11	−1100	−832
	12	−1200	−1049
	13	−1200	−1106
	14	−1200	−1123
	15	−1200	−1122
	16	−1200	−1124
	17	−1200	−1126
	18	−1200	−1122
	19	−1200	−1125
	20	−1200	−1120

实验结束后，除去试件外防腐层，观察、对比各组管线试件腐蚀状况，加阴极保护的管道腐蚀情况如图 5-23 所示。阴极保护系统在正常工作条件下起到了良好保护，加阴极保护的管线试件除开口处有少量污垢以外，基体没有明显的腐蚀痕迹。未加阴极保护的管道腐蚀情况如图 5-24 所示，从图中可以看出，未加阴极保护的钢管有大面积腐蚀。

图 5-23 加阴极保护的管道腐蚀情况　　　　　　图 5-24 未加阴极保护的管道腐蚀情况

除此之外，还对试件导线上连接的试片腐蚀情况进行了对比，如图 5-25 所示，带有阴极保护的试片基本没有腐蚀，未加阴极保护的试片腐蚀较严重。在观察试片时，发现带有阴极保护的试片具有轻微的腐蚀，分析其原因是在实验过程中曾有一天发生过几个小时的断电，这也说明了确保阴极保护系统正常运行的重要性。

通过利用失重法研究在无外加电流保护和不同阴极保护电位下试样的腐蚀速率来评价阴极保护度。将管线钢试片分成 5 组，置于 $2^\#$ 土壤中，进行阴极保护，调整恒电位仪输出，使保护电位分别为 −735mV、−850mV、−950mV、−1050mV、−1250mV、−1350mV。实验进行 30 天后，取出试样。根据实验前、后试样失重计算试片的腐蚀速率，再根据未保护状态下的腐蚀速率（0.0447mm/a）来计算阴极保护度。

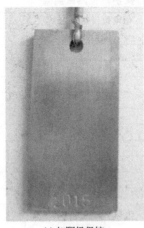

(a) 加阴极保护 (b) 未加阴极保护

图 5-25 试片腐蚀情况

表 5-16 为试样的腐蚀速率和保护度结果。由表 5-16 可见，试片在 2[#] 土壤中的自然腐蚀电位较负，为 -735mV。当保护电位为 -850mV 时，其保护度仅 37.3%；当电位再负移达到 -950mV 时，其保护度迅速增加到 77.6%；进一步负移电位到 -1050mV 时，才使保护度达到 90.2%；最后，再负移至 -1250mV，保护度增加了 2 个百分点，继续负移电位保护度开始下降。

表 5-16   2[#] 土壤中不同阴极保护电位下的腐蚀速率和保护度

项目	自然腐蚀	阴极保护电位(vs. SCE)/mV				
	-735mV	-850	-950	-1050	-1250	-1350
腐蚀速率/(mm/a)	0.0447	0.028	0.010	0.0044	0.0035	0.009
保护度/%	0	37.3	77.6	90.2	92.2	79.8

庆-哈管线自 1999 年投产以来历经十几年服役，目前已进入服役后期，整条管线已被严重腐蚀。根据现场调研、查阅相关资料以及室内模拟试验对管线阴极保护系统的分析，为了尽量控制和减少管线的腐蚀穿孔，提出以下优化方案：

① 各保护站的长效参比电极已使用多年，有的可能已失效。应更换所有长效参比电极，使恒电位仪有准确的信号反馈、自动调控系统才能保证正常工作。

② 中二站恒电位仪自动显示系统失灵，只能靠手工盲目调控，造成过保护。其原因可能与长效参比电极失效有关，也可能是仪器本身出了问题，应尽快修复。修复之前可根据各测试桩所测出的管地电位值手动调节恒电位仪的输出电位，以消除过保护现象。

③ 中一站的 88[#]～93[#] 检测桩出现欠保护，这是由于这段管线与保护站的距离较远，保护电位下降。应在这 6 个检测桩处加牺牲阳极阴极保护，可用镁阳极，也可用锌阳极。镁阳极可用 MGAZ-14 的镁块（单支质量为 14kg，外用布袋包裹 5～10mm 厚的填包料，填包料主要成分为石膏粉、硫酸钠、膨润土，比例为 75∶5∶20），在距管道两侧 20m 处各安装一块。镁阳极的接线柱与管体以 VV-1kV/1mm×10mm 的铜芯电缆用铝热焊相连，从管体引出的测试电缆固定在管道上方的检测桩上。在检测过程中如发现有其他欠保护点也应进行同样处理。

④ 全面检查穿越公路、铁路、水渠处的带状镁阳极是否还有保护作用，如已失效应进行更换或另外安装块状镁阳极。

⑤ 在与高压线并行或靠近的管段处以及穿越电气化铁路处安装锌合金阳极以排除杂散电流的干扰。锌合金阳极分两组安装在管道两侧距管道 50m 处，每组两支锌阳极，其型号为 ZP-

5，单支质量为18kg，外用布袋包裹5～10mm厚的填包料。填包料主要成分为石膏粉、硫酸钠、膨润土，比例为75：5：20，锌阳极的接线柱用VV-1kV/1mm×10mm的铜芯电缆与管体以铝热焊相连接，阳极接地线用VV-1kV/1mm×10mm的铜芯电缆引出深埋于地下。在管道上方安装电位检测桩。

⑥ 沿线测试桩的多处丢失、破损，影响正常检测工作，应结合管线大修一起进行修复。修复时电缆线用铝热焊与管体相连，焊口处用热收缩胶带补伤。

⑦ 考虑到管道管地电位测量时有IR降的存在，实际测量的管地电位应在－1450～－1050mV。正于－1050mV属于欠保护，而负于－1450mV属于过保护。

二、克乌复线阴极保护现状与改进

1. 克乌复线管道现状

克乌成品油复线起点为克拉玛依金龙镇，向西穿越呼克公路，再与克榆公路西侧并行至220km处，由北向南依次穿越乌奎高速公路、312国道、北疆铁路、独乌成品油管道，在独乌成品油管道南侧、线路里程159.5km（独-乌成品油管道）处并行，该管道由西北向东南方向进入王家沟。

克乌复线现共设3座阴极保护站（简称阴保站），分别是克首站（0km）、4#阴保站（157.3km）、王家沟末站（297.79km），均采用强制电流深井阳极地床阴极保护。克乌复线管道防腐层为3PE防腐层。

2015年4月、7月、10月，2016年1月对克乌成品油复线管道保护电位进行统计，其结果如图5-26所示。由图5-26可见，克乌复线管道2#（63km＋500m）阀室～3#（124km＋200m）阀室之间（约60km）管段主要位于新疆生产建设兵团某师境内，该部分管道保护电位达不到保护标准（规范要求为－850mV或更负），处于欠保护状态。克乌复线管道6#（221km＋430m）～7#（254km＋100m）阀室之间（约32km）管段位于新疆呼图壁县区域内，该部分管道保护电位偏低，达不到规范要求（规范要求为－850mV或更负），即处于欠保护状态。

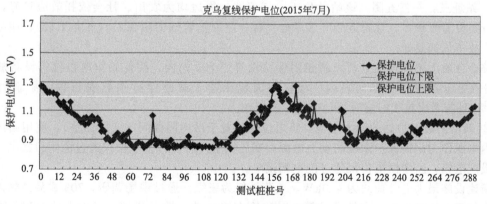

图5-26 克乌复线保护电位统计

克乌复线共290余千米管线，现仅设置3座阴保站，其阴极保护电位不符合规范要求。新做的3PE防腐层的埋地管道可设置较少的阴保站就能保护较长距离的管线，但随着管线服役时间的延长，管道表面防腐层电阻率下降，现有的阴保设施不足以满足长距离管线的阴极保护，有必要新增阴极保护站，加强对管道的保护。

拟建新增阴保站一座位于703成品油站，另一座位于4#阀室阴保站与王家沟末站阴保站之间相对中间位置，距西二线 $16^{\#}$ 阀室约 200m。

2. 新增阴极保护站设计

（1）设计范围

克乌成品油复线 $2^{\#}$（63km＋500m）阀室～$3^{\#}$（124km＋200m）阀室之间（约60km）、$6^{\#}$（221km＋430m）～$7^{\#}$（254km＋100m）阀室之间（约32km）阴极保护电位不达标的部分管线的新增阴极保护站、主要工程技术路线和技术要求。

（2）"某师境内"新增阴极保护站设计

① 选址

a. 站址一：703成品油站　该站址位于703成品油站，克乌复线穿过703站站南围墙边，设有克乌复线703站站内阀池一座。若新增阴保站设置于703站内，则可利用703成品油站内现有阴保站，无须新建阴保站房屋，即无须新征建设用地，减少建设投资。703站内设施复杂，拥有多个深、浅阳极地床，且站内储罐及埋地管道设有区域阴保措施，经过703站的管线较多，埋地建、构筑物复杂，阴保系统可能存在相互干扰。

克乌复线703站处里程桩为99km，位于"$2^{\#}$（63km＋500m）阀室～$3^{\#}$（124km＋200m）阀室之间（约60km）"阴极保护电位不达标段中点（93km处）偏东6～7km处。

该处新建克乌复线阴保站的优点为：ⅰ. 无须新征建设用地；ⅱ. 无须增设配套电源动力系统；ⅲ. 无须新建阴保站房屋；ⅳ. 无须增设消防、防盗、报警等设施。大幅度减少建设投资。缺点：周围管线较多、埋地构筑物较为复杂，各管线及阴保系统之间存在不利影响，阴极保护系统建成后调试运行较为复杂。

b. 站址二：一二一团　该站址位于"某师境内"的中心处、$93^{\#}$桩附近，距"某师境内"的起、终点距离相当。满足新增阴保站的基本要求。同时，该站址距离S201省道较近，社会依托效应好。另一个重要原因是，该站址附近紧挨农田，土质为轻亚黏土或沙壤，土壤含水量大，电阻率低，对深井阳极比较有利；而且该段有平行敷设管线，农田旁有大片闲置地。但新建阴保站需新征建设用地，投资较大。

据检测，$93^{\#}$桩附近土壤电阻率为 17～18Ω·m。

c. 站址三：一三五团　该站址位于一三五团，周边均为农田。社会依托效应较好，但周边平行敷设管线较多，且附近200多米处，有一座原油管线的阴保站（深井阳极），相互干扰较大，故不优选此处。

综合考虑上述调查及分析，新建阴保站设置于703站内，阴保站恒电位仪等设备放置于703站内变压器室（阴保间）内，浅埋阳极地床建于站南伴行道路农田内，需临时征地 $200m^2$，且需考虑施工时临时征地或施工占用地。

② 新增阴极保护站的动力电源　恒电位仪放置于站内阴保间（变压器室），使用站内变压器室内电源作为阴极保护系统的动力电源。变压器室内有多台恒电位仪通过电闸刀接电，本次需增设配电箱，新增恒电位仪通过配电箱接电。

新建设施最大电负荷约为 4.0kW，负荷等级为三级。通过现场调研，703成品油站内原有恒电位仪用电比较稳定，全年最长停电时间约为 5h。为了降低投资，减少占地面积，蓄电池设计能够保证负载持续 8h 用电所需。

在阴保站设一防地电位反击汇流箱。防地电位反击汇流箱串联安装在设备保护接地（或工作接地）与地网之间，设备外壳接地线或工作接地线与防地电位反击汇流箱内的"工作（保护）接地"汇流排连接，各种SPD防雷器接地线与"SPD防雷接地"汇流排连接，最后从"至地网"汇流排引线至地网。

改造主要材料见表5-17。

表 5-17　改造主要材料

序号	设备材料名称	主要技术参数	单位	数量	备注
1	明装配电箱	XRM 301-2(参考)	面	1	装高 1.5m
2	UPS	3kV·A 蓄电池柜体式安装	台	1	后备时间 8h
3	电缆	YJV22-0.6/1kV-5mm×10mm	m	50	
4	电缆	YJV-0.6/1kV-3mm×4mm	m	8	
5	热镀锌钢管	DN32	m	12	
6	金属线槽	50mm×50mm	m	50	预留
7	防地电位反击汇液箱	HYJDX-FJ(参考)	面	1	
8	锌带阳极	12.7mm×14.29mm	m	15	电气接地

（3）设备选型及阳极地床规格

①　**设备选型**　新增阴极保护站使用具有远传功能的恒电位仪系统。恒电位仪系统是由一台双机自动切换控制柜和两台恒电位仪组合而成。两台恒电位仪互为备用，定期切换交替投运。

GB/T 21448 中规定，需要的最大保护电流与地床远地电阻计算得到的电压值应不超过阴极保护设备额定电压值的 70%，而且考虑在一个阴保站出现故障后，其所保护的管道得不到有效阴极保护时，能够及时调整相邻阴保站保护电流（电位）输出，其保护范围可以涵盖该保护区段。拟选用恒电位仪设备参数如下。

恒电位仪基础技术参数：

交流输入为 220V；

输出电流为 50A；

输出电压为 50V。

双机自动切换控制柜基本性能：

交流输入为 220V，控制柜可内置两台恒电位仪且具有自动切换装置，配接 RS485 接口，具备 DTU 无线数据终端，可将恒电位仪阴极保护参数信号远传给控制中心。

外加电流阴极保护电源基本功能要求：GPS 时钟同步，输出恒电位、恒电压、恒电流；具备数据远传、远控同步通断功能。

使用环境条件：气压 86～106kPa，周围空气温度 -25～+45℃，空气相对湿度 15%～90%。

阳极电缆：YJV22-0.6/1kV-1mm×35mm。

阴极、零位接阴电缆：YJV22-0.6/1kV-1mm×25mm。

参比、测试电缆：YJV22-0.6/1kV-1mm×10mm。

②　**阳极地床规格参数**　现场土壤电阻率的测试主要包括钻井取岩心测试方法和 Wenner's 四极法。从地表至深度为 a 的土壤电阻率为：$\rho = 2\pi aR$。

拟建浅埋阳极地床采取水平连续式焦炭粒阳极地床，平行或垂直于管道敷设，阳极地床总长度 60m，阳极埋深 2m，高硅铸铁阳极 ϕ100mm×1500mm。阳极地床采用填埋焦炭的方式降阻，以保证浅埋阳极接地电阻值较低。

参考文献

[1]　李景禄. 接地装置的运行与改造 [M]. 北京：中国水利水电出版社，2005.

[2]　王紫鹏. 超高压接地网的牺牲阳极保护研究 [D]. 西安：西安理工大学，2011.

[3]　陈彬源，冯兵. 油气输送管道阳极保护系统的探讨 [J]. 天然气技术与经济，2013，7（6）：39-41.

[4]　郭明. 阴极保护技术的研究与应用 [D]. 大庆：大庆石油学院，2006.

[5]　高运宗，董训长，蒋余巍，杨建文，赵顶，金瑞萍. 新型深井阳极技术在塔里木油田的应用 [C]. 中国油气钻采新技

术高级研讨会论文集，2006：400-402.

[6] 吴继勋．金属防腐蚀技术［M］．北京：冶金工业出版社，1998.

[7] 杨林．庆哈埋地管道阴极保护技术研究［D］．大庆：东北石油大学，2012.

[8] 谢明．塔里木油气管道辅助阳极及长效参比电极有效性［D］．成都：西南石油大学，2015.

[9] 傅寿荣．在役埋地天然气管网外加电流阴极保护研究［D］．青岛：青岛理工大学，2012.

[10] 张招贤，蔡天晓．钛电极反应工程学［M］．北京：冶金工业出版社，2009.

[11] 冯洪臣．阴极保护安装与维护［M］．北京：经济日报出版社，2010.

[12] 孙智．金属/煤接触腐蚀理论及其控制［M］．徐州：中国矿业大学出版社，2000.

[13] 牧春山．水利行业工人技术考核培训教材水工防腐工［M］．郑州：黄河水利出版社，2002.

[14] 江苏省水利局．水工钢闸门防腐蚀［M］．北京：水利水电出版社，1979.

[15] 张城．原油管道运行技术［M］．北京：石油工业出版社，2007.

[16] 徐承伟，刘晓鹏，赵建涛，郑军，何飞，滕延平．防冻型参比电极在冻土区阴极保护系统上的应用［J］．腐蚀与防护，2014，35（5）：505-510.

[17] 孙慧珍，胡士信，廖宇平．地下设施的腐蚀与防护［M］．北京：科学出版社，2001.

[18] 闫爱军．变电站接地网的腐蚀机理及牺牲阳极防护研究［D］．西安：西安理工大学，2013.

[19] Yan Aijun, Feng Lajun, Wang Zipeng. Influence of yttrium addition on properties of Mg-based sacrificial anode［J］. Journal of Rare Earths, 2010, 28 (1): 392-395.

[20] Feng Lajun, Yan Aijun, Meng Yongqiang, et al. Investigation on corrosion of yttrium-doped magnesium-based sacrificial anode in ground grid protection［J］. Journal of Rare Earths, 2010, 28 (1): 389-392.

[21] Yan Aijun, Feng Lajun, Shen Wenning, et al. Influence of gadolinium addition on electrochemical properties of magnesium sacrificial anode［J］. Advanced materials research, 2011, 28: 428-432.

[22] 王紫鹏，姜丹，王晓婧，邓博，闫爱军．稀土 Y 对 AZ63 镁牺牲阳极电化学性能的影响研究［J］．陕西电力．2010，38（8）：47-49.

第六章

地下管道的其他防护方法

由于地下管道腐蚀的复杂性和腐蚀介质的多样性，一般单一的防腐蚀措施很难奏效。往往需要联合几种防腐方法，才能达到长效防腐效果。例如，管外腐蚀涂层往往与阴极保护相结合，才能有效阻止土壤腐蚀，但这种腐蚀方法又很难对管内介质的腐蚀进行预防。因此，本章介绍几种其他防护方法。

第一节　地下管道的选择

"打铁还得自身硬"，一种耐蚀好的地下管道胜过任何一种腐蚀防护技术，因此正确选材是腐蚀控制的关键环节之一，也是腐蚀控制的第一步。

一、正确选用材料

地下管道选材应遵循以下原则。

① 材料的耐蚀性能应满足地下管道使用环境要求。对初选材料，应查明它们在所处介质中有哪些类型的腐蚀敏感性以及腐蚀速率的大小，暴露于腐蚀环境的部位可能发生哪些腐蚀类型以及防护的可能性；接触部位是否可能存在电偶腐蚀；承受应力的类型、大小和方向等。在容易腐蚀和不易维护的部位，选择高耐蚀性的材料，选择腐蚀倾向小的热处理状态。只有认真分析使用环境的特点，必要时需要进行模拟测试或工程挂片检验，才能达到选材的合理性。

② 材料的物理性能、力学性能和工艺性能应满足构件的设计与加工要求。结构材料除具有一定的耐蚀性外，一般还需具有必要的力学性能（如强度、硬度、弹性、塑性、冲击韧性、疲劳性能等）、物理性能（如耐热、导热等）及工艺性能（如机加工、铸造、焊接性能等），例如天然气管道，首先要满足高压输气的压力要求。

③ 选材应力求经济效益和社会效益的良好结合。要尽量兼顾经济性与耐用性。在保证产品性能可靠的前提下，优先考虑国产、资源丰富、价廉的材料。应在充分估计预期的使用寿命范围内，平衡一次投资与经常性的维修费用、停产损失、废品损失、安全保护费用等。对长期运行、一旦停产可能造成重大经济损失及制造费用大大高于材料费用的设备，选择耐蚀材料比较经济；对于短期运行的设备及易更换的简单零部件，则可以考虑采用成本较低、耐蚀性稍差的材料。

在其他性能相近的情况下，尽量选择不会污染环境或者对环境污染小的材料及便于回收的材料，同时应注意材料在加工过程中对环境的污染和对人身健康的影响。

例如地下污水管道，过去大多采用铸铁，但铸铁脆性大、腐蚀严重，经常出现污水管破裂、污水横流的问题。新近研发的双壁螺旋管（双壁解决了强度低的问题，内表面光滑便于污水流动，采用 PVC 或 PE 材质）防腐性能好，还可预防杂散电流的腐蚀。因此，选用双壁螺旋管作为污水管道优于普通铸铁地下管道。图 6-1 为双壁螺旋管产品。

二、结构设计中的腐蚀控制

腐蚀控制是一项系统工程，涉及设计、选材、制造、储运、使用、维护和维修等多个环节，而结构的合理设计是十分关键的一环。因此，在产品设计阶段就必须从防腐蚀角度出发，根据材料和所处环境特点，严格计算和确定使用应力，进行合理的防腐结构设计。在结构设计中，需要注意以下几点。

图 6-1　双壁螺旋管产品

① 外形力求简单　简单的外形结构便于实施防护措施、检查、维修和故障排除。无法简化结构的设备，可以将构件设计成分体结构，使腐蚀严重的部位易于拆卸和更换。

② 防止积水和积尘　积水和积尘的部位往往腐蚀更严重。

③ 防止缝隙腐蚀　可以通过拓宽缝隙、填塞缝隙、改变缝隙位置或防止介质进入等措施加以避免，特别是对石油输送管道，采油管道的焊缝要经过热处理，一方面可消除应力，另一方面可减少焊接接头的组织不均匀性。

④ 防止电偶腐蚀　设计时应尽量避免电位相差较大的金属直接连接在一起；在连接部位及铆钉、螺钉或点焊连接头处，应当有隔离绝缘层；设计时注意不同金属接触时的面积比；尽量使接触处没有水分积聚。

⑤ 防止应力腐蚀开裂、氢脆和腐蚀疲劳　应避免使用应力、装配应力和残余应力在同一个方向上叠加；合理地控制材料的最大允许应力；尽量避免应力集中和局部受热；加大危险截面的尺寸和局部强度；力求避免产生振动、颤动或传递振动，避免载荷及温度急剧变化情况的出现。

三、实施合理的工艺设计

材料在加工和装配过程中，也会造成腐蚀或留下腐蚀隐患。因此，在工艺设计中应该引起足够的重视。

（1）机械加工

机械加工过程容易产生残余应力。一般情况下，材料应在退火状态下进行机械加工，以保证残余应力较小。机械加工后要进行消除应力热处理，可以采用磨光、抛光、喷丸强化等方法引入材料表面的压应力。对耐蚀性差的材料，应采取浸防锈油或防锈水等工序间防锈措施。机械加工中使用的切削冷却液应选用合适的缓蚀剂，以减小材料的腐蚀。

（2）热处理

应慎重选择热处理规范，避免因热处理不当引起晶间腐蚀、应力腐蚀、氢脆等。要尽量避免在敏化温度区保温，对可能产生较大残余应力的热处理工艺，应有消除残余应力的措施。在许可的条件下，可采用使材料表面产生压应力的热处理方式等。

应注意选择热处理气氛。对易氧化的金属，最好采用真空热处理或通入保护气氛的热处理，也可以使用热处理保护涂层；对有氢脆敏感性的材料，要禁止在氢气中加热。

（3）锻造和挤压

由于锻造和挤压件的性能呈各向异性，在短横向上应力腐蚀最敏感，设计时应尽量避免工作应力施加在此方向上。同时，应注重锻造工艺的选择，锻造时还要控制流线末端的外露等。

（4）铸造

不同铸造工艺所得构件的表面有很大差异，耐蚀性也相差很大。通常压力铸造比普通铸造表面光滑、致密，普通铸造铸件表面由于存在大量孔洞、砂眼和夹杂等缺陷，容易成为应力腐蚀、腐蚀疲劳的危险区。此外，表面的差异也使表面处理效果有很大不同。铸造还会产生偏析，使构件不同部位的合金成分存在差异。这尤其对靠加入合金元素含量达到一定值时耐蚀性才有很大提高的合金耐蚀性有较大影响。

（5）焊接

焊接方式不同，材料缝隙腐蚀敏感性也不同。例如，采用对接焊就比搭接焊好，连续焊比点焊好。目前，大口径的输气管基本采用板材螺旋焊接而成，不仅要严格按工艺规程进行焊接，另外也要不断研发新的焊接工艺、焊剂及焊材，使焊缝腐蚀降至最低。

对于防止电偶腐蚀而言，采取不用焊条的焊接工艺，如搅拌摩擦焊，就比用有焊条的工艺为好；选择焊条时，焊条的组织成分应和基体尽量接近，或者其电位较基体稍高一些。

为防止焊缝两侧热影响区的腐蚀，焊接后应采用固溶淬火。为减小焊接后的应力，还应注意焊接顺序的设计，尽量减小构件变形。对于氢脆敏感材料，要避免在能产生氢原子的气氛中焊接。焊接后，焊缝处的残渣应及时清理，以免引起局部腐蚀。

（6）表面处理

在表面涂覆之前的脱脂、酸洗中，要防止产生过腐蚀或渗氢，酸洗时要选择合适的缓蚀剂。在电镀、氧化处理之后，要及时清洗干净零件表面，避免残液腐蚀零件。对于氢脆敏感的高强钢等材料，要选用低氢脆的电镀工艺或其他表面处理工艺，电镀后一定要进行除氢处理。对于组合件，一般是先表面处理后组合；对于镀锌、镀铬等容易引起金属脆性的镀层，严禁镀后焊接。

（7）装配

装配时不应造成过大的装配应力。特别是安装地下管道最后对接的管子时，容易产生较大的装配应力。装配时要采用合理的装配方法，严格施工，不能将镀层损坏；对有密封要求的要保证密封质量；装配结束后，应及时清理检查，注意通风口、排水口不能堵塞。

第二节　地下水管的水泥防腐

水泥砂浆衬里由于机械强度高、原料充足、成本低、作业简便，在中性和碱性水中有很好的耐蚀性，还可降低摩阻，减少能源消耗，并且具有与铁的热膨胀系数相近等优点，在国内外均获得广泛应用。水泥砂浆衬里内壁光滑，既防腐蚀，又不结垢，在保持管道应有输水能力的同时，还可延长管道寿命并保证水质符合国家饮用水水质标准。因此，水泥砂浆衬里常用于地下铸铁输水管道中。下面对水泥砂浆衬里的防腐原理和制备方法进行讨论。

一、防腐原理

水泥砂浆衬里不仅是物理性能上简单的阻隔屏障，还可通过水泥砂浆衬里的化学性能保护管道。首先，水泥砂浆衬里具有一定的钝化作用，衬里砂浆中的水泥水化后，生成一定量的氢氧化钙，并在管道金属表面生成一层钝化膜，钝化膜在高碱性（pH≥12.2）环境下非常稳定，有效地抑制腐蚀。其次，水泥砂浆衬里可使管道金属与输送介质相互隔离，限制介质中腐蚀成分向管道表面的扩散速度，从而使金属管道表面处于稳定的钝化状态。即使在钝化膜活化并发生腐蚀后，衬里仍然能抑制电子和离子的流动，使阳极区的金属不易变成离子进入介质，阳极区的电子不易被吸收，从而破坏电化学腐蚀的条件，致使腐蚀在较低速度下进行。除此之外，水泥砂浆衬里相当于在腐蚀电池回路中串入了电阻，可以削弱腐蚀电流强度，降低腐蚀速率。

二、制备方法

水泥砂浆衬里的制备方法有以下几种。

（1）离心预制法

首先对钢管内壁进行钢刷除锈，根据水泥内衬壁厚计算所需要的水泥砂浆用量，通过人工方式或者自动方式将计算后的水泥砂浆量均衡加入钢管内；高速旋转的钢管可使水泥砂浆离心粘贴到管道内壁，随后进行养护。离心法的优点是水泥内衬的各项参数（密实度、均匀度、厚度、强度等）一般均优于喷涂法；缺点是效率较低，管子往返运输工作量大，在施工过程中截断、开洞、顶管及焊接时易造成衬里损伤，管子接口处衬里不连续，需要一定的养护场地与养护设备。

（2）喷涂法

喷涂法可在管道施工现场实施，待一段管道焊接结束后，回填土夯实并进行施压合格检测，然后利用喷涂机对管道内壁进行喷涂。喷涂法的优点是便于安装和施工，但质量比离心法稍差。

（3）现场涂抹法

对于管径超过600mm的钢管，施工人员可以进入管道内壁进行人工涂抹，这项程序主要应用于管道补口。

【例】离心法水泥砂浆衬里的制备方法。

把需要衬里的金属管放在离心设备上高速旋转，依靠离心力作用，将投入管内的水泥砂浆均匀地衬里在内壁上。

① 材料及配比　采用500号以上的矿渣硅酸盐水泥（30％矿渣）和建筑黄砂［用12～14目/in（1in＝0.0254m）的筛子过筛，泥与杂质含量尽量要少］，配比为：水泥∶砂∶水＝1∶1.5∶（0.33～0.4）（质量比）。

② 离心速度及时间　离心速度越大，衬里密实度越好。一般要求线速度达到1000m/min。目前，内径大于400mm的管子，它的线速度达到900m/min，衬里质量较好；内径75～300mm的管子，它的线速度仅达到370m/min，故衬里质量不够理想。若转速加快，则管子会发生跳动，进一步改进旋转工装。

离心时间：内径75～300mm的管子为1min左右；内径400～600mm的管子为7～8min。

③ 衬里厚度及控制方法　管径为75～300mm的管子，衬里厚度约为5mm；管径为400mm以上的管子，衬里厚度为8～10mm。不同管径可求出每根管长所需水泥的质量，例如管径为600mm、长度为4m的管子，衬里厚度为8～10mm，约需60kg水泥。不同管径衬里的水泥砂浆厚度与所需水泥用量参考表6-1。

表 6-1　不同管径衬里厚度及水泥用量参考

管径/mm	75	100	150	200	300	400	500	600
衬里厚度/mm	5					8～10		
每米长度水泥用量/kg	1.2	1.6	2.4	3.2	5	10	12.5	15

④ 衬里设备　衬里（俗称搪管）设备比较简单，它包括主动轮、从动轮、变速轮与变速电动机等，装置见图 6-2。电动机最好采用 4～8 级变速，也可采用变频电机、直流电动机加装可控硅整流设备成为无级变速。也可使用普通电动机配用机械变速，但需配有离合器，便于调速。衬里管中心与主动轮轴中心、从动轮轴中心成等边三角形，其中心角呈 90°～100° 为宜。为了便于装卸、运输，在衬里设备上方应装置行车。

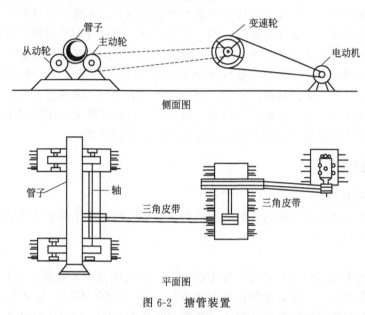

图 6-2　搪管装置

⑤ 操作方法　将需衬里的管子放在离心装置上，按照表 6-1 的数据，根据管径和长度计算出需用水泥数量。水泥砂浆拌和后，均匀地投入管内，开动离心涂管机，速度应由慢逐步加快，达到规定时间后停车卸下管子，运到养护场地进行自然养护。冰冻季节要有防冻措施，夏季高温要用草袋覆盖住管子并洒水养护。养护时间应根据气温而定，高温季节一般只需 2d，平均气温在 15℃ 左右时，养护期需 7～10d。

三、质量标准

在制备水泥衬里时应满足如下要求：

① 涂衬前将管内表面用水冲洗干净，做到管壁清洁、无泥、无油污，管内无积水。

② 衬里用水泥应采用不超过储存期的硅酸盐水泥、普通硅酸盐水泥或矿渣硅酸盐水泥，并且均符合国家标准《通用硅酸盐水泥》（GB 175）的规定。水泥中不得混有硬块、纸屑、稻草等异物，散装水泥必须筛过方可使用，袋装水泥如发现有异物，也应采取筛除措施；水泥强度等级应为 42.5 级或 52.5 级。

③ 砂粒要坚硬、洁净、级配良好。其质量标准及检验方法除应符合《普通混凝土用砂、石质量及检验方法标准（附条文说明）》（JGJ 52）外，砂中泥土、云母、有机杂质以及其有害物质的总重不应超过总重的 2%。砂粒应全通过 1.19mm（14 目）筛孔，通过 0.297mm（50 目）筛孔的不应超过 55%，通过 0.149mm（100 目）筛孔的不应超过 5%，使用前应用筛网筛选。

④ 水质必须清洁，不得含有泥土、油类、酸、碱、有机物等影响砂浆衬里质量的物质。宜采用生活饮用水。

⑤ 为改善砂浆和易性、密实度和黏结强度，需掺加外加剂时，必须经过试验确定，不得采用对管内水质起有害作用和对钢材有腐蚀作用的衬里砂浆外加剂。

⑥ 涂层表面应光滑，无起壳、突起、流淌、漏衬、开裂缺陷。

第三节 缓蚀剂防腐

缓蚀剂是一种化学物质或几种化学物质的混合物。可定义为：缓蚀剂是可在金属表面起防腐作用的化学物质，介质中加入微量或少量这类化学物质后，可使金属材料在含有该物质的腐蚀介质中的腐蚀速率明显降低甚至为零，同时还能保持金属材料本身的物理机械性能不发生变化。缓蚀剂根据介质的不同，化学组分用量一般不同，因此缓蚀剂是能够起防腐作用的化学试剂的统称。大多数情况下，缓蚀剂用量从万分之几到千分之几不等，有的情况下用量也达百分之几。缓蚀剂添加简单，防护效果好，已广泛应用于采暖水管、输油管、采油管及电厂冷却水回流管中，缓蚀剂往往具有一定毒性，因此一般不用于自来水管中。缓蚀剂不仅可以防止均匀腐蚀，也对地下管的缝隙腐蚀、应力腐蚀等也有一定的防护效果。

一、缓蚀剂分类

1. 按化学成分分类

由于腐蚀的介质是千变万化的，因此缓蚀剂也是多样的，按化学成分分类一般可分为无机缓蚀剂、有机缓蚀剂。

（1）无机缓蚀剂

早期的缓蚀剂研究和开发主要集中在无机盐上，如铬酸盐、硝酸盐、亚硝酸盐、磷酸盐、钼酸盐和含砷化合物等，主要是这些物质中的 N、P、O 等极性基体，容易形成氧化型膜和沉淀型膜，形成的氧化型膜和沉淀型膜阻止了介质对基体的腐蚀，但由于这些无机盐缓蚀效果有限且污染严重，逐渐被有机缓蚀剂所取代。

（2）有机缓蚀剂

在无机缓蚀剂研究的基础上，人们研发了更容易吸附的有机缓蚀剂，一般是由电负性较大的 N、S、O 及 P 等原子为中心的极性基团组成，这种基团一般为非极性基团。当腐蚀溶液中添加这类缓蚀剂后，会被吸附在金属表面，此时缓蚀剂的极性基团为电子给予体，它与腐蚀的金属发生配位结合，形成表面吸附膜，改变腐蚀表面双电层结构，这种膜提高了金属腐蚀过程活化能。缓蚀剂在金属表面定向排布形成了具有疏水功能的薄膜，此疏水功能的薄膜屏障，阻止了溶液中腐蚀离子向金属界面的扩散和传递，使腐蚀离子难以与金属表面作用，达到阻止腐蚀进行的目的。现有的研究表明，如果缓蚀剂中含有环状基团，环状基团空间位置大，使形成的膜覆盖较完全，能够提高缓蚀剂的缓蚀率。因此，国内外开发了一系列含环状结构的新型缓蚀剂，常见的如苯环、咪唑以及吡啶环等。

2. 按作用机理分类

缓蚀剂的作用机理各不相同，有些使电化学反应的阳极受阻，有些使阴极受阻，有些使两者同时受阻，故在缓蚀剂研究中又可将缓蚀剂分为阴极型缓蚀剂、阳极型缓蚀剂、吸附型缓蚀剂和沉淀膜型缓蚀剂。

（1）阳极型缓蚀剂

根据腐蚀的电化学理论，无论是降低阳极反应速率或是降低阴极反应速率，都可达到降低腐蚀速率的目的。其中，通过抑制阳极反应从而抑制腐蚀的物质称为阳极型缓蚀剂。由于阳极型缓蚀剂可导致金属的钝化现象，故又称为钝化剂。

（2）阴极型缓蚀剂

阴极型缓蚀剂也称为阴极抑制型缓蚀剂，主要是通过抑制腐蚀中的阴极反应，使腐蚀电极电位负移来抑制腐蚀的发生。其与阳极型缓蚀剂的作用相反，主要是在金属的活性区起抑制腐蚀反应的作用。例如，在酸性溶液中，阴极型缓蚀剂可使析氢的过电位变大。

（3）吸附型缓蚀剂

这种类型的缓蚀剂在金属表面吸附，使金属的表面状态发生变化从而抑制腐蚀，所以是一种表面活性剂。这种表面活性剂是由含有电负性大的 O、N、S、P 等元素的极性基和以 C、H 为主的非极性基所构成的。前者是亲水性的，它使缓蚀剂吸附到金属上，后者则为疏水性的烷基 C_nH_{2n+1}。

（4）沉淀膜型缓蚀剂

这种类型的缓蚀剂，是缓蚀剂彼此间或与存在于腐蚀介质的其他物质（如溶出的金属离子）进行反应，而在金属表面形成致密的沉淀保护膜的物质。这种类型的缓蚀剂既有无机物，又有有机物。

3. 按物理状态分类

（1）油溶性缓蚀剂

油溶性缓蚀剂一般作为除锈油的添加剂，基本上由有机缓蚀剂组成。由于存在极性基，这类缓蚀剂分子被吸附于金属表面，从而在金属和油的界面上隔绝腐蚀介质。

（2）气相缓蚀剂

气相缓蚀剂是在常温下能挥发成气体的金属缓蚀剂。因此，如果它是固体就必须有升华性，如果是液体就必须具有大于一定数值的蒸气分压。通常根据是否具有这种特性来区分其他水溶性缓蚀剂。

（3）水溶性缓蚀剂

水溶性缓蚀剂常被用于冷却剂，具有防止铸铁、钢、铜、铝合金及材料的小孔腐蚀、晶间隙腐蚀以及不同金属接触腐蚀的能力，且缓蚀作用具有一定的持续性。一般来说，无机类和有机类缓蚀剂均可用于水溶性缓蚀剂。

二、缓蚀剂的作用机理

1. 无机缓蚀剂的作用机理

（1）阳极钝化型

图 6-3 为金属钝化时的极化曲线，由图可知，阳极钝化型使阳极极化曲线发生了特征性变化。这是因为氧化性离子、溶液中的氧吸附，或者金属表面因氧化作用形成的保护膜抑制了阳极反应，从而导致极限钝化电流（钝化所要求的电流）i_p 和钝化时的溶解电流 i_s 减少，钝化电位 E_p（或法拉第电位 E_F）向低电位移动，同时过钝化电位 E_t（或钝化膜破坏电位）向高电位方向移动。

在难以钝化的腐蚀体系的阳极极化曲线 A 上，i_p^0 和 i_s^0 变大，E_F^0 电位高，E_t^0 电位低，这表示钝态的电位区间（$E_F^0 \sim E_t^0$）狭窄。加入缓蚀剂后，曲线 A 变为曲线 B，i_p 和 i_s 变小，$E_F \sim E_t$ 的电位区间扩大。因此，阳极极化曲线和阴极极化曲线的交点由于加入缓蚀剂而从活性态的 M 点变为 N 点，金属变为钝态，从而降低腐蚀速率。

（2）阴极去极化钝化型

阴极去极化型缓蚀剂，虽不影响阳极反应的速率，但却可使阴极极化减少，即发生去极化，使整个体系的电位向比钝化电位更高的电位移动。图 6-4 为阴极去极化型缓蚀剂存在时的极化曲线。添加缓蚀剂后，阳极极化曲线没有变化，而阴极极化曲线由 K^0 变为 K。此时缓蚀剂还原的阴极电流比钝化要求的电流大，阳极极化曲线和阴极极化曲线在钝化区域相交，金属发生钝化，腐蚀速率降低。但当此类缓蚀剂添加量不足时，阴极极化曲线变为 K'，两极化曲线在活性态区域相交，从而促进腐蚀的发生。与此相反，阳极型缓蚀剂即使添加量不足，但由于阳极面积减少，腐蚀局部集中，整个腐蚀量会减少。

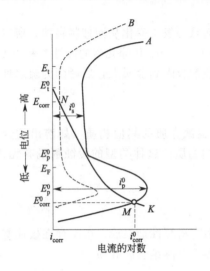
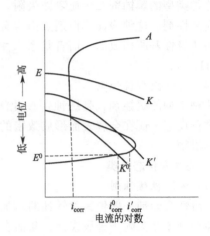

图 6-3　阳极钝化型作用原理　　　　图 6-4　阴极去极化钝化型作用原理

（3）阴极型缓蚀剂

与上述阳极缓蚀剂相对应，在腐蚀中由于抑制阴极反应而使腐蚀减缓的物质称为阴极缓蚀剂。阳极缓蚀剂是使金属容易钝化。与此相反，阴极缓蚀剂主要是在金属的活性区域里起抑制腐蚀反应的作用。其缓蚀原理如图 6-5 所示。当阴极缓蚀剂抑制阴极反应时，阴极极化增大，阴极极化曲线由 K 变为 K'，腐蚀电位从 E 下降到 E'，腐蚀电流从 i_{corr} 减少到 i'_{corr}。

这种阴极缓蚀剂中有三种类型。第一种是金属腐蚀时生成的碱和缓蚀剂反应，在金属表面上析出氢氧化物或碳酸盐的保护膜，以阻挡氧的扩散，提高阴极极化的作用。第二种主要是在溶液中添加吸收氧的缓蚀剂，起到除去溶液中氧气或与氧气结合的作用，以抑制中性溶液中以氧气还原为主的阴极反应，从而减轻腐蚀。第三种是在酸性溶液中，在阴极面上析出 As、Sb、Bi 或 Hg 等重金属，抑制氢离子的还原反应，提高氢的过电位而达到防蚀的目的。

2. 有机缓蚀剂的作用原理

（1）吸附型缓蚀剂

缓蚀剂的吸附可以分为两类：由静电引力和范德华力（van der Waals）引起的物理吸附以及基于金属与极性基电子共轭的化学吸附。胺类缓蚀剂在酸性溶液中通过物理吸附在阴极表面形成保护膜，以抑制氢离子放电。在胺类物质中，部分 N 原子具有非共价电子对，在酸性溶液中，它和氢离子配位，成为 $R_3N：+H^+\longrightarrow R_3N：H^+$ 形式的含正电荷的离子，再通过静电作用吸附到局部阴极上，从而覆盖了这一部分（参照图 6-6）。

化学吸附：有机缓蚀剂分子中大部分含有 O、N、S 和 P 等具有非共价电子对的元素，这些电子供给体和金属配位结合，其中缓蚀剂分子为电子供给体，金属为电子接受体，使缓蚀剂和金属的表面电子之间通过配位共价键形成牢固的吸附。

过去把这两种吸附作为完全不同的种类来进行处理。但是，若认为本来吸附的形式就是离子键和共价键组成的配体的话两者就是同一类吸附。

（2）非极性基作用的吸附型缓蚀剂

非极性基覆盖在金属表面阻止电荷和物质的移动从而抑制腐蚀的现象称为屏蔽作用。非极性基的排列随着吸附方式的不同而不同。在物理吸附时，非极性基对金属面取任意角度。烷基胺的阳离子在低浓度时，烷基与金属面是倾斜的；当浓度增大时，烷基逐渐接近垂直于金属面。化学吸附时，极性基以某一角度被固定在金属表面，所以非极性基没有物理吸附时自由。但是，在任何情况下都可以以金属-极性基的键为旋转轴进行旋转，所以在毗邻分子的附近，可以屏蔽相当大的表面。另外，还有一种观点认为，非极性基周围的水作为被固定的水可发挥作用。每分子缓蚀剂能覆盖多大的金属面众说不一，但从分子截面 σ_{ads} 方面来说，则有可能估计，此时：

$$\sigma_{ads} = 1.091(M/N_A\rho)^{2/3} \tag{6-1}$$

式中，M 是分子量；ρ 是液体的密度；N_A 是阿伏伽德罗常量。

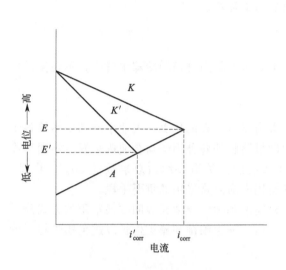

图 6-5 阴极型缓蚀剂的作用原理 图 6-6 物理吸附和化学吸附示意

（3）发生化学反应的缓蚀剂

在酸性溶液中有和质子反应后物理吸附的缓蚀剂，这种缓蚀反应更为复杂。

例如还原反应中，如果 E_{corr} 很低，缓蚀剂就被还原在金属表面上。三苯烷基磷离子 $(C_6H_5)_3P^+R$ 在阴极上物理吸附并被还原：

$$(C_6H_5)_3P^+R + 2e^- + H^+ \longrightarrow (C_6H_5)_3P + RH \tag{6-2}$$

反应生成的 $(C_6H_5)_3P$ 作为缓蚀剂可发挥作用。

氮丙环 ▷NH 环上有很大偏斜，它在酸性水溶液中解环并发生聚合反应。即：

$$n \; \triangleright NH \longrightarrow -(CH_2CH_2NH)_n^- \tag{6-3}$$

其中，n 越大，防蚀效果越好。通常聚合体比单体少得多时形成稳定的吸附膜，显示出更高的防蚀率。

另外，如果与阳极反应溶解的阳离子生成不溶性物质，就有可能在金属表面上形成防蚀性沉淀膜。例如，在中性氧系腐蚀介质中，由于金属表面被氢氧化物或氧化物覆盖而起到防腐蚀作用。

有些沉淀型缓蚀剂可以与一种金属离子在数处结合形成稳定的配合物，从而在金属表面上组成致密的保护膜。这种缓蚀剂有两个以上的极性基与金属结合形成五元环或六元环，由此构成稳定的配合物缓蚀剂，防蚀效果好。为了使配合物不溶于水，这种配合物不带电荷并且不含 SO_3H 基之类的可溶性基团。当作为可溶性配合物时，添加缓蚀剂后反而会促进腐蚀。

三、缓蚀剂防腐优缺点

1. 缓蚀剂优点

缓蚀剂防护效果好，良好的缓蚀剂缓蚀率可达 99% 以上；不同材料可选择不同类型的缓蚀剂,配方调整方便;它不仅对全面腐蚀有缓蚀作用,对局部腐蚀也有抑制作用;不仅使材料的耐蚀性能提高,也会改善材料的其他性能;同时还可改善工作环境,例如酸洗缓蚀剂,不仅降低了酸对钢铁的腐蚀,还抑制酸雾挥发。

2. 缓蚀剂缺点

缓蚀剂局限性、针对性强,不是一种缓蚀剂对所有介质的腐蚀均可起作用;使用温度较低,一般低于150℃;高温不仅使缓蚀剂分解,也使其脱附性能增强,降低缓蚀效果;主要用于循环体系或封闭系统。有些缓蚀剂有毒,排放后污染环境。

四、清水管道的缓蚀剂防护

由于缓蚀剂具有一定毒性,故多应用于工业锅炉水、热力管道和冷却水管中,不在生活用水中使用。

1. 锅炉水或采暖管道热水处理

锅炉作为重要的能源生产设备,广泛应用于火力发电、石油化工、工业生产和生活等各个领域。锅炉主要是由钢铁构成的压力容器,水中微量溶解的各种因子均会使锅炉发生不同程度的腐蚀。目前,由于水质问题引起的结垢和腐蚀造成的锅炉事故约占总事故的50%。因此,需对锅炉进行水处理以确保其安全运行,延长其使用寿命是常采用的重要手段。

解决锅炉循环水或采暖管道循环水结垢、材料腐蚀和微生物生长等问题最常用的方式是采用化学处理法。通过使用水处理剂来抑制循环水结垢,减少细菌和藻类生长以避免锅炉材料的腐蚀。

(1) 锅炉用自来水的前处理

锅炉水前处理包括除去悬浊物质、除去可溶物质、硬水软化和除氧。除氧是一种常用、有效的锅炉防腐方法,它是由于锅炉水除去 Ca^{2+}、Mg^{2+} 等可抑制腐蚀的物质,增大了腐蚀性。表 6-2 列出了原水和软水的分析值以及饱和指数、安定度指数的变化。因此,使用软水时,存在增大供水系统和锅炉本身腐蚀的可能性,所以必须采取措施除去软水的溶解氧气。

表 6-2 原水与软水性质的比较

项目	原水	软水
TH(以 $CaCO_3$ 计)/10^{-6}	120	0
C_2H(以 $CaCO_3$ 计)/10^{-6}	95	0
MgH(以 $CaCO_3$ 计)/10^{-6}	25	0
M⁻碱度(以 $CaCO_3$ 计)/10^{-6}	100	100
SO_4^{2-}(以 $CaCO_3$ 计)/10^{-6}	60	60
Cl^-(以 $CaCO_3$ 计)/10^{-6}	30	30
SiO_2/10^{-6}	25	30
固态成分/10^{-6}	300	300
pH	7.30	7.32
pHs	6.97	9.27
饱和指数	+0.33	-1.91
安定度指数	6.64	11.22
腐蚀性	比较稳定	腐蚀性大

除氧:通过气体在液体中溶解的亨利定律除去水中溶解氧,即把水通入除气器,经过加温、减压操作除去 O_2。但是除气器的设置因为造价高而受到了经济的限制,故对低压锅炉也可采用在敞开容器中预热供给水的方法去除溶解于水中的氧。氧气在水中的溶解度与温度的关系见表 6-3。

表 6-3　水温和溶解氧饱和量的关系

温度/℃	溶解氧/10^{-6}	温度/℃	溶解氧/10^{-6}
0	14.6	60	4.7
10	11.3	70	3.8
20	9.2	80	2.9
30	7.6	90	1.7
40	6.6	100	0
50	5.5		

（2）锅内水或热力管道化学处理

① 防止水垢附着　虽然热力循环水在注入前进行了处理，但是还会存在混入硬度成分和氧气的情况。另外，即使供给水由硬水软化成软水，虽然消除了硬度，但并没有解决硅石问题，仍有发生故障的危险。因此，需在锅炉内使用防垢剂。防垢剂一般可采用聚磷酸盐和碱配制的药剂。

添加磷酸根离子（PO_4^{3-}），再用碱适当调整使之反应，转化为分散性好的化合物 $Ca_3(PO_4)_2 \cdot Ca(OH)_2 \cdot H_2O$ 和 $Mg(OH)_2$。这种化合物比磷酸钙 $[Ca_3(PO_4)_2]$ 的分散性好，生成的悬浊物容易排出锅炉外。

$$4Ca^{2+}+2PO_4^{3-}+2OH^- \longrightarrow Ca_3(PO_4)_2 \cdot Ca(OH)_2 \tag{6-4}$$

$$Mg^{2+}+2OH^- \longrightarrow Mg(OH)_2 \tag{6-5}$$

二氧化硅与硬度成分反应生成硅酸钙（$CaSiO_3$）。在碱不足的低 pH 条件下，SiO_2 也可单独形成水垢。

$$Ca(HCO_3)_2+SiO_2 \longrightarrow CaSiO_3+2CO_2+H_2O \tag{6-6}$$

锅炉或热力管道附着了二氧化硅类水垢，传热性降低，而且一旦附着，除去很困难。硅酸盐的处理采用如下方法：添加过量的碱（如 $NaOH$），使二氧化硅变为可溶于水的硅酸钠（Na_2SiO_3），最后流动排出。

二氧化硅多的原水需添加过量的碱进行处理。

$$SiO_2+2NaOH \longrightarrow Na_2SiO_3+H_2O \tag{6-7}$$

因此，处理 SiO_2 的要点是在不发生其他故障范围内保持较高的 pH 值。

② 防止腐蚀试剂

a. pH 值调整剂　当热力循环水的 pH 值由于二氧化碳的存在而下降到 5.5 以下时，铁以碳酸氢盐的形态迅速腐蚀。如果此时还存在溶解氧气，则碳酸氢铁又生成铁的氧化物和二氧化碳，会使 pH 值继续降低。

$$Fe+2H_2CO_3 \longrightarrow Fe(HCO_3)_2+H_2 \tag{6-8}$$

$$2Fe(HCO_3)_2+\frac{1}{2}O_2 \longrightarrow Fe_2O_3+2H_2O+4CO_2 \tag{6-9}$$

或

$$3Fe(HCO_3)_2+\frac{1}{2}O_2 \longrightarrow Fe_3O_4+3H_2O+6CO_2 \tag{6-10}$$

为了防止上述腐蚀，通常需要把热力循环水的 pH 值调整到碱性，所用的调整剂称为中和胺，其代表性的药剂有吗啉、环己胺等。

b. 溶解氧除去剂　溶解氧是促进腐蚀的一大因素，应当在锅炉外就最大限度地把它除去。但是由于机器性能等原因，完全脱气是困难的，所以应考虑用药剂除去残留的少量氧气。脱氧剂一般采用肼（N_2H_4）或亚硫酸钠（Na_2SO_3）。

亚硫酸钠按如下反应除去水中的氧。

$$2Na_2SO_3 + O_2 \longrightarrow 2Na_2SO_4 \qquad (6\text{-}11)$$

高压锅炉常使用肼，肼和氧气反应生成氮气和水，不增加固态成分。

$$N_2H_4 + O_2 \longrightarrow N_2 + 2H_2O \qquad (6\text{-}12)$$

高压锅炉中肼的添加量是氧气含量的 1.5～2 倍。另外，因为肼本身是碱性的，对供水的 pH 调整会有作用；而且在 230～330℃时发生分解生成氨，使锅炉水、蒸汽和冷凝系统的 pH 值上升。

$$3N_2H_4 \longrightarrow 4NH_3 + N_2 \qquad (6\text{-}13)$$

（3）锅炉水或热力管道中的缓蚀剂

缓蚀剂在 20 世纪初就已应用于工业水处理中，由单一铬酸盐、聚磷酸盐发展到有机磷、低磷化合物，最后发展到非磷有机物和环保型缓蚀剂。

阳极型缓蚀剂铬酸盐是铬酸盐的一种，它能溶解于各种水体，缓蚀性能强，应用范围广。其缺点是毒性较大，不符合现代环保的要求，主要用于 20 世纪中期。

1960 年，三聚磷酸钠等聚磷酸盐开始应用，它属于阴极型缓蚀剂，缓蚀效果比较好，但是易发生水解反应，生成正磷酸钠污染水体，因此其应用也没得到推广。为了克服聚磷酸盐的水解问题，后来的 10 年开发了有机磷酸盐缓蚀剂，代表产品有氨基三亚甲基磷酸（ATMP）等。

20 世纪 80 年代至今，为减少磷酸盐在水体中的富营养化污染，先后发展了低磷型缓蚀剂、不含磷有机缓蚀剂和环保型缓蚀剂等多种缓蚀剂，其代表有 2-羟基膦酸基乙酸（HPAA）和 2-膦酸基丁烷-1,2,4-三羧酸（PBTCA）。这类缓蚀剂具有良好的缓蚀效果，而且复配后阻垢和杀菌效果好。

2. 冷却水处理

对于电力、化工、核电等行业，冷却水是主要的单元操作。冷却水系统可分为直流式冷却水系统和循环冷却水系统。其中，循环冷却水系统又分为敞开循环式和密闭循环式。

所谓直流式冷却水系统就是热交换水直接放流不再使用的形式，它适用于可大量获取廉价冷水的场合。但是当今工业用水缺乏，在大型工厂，除了海水冷却的情况外，使用淡水直流式冷却的例子很少，一般不使用缓蚀剂。

（1）敞开循环式冷却水系统

所谓敞开循环式冷却水系统是指把曾经热交换过的水引入冷却塔冷却后循环再使用的系统。该系统中的腐蚀，首先是溶解在水中盐类的腐蚀。通常，腐蚀速率随着 Cl^-、SO_4^{2-} 等含量的增加而增加。虽然抑制敞开式冷却系统的腐蚀有各种方法，然而耐蚀材料或电化学保护难以适用于整个系统，其适用范围限于热交换器等主要部分。下面介绍该系统常用的几种缓蚀剂。

① 铬酸盐及重铬酸盐　铬酸盐和重铬酸盐可根据 pH 值的不同分别选用，一般使用价格较低的重铬酸盐。

图 6-7 为各种 pH 下铬酸钠浓度和孔蚀数的关系。由图 6-7 可见，提高 pH 值就可以使腐蚀速率降低。在同样条件下，发生的孔蚀数如表 6-4 所示。结果表明，要完全地抑制孔蚀是困难的，在敞开循环系统中单独使用铬酸盐危险性大。

表 6-4　铬酸钠浓度、pH 与孔蚀数的关系（$10cm^2$ 的孔蚀数）

铬酸盐浓度/10^{-6}　　pH	100	150	200	300	500	800	1000
6	210	68	27	24	19	18	16
7	27	23	21	20	19	14	13
8	14	8	8	7	7	7	5
9	10	—	7	7	5	4	4

② 聚磷酸盐　通过测定极化特性、利用磷的同位素和化学分析等对聚磷酸盐的防蚀机理进行研究后发现：水中的钙等二价金属离子吸附在阴极区可作为防护膜，起到抑制阴极反应的作用；同时在阳极区，由于可以利用的氧增多，金属发生钝化，腐蚀速率降低。因此，人们得出结论，只要溶液中存在 Ca^{2+}，聚磷酸盐就可起到缓蚀剂的作用。如图 6-8 所示，当 Ca^{2+} 存在而且钙和聚磷酸盐的质量比在 $0.2\sim0.5$ 以上时，防蚀效果显著提高。

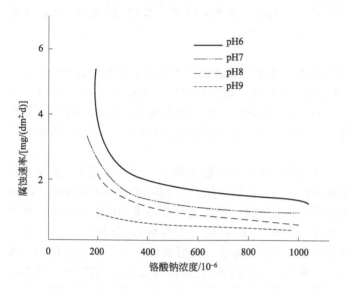

图 6-7　铬酸钠浓度、pH 值对腐蚀速率的影响　　　图 6-8　钙浓度的影响

此外，增大流速会提高聚磷酸盐的缓蚀效果。在静止条件下不显示防蚀效果的浓度，一旦增大流速，防蚀效果就会明显得到改善。

聚磷酸盐在水溶液中可水解为正磷酸盐，所以无法在水温高的系统中使用。pH 值降低也会促进其水解。聚磷酸盐常用浓度为 $30\times10^{-6}\sim50\times10^{-6}$。如果投入 $100\times10^{-6}\sim200\times10^{-6}$ 基础量进行预膜处理，效果将进一步提高。

③ 聚磷酸盐和铬酸盐混合物　聚磷酸盐和铬酸盐混合物是敞开循环冷却系统中具有最优异效果的缓蚀剂，被广泛使用。对于此系统各种钢铁材料均具有显著的缓蚀效果，而且腐蚀性共存物对防蚀效果的影响也较少，例如：当 Cl^- 和 SO_4^{2-} 各 $30\times10^{-6}\sim100\times10^{-6}$ 共存时，其缓蚀效果仍很好。

镀锌软钢在 $NaOCl$ 共存时也显示了非常高的防蚀性（表 6-5）。

表 6-5　聚磷酸盐和铬酸盐混合物对锌镀层的防护效果

缓蚀剂浓度/10^{-6}	NaOCl 浓度/10^{-6}	时间/h	腐蚀量/(mg/dm²)	表面状态
70	50	2	0.5	未变化
70	50	24	7.8	未变化
70	1000	2	0.2	未变化
70	1000	24	10.3	基本上未变化
70	2000	2	0.3	未变化
70	2000	24	11.8	基本上未变化
0	1000	2	1.4	发生孔蚀
0	1000	24	39.0	孔蚀严重

（2）密闭循环式冷却水系统

对于密闭循环式冷却水系统，一般以内燃机等冷却系统为代表，它处于比敞开循环式冷却系统更为苛刻的环境下。密闭循环系统中常发生结垢和腐蚀，使用的缓蚀剂主要有铬酸盐、亚硝酸盐、聚磷酸盐、硼酸盐、硅酸盐、苯并三氮唑等。

五、石油管道的缓蚀剂防护

缓蚀剂被大量用于石油行业，除石油炼制外，还在石油开采、石油开采注水、原油输送中使用。石油行业使用的缓蚀剂一般与油、水互相溶解，并能够耐 S^{2-} 和 Cl^- 的腐蚀。下面具体介绍石油行业应用较多的咪唑啉型缓蚀剂（MQ）。

1. 咪唑啉型缓蚀剂

咪唑啉常用于化学柔软剂使用，最早也作为农药抗菌剂合成中间体，后来人们在化工防腐中作为酸性缓蚀剂使用，逐渐被推广到石油、天然气工业生产以防止高硫油气田中的 CO_2 和 H_2S 腐蚀。咪唑啉分子中含两个氮原子组成的五元杂环，它是由咪唑加氢而来。咪唑啉又被命名为二氢代咪唑，咪唑化学结构见图 6-9(a)，咪唑啉化学结构见图 6-9(b)，它们均具有大小一致的杂环结构。

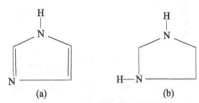

图 6-9　咪唑及咪唑啉化学结构示意
(a) 咪唑；(b) 咪唑啉

合成咪唑啉原料一般为油酸（十八烯酸）。这种原料价格低廉，工业油酸一般分为植物油酸和动物油酸，两种均可用于合成原料，除此之外也可采用长链脂肪酸，如棕榈酸（十六酸）、硬脂酸（十八酸）、月桂酸（十二酸）；合成的另一原料为多胺，主要是引进 N 元素，常用的多胺如三乙烯四胺（TETA）、二乙烯三胺（DETA）、羟乙基乙二胺（AEEA）、乙二胺（EDA）、四乙烯五胺等。使用脂肪酸与有机胺合成，一般在催化剂如铅、铂、$NaBH_4$、Al_2O_3、四丁基溴化铵等催化下进行，咪唑啉合成反应如下：

$$R{-}COOH + H_2N(CH_2CH_2NH)_nH \longrightarrow \underset{N}{\overset{R}{|}}N{-}(CH_2CH_2NH)_{n-1}H + 2H_2O \qquad (6\text{-}14)$$

由于合成的化学反应是可逆反应，不能得到高纯咪唑啉，只能得到混合物。为了得到高纯咪唑啉产品，采用脱水的方法，即移除反应生成的水分，使反应向正方向移动。合成反应过程中脱水方式一般有层脱水法和溶剂脱水法。

咪唑啉仅溶解于油中。作为石油介质使用的缓蚀剂，需要对咪唑啉进行改性，以促进咪唑啉缓蚀剂在石油开采注水、新开采油品中的溶解和提高它的缓蚀效率。改善咪唑啉水溶性的途径是引入乙氧基团或进行季铵化再合成，它们对咪唑啉的水溶性提高都有较好的效果，季铵化在应用中相对较多，也称为咪唑啉季铵盐。季铵化的咪唑啉或它的衍生物的缓蚀性能较咪唑啉更好。

改性后咪唑啉低毒无害、不燃不爆，在酸性介质中，特别是对 H_2S、CO_2 和 HCl 造成的腐蚀有优异的缓蚀作用。国外使用较多的油井缓蚀剂为咪唑啉类缓蚀剂，如咪唑啉季铵盐、烷基咪唑啉等。D. M. Ortega-Toledoa 等合成了一种咪唑啉衍生物，并用电化学技术证明该缓蚀剂在 CO_2 介质中具有较高的缓蚀性。P. C. Okafor 等合成了一种氨基乙醇咪唑啉，并采用电化学方法结合 SEM 技术对该缓蚀剂在 CO_2 介质中的缓蚀性能进行了评价。从 20世纪 70 年代开始，国内已经开始了咪唑啉型缓蚀剂的研制，李谦定等利用苯甲酸、三乙烯四胺和氯化苄合成了一种咪唑啉季铵盐，并采用静态失重法和电化学方法评价了该咪唑啉缓蚀剂在盐酸中的缓蚀性能。胡松青等采用量子化学计算与分子动力学模拟相结合进行理论计算，联合失重法和电化学方法进行验证，证明了三种硫脲基咪唑啉缓蚀剂在 H_2S/CO_2

介质中都具有较高的抑制活性。Zhang Jing 等合成了一种磷酸盐咪唑啉缓蚀剂，并采用失重法和电化学方法评价了该缓蚀剂在盐酸中的缓蚀性能。国内研制出的部分咪唑啉缓蚀剂如表 6-6 所示。

表 6-6 国内咪唑啉缓蚀剂发展现状

名称	组分	腐蚀介质	年代	研制单位
1017	多氧烷基咪唑啉油酸	盐酸,H_2S	1971	南京化工学院
仿依华特	二正丁基硫脲,咪唑啉季铵盐,烷基氯化铵	柠檬酸	1977	陕西省化工研究所
IS2129	咪唑啉类	盐酸	1981	陕西省化工研究所
IS2156	咪唑啉,酰胺类	盐酸	1981	陕西省化工研究所
川天 123	咪唑啉,有机胺	盐酸	1985	四川天然气研究所
BH22	咪唑啉类	多用酸	1985	北京化工学院
WH2C	咪唑啉衍生物	盐酸,H_2S	1985	武汉大学
F2102	咪唑啉类	氢氟酸	1988	西安热工研究所
HO27,HO28	咪唑啉衍生物	油田污水	1992	华东化工学院
EC932	咪唑啉衍生物表面活性剂	盐酸	1995	武汉水利电力大学
HT21,WS21	咪唑啉酰胺	H_2S	1998	武汉石油化工厂
DLY	咪唑啉类	盐酸	2001	华中科技大学
IS2136	咪唑类,酰胺类	EDTA	2001	陕西省石油化工设计院
KS298	咪唑啉衍生物	有机磷酸污水	2001	华北石油勘察设计研究院
HM,HOM	环烷酸咪唑啉	油田污水	2003	吉林油田有限公司勘察设计院
MBT	咪唑啉季铵盐	盐酸	2008	长江大学
MA	咪唑啉衍生物	CO_2 盐水	2011	长江大学
DBA	咪唑啉季铵盐	盐酸	2011	中国海洋大学

2. 咪唑啉缓蚀剂对 J55 石油专用管的防腐评价

作为石油开采的专用缓蚀剂，首先应满足防止均匀腐蚀的基本要求，即在均匀腐蚀条件下，缓蚀剂的缓蚀效率达到 80% 以上，才能研究其长膜速率，防止孔蚀、缝隙腐蚀等。

根据石油行业腐蚀模拟实验的标准，原油模拟腐蚀以 5%NaCl+0.5%CH_3COOH 饱和 H_2S 溶液为腐蚀介质。表 6-7 为室温和 60℃下，咪唑啉缓蚀剂对 J55 石油专用管的腐蚀速率。

表 6-7 室温和 60℃条件下，失重法测得 J55 钢在 5%NaCl+0.5%CH_3COOH 饱和 H_2S 溶液中的腐蚀参数

$T/℃$	缓蚀剂添加量(质量分数)/%	缓蚀剂浓度/(mol/L)	腐蚀速率/(mm/a)	缓蚀率/%
室温	0	0	2.0323	—
	0.05	1×10^{-3}	0.3711	81.74
	0.10	2×10^{-3}	0.1700	91.60
	0.20	4×10^{-3}	0.1250	93.80
	0.25	5×10^{-3}	0.1106	94.50
	0.30	6×10^{-3}	0.0278	98.60
	0.40	8×10^{-3}	0.0102	99.50
60	0	0	2.1573	—
	0.05	1.08×10^{-3}	0.3924	82.81
	0.10	2.16×10^{-3}	0.1732	92.97
	0.20	4.32×10^{-3}	0.1339	93.99
	0.25	5.4×10^{-3}	0.1115	95.85
	0.30	6.48×10^{-3}	0.0291	98.85
	0.40	8.64×10^{-3}	0.0116	99.28

由表 6-7 可以看出，添加咪唑啉（MQ）缓蚀剂后，J55 石油管腐蚀速率大幅降低，随着咪唑啉（MQ）浓度增加，J55 钢腐蚀速率减小。当 MQ 添加量为 0.4%（质量分数）时，J55 钢腐蚀速率由不添加缓蚀剂的 2.0323mm/a 下降至 0.0102mm/a，腐蚀速率是原来的 1/199。在 60℃时，添加 0.4%（质量分数）的缓蚀剂，J55 专用管的腐蚀速率由 2.1573mm/a 下降到 0.0116mm/a，腐蚀速率是原来的 1/186，说明在石油开采过程中，咪唑啉缓蚀剂具有较好的缓蚀能力。这是由于咪唑啉（MQ）浓度的增大，缓蚀剂在 J55 钢表面吸附量增大，形成均匀吸附膜，阻碍了金属放热腐蚀。当缓蚀剂增加到一定量时，缓蚀剂在 J55 钢表面吸附达到饱和，出现腐蚀速率与缓蚀剂用量关系不大的现象。从表 6-7 还可以看出，60℃时在模拟溶液中添加 0.3%（质量分数）MQ 后，咪唑啉缓蚀剂的缓蚀率达到 98.85%，继续增加 MQ 量，浓度达到 0.4%（质量分数）时，缓蚀率仅为 99.28%。考虑到经济效益，咪唑啉添加量以 0.3%（质量分数）为佳。

3. 咪唑啉缓蚀效率的电化学分析

在 25℃、40℃、55℃、70℃条件下，对 J55 钢不添加和添加 0.3%（质量分数）MQ 缓蚀剂在 5%NaCl+0.5%CH$_3$COOH 饱和 H$_2$S 溶液中进行极化电位扫描，测得的极化曲线如图 6-10 所示。由图 6-10 通过计算机软件拟合得到的电化学参数及缓蚀剂的缓蚀率见表 6-8。

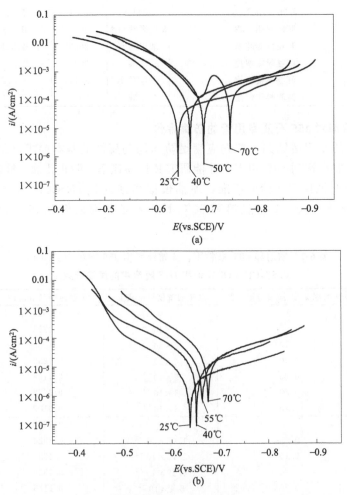

图 6-10　H$_2$S 饱和溶液模拟介质中测得的 J55 钢极化曲线

（a）未加 MQ；（b）添加 0.3%（质量分数）MQ 缓蚀剂

表 6-8　由图 6-10 拟合的电化学参数

$c/(mol/L)$	$T/℃$	$b_a/(mV/dec)$	$b_c/(mV/dec)$	$I_0/(A/cm^2)$	E_0/V	$v_{corr}/(mm/a)$	$IE/\%$
0	25	69.828	783.12	$9.95×10^{-5}$	−0.6440	1.1704	—
	40	88.218	307.48	$2.18×10^{-4}$	−0.6675	2.5632	—
	55	87.012	329.98	$2.75×10^{-4}$	−0.6938	3.2289	—
	70	87.539	227.58	$3.71×10^{-4}$	−0.7459	4.3634	—
$6.48×10^{-3}$ [0.3%（质量分数）]	25	107.640	422.33	$7.11×10^{-6}$	−0.6371	0.8367	92.85
	40	109.013	295.38	$1.74×10^{-5}$	−0.6508	0.2049	92.01
	55	95.846	236.63	$2.26×10^{-5}$	−0.6620	0.2662	91.75
	70	85.952	295.79	$3.19×10^{-5}$	−0.6742	0.3764	91.37

　　由图 6-10 可见，在 25～70℃范围内不添加缓蚀剂的 J55 石油专用管材随着温度的升高，腐蚀电位降低，腐蚀电流增大；而添加 MQ 缓蚀剂的试样随着温度的变化腐蚀电位基本不变，腐蚀电流即腐蚀速率有些增大。在 25～70℃条件下，0.3%（质量分数）咪唑啉缓蚀剂可以有效降低 H_2S、NaCl 混合溶液对 J55 钢的腐蚀性。由极化曲线的形状可见，阴极极化曲线的斜率较大，阳极极化曲线斜率较平缓，说明 MQ 缓蚀剂主要控制 J55 钢在饱和 H_2S 溶液中腐蚀的阳极过程。因此，该缓蚀剂是一种阳极型缓蚀剂。

　　为了分析在相同缓蚀剂浓度下，温度增高腐蚀电流密度变大，而腐蚀电位变化不大的原因，将腐蚀看成一个化学反应过程，化学反应表观活化能（E_a）可通过阿伦尼乌斯公式（Arrhenius equation）计算出：

$$\lg v_{corr} = -\frac{E_a}{RT} + A \tag{6-15}$$

　　式中，v_{corr} 为化学反应速率，即腐蚀速率；E_a 为化学反应表观活化能；R 为气体常数；T 为温度；A 为常数。根据法拉第定律，金属腐蚀电流密度 $i_{corr} \propto v_{corr}$，因此可以用 i_{corr} 表示腐蚀速率，上式可转换为：

$$\lg i_{corr} = -\frac{E_a}{RT} + A \tag{6-16}$$

　　由 $\lg i_{corr}$-$1/T$ 拟合直线，结果如图 6-11 所示，通过上式拟合直线的斜率可求得腐蚀反应的活化能。计算得出空白溶液中和添加 0.3%（质量分数）MQ 缓蚀剂的饱和 H_2S 试验介质中腐蚀反应的活化能分别为 9.11kJ/mol 和 11.12kJ/mol。说明在饱和 H_2S 溶液中添加 0.3%

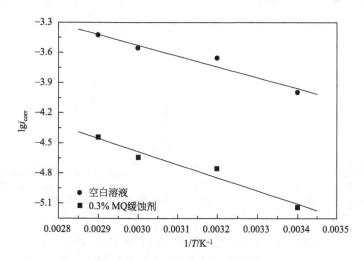

图 6-11　H_2S 溶液模拟溶液中测得的 J55 钢 $\lg i_{corr}$ 和 $1/T$ 关系

（质量分数）咪唑啉缓蚀剂后，缓蚀剂改变了碳钢与腐蚀介质的界面性质，增大了反应活化能，这样即使在较高的腐蚀电位下也会使腐蚀电流密度减小，腐蚀速率降低。由于吸附是放热反应，界面容易吸附咪唑啉，使腐蚀电流减小，腐蚀电位有所上升。

4. 均匀腐蚀后试样形貌及腐蚀产物分析

图 6-12 为 60℃时，J55 钢在空白和添加 0.3％（质量分数）MQ 的模拟介质中腐蚀 72h 后的 SEM 图。由图 6-12（a）可见，在不加咪唑啉的模拟溶液中，J55 钢腐蚀严重，局部出现腐蚀坑。由图 6-12（b）可见，在添加咪唑啉缓蚀剂的模拟介质中，J55 钢表面平整，表面没有腐蚀坑。图 6-13 为 60℃时，J55 石油专用管在添加 0.3％（质量分数）MQ 模拟介质中 72h 后的 EDS 图。由图 6-13 可见，空白和添加 0.3％（质量分数）MQ 缓蚀剂的试样表面 EDS 图完全相似，J55 钢表面没有发现 N 等元素，说明缓蚀剂的添加量较小，不能形成沉淀膜，进一步说明咪唑啉缓蚀剂已形成吸附膜，阻止石油专用管的表面活性点，防止腐蚀。

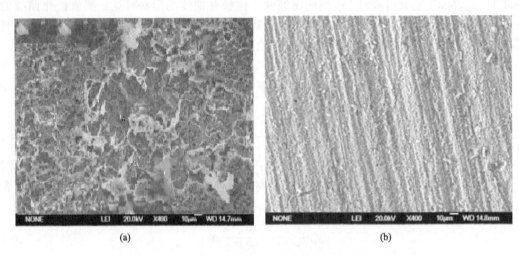

(a)   (b)

图 6-12　60℃时 J55 钢在模拟介质中浸泡 72h 后的 SEM 图
(a) MQ：0；(b) MQ：0.3％（质量分数）

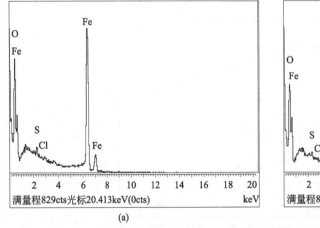 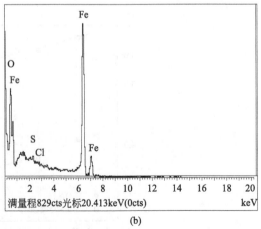

(a)   (b)

图 6-13　60℃时 J55 钢在腐蚀介质中浸泡 72h 后的 EDS 图
(a) MQ：0；(b) MQ：0.3％（质量分数）

第四节　缓蚀剂对石油管道的局部腐蚀防护

大多数人认为缓蚀剂对均匀腐蚀是十分有效的，缓蚀剂能否防止局部腐蚀？例如，MQ 缓蚀剂和 QA 缓蚀剂对防止石油管的均匀腐蚀是十分有效的，其缓蚀率均达到 93% 以上，能否对缝隙腐蚀的缓蚀率也达到 93%？众所周知，石油开采的管道一般分为四层，即固定管道、套管、抽油管、抽油杆，不论是管道还是抽油杆，均是以螺钉旋紧，这样一节一节地下到井里，这种连接方式有利于管道的下井作业，也有利于后续修井。在螺纹连接地方就出现了人为缝隙，修井时经常会发现螺丝扣由于腐蚀很难打开，甚至会出现油管破裂，或出现油管掉入井中的现象，为开采带来较大麻烦。若采油作业时，洗井、抽油、注水等过程加入缓蚀剂，缓蚀剂是在主相中。在油管安装的过程，螺丝卡地方已经渗入了溶液或部分石油原液，主相的缓蚀剂能否对螺丝扣内的溶液起到缓蚀作用，一直是一个盲区，因此需讨论石油管耐腐蚀性较好的 MQ 缓蚀剂和 QA 缓蚀剂对石油管线局部腐蚀的影响。

一、缓蚀剂对缝隙腐蚀的防护

1. 缓蚀剂对缝隙腐蚀防腐研究方法

缝隙内缓蚀性能试验装置如图 6-14 所示，由硬质玻璃制得，有效容积为 5mL 的小玻璃平底容器，在容器底部有一短管，内径约 1.5mm，长约 15mm，中间用玻璃棒塞紧，放入大的玻璃容器中，大容器的体积约为 2000mL，这样大容器中的溶液难以扩散进入小容器，形成大容器相当于缝隙腐蚀的外边，小容器相当于缝隙腐蚀的内部，塑料棒堵塞处相当于缝隙，即塑料棒与玻璃嘴处形成人造缝隙，大容器和小容器中各放入试样，外用导线连接起来，形成模拟缝隙腐蚀的状况。

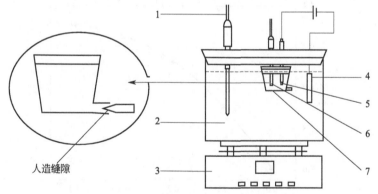

人造缝隙

图 6-14　模拟闭塞电池恒电流试验装置

1—温度计；2—玻璃槽；3—电磁加热搅拌器；4—辅助电极（J55 钢）；

5—内试样（阳极）；6—参比电极（SCE）；7—模拟缝隙

内试样除插入电池内约 $100mm^2$ 的暴露面积外，其余部分用环氧树脂封固。外试件为本体阴极，内、外试件的暴露面积比约为 1:70。将配好的腐蚀液注入 1000mL 玻璃槽内，吸取 2mL 不含缓蚀剂的溶液注入小容器即闭塞区内，并用氮气除氧。保持闭塞区内、外液面高度相同，在外容器 2 中添加缓蚀剂并搅拌，内、外溶液比为 2:1000。装好闭塞电池，连接试验装置，搅拌加热。为模拟闭塞区内、外间的大阴极小阳极造成的电偶电流，采用 HDV-7C 恒电位仪对内试件通入 $1mA/cm^2$ 的阳极电流，经 48h 后取出闭塞电池，在室温下测定闭塞区溶液的 pH 值，并分析 Cl^-、S^{2-} 的含量。

2. 咪唑啉缓蚀剂对石油管道缝隙腐蚀的防护性能

（1）MQ 缓蚀剂浓度对缝隙内介质的影响

按照缝隙研究的装置，在大容器和小容器内分别装入模拟溶液，即 0.5％乙酸＋5％NaCl＋饱和 H₂S 溶液，大容器中添加 MQ 缓蚀剂，小容器模拟缝隙，不加缓蚀剂。对小容器中 J55 试样阳极通入 1mA/cm² 的阳极电流极化 72h 后测闭塞区的 pH 值、Cl⁻ 和 S²⁻ 浓度，结果见表 6-9。由表 6-9 可见，在大容器中未添加缓蚀剂时，经过 72h 模拟缝隙电池腐蚀后，缝隙内溶液的 pH 由初始值 4.50 下降到 3.42，缝隙内酸化严重，缝隙外主体模拟介质中添加不同含量的咪唑啉，极化后缝隙内溶液酸化程度明显减小，溶液的 pH 值较未添加缓蚀剂溶液明显增大。当缝隙外主体模拟介质中添加 0.3％MQ 缓蚀剂时，极化后缝隙内溶液的 pH 为 4.16，是空白溶液的 1.2 倍，和初始溶液的 pH4.50 相比，缝隙内溶液几乎没有酸化。说明缝隙外主体模拟介质中添加咪唑啉，可以阻止缝隙内的酸化，使缝隙内溶液的 pH 值下降速率减小甚至不再下降。

表 6-9　60℃条件下本体溶液中添加不同浓度缓蚀剂对缝隙内溶液的化学状态影响

温度/℃	比较条件	w(MQ)(质量分数)/%	pH 值	c(Cl⁻)/(mol/L)	c(S²⁻)/(mol/L)
60	腐蚀前	0	4.50	0.8471	0.1140
	腐蚀后	0	3.42	1.6110	0.1382
		0.1	3.81	1.1777	0.1295
		0.2	4.05	1.0628	0.1226
		0.3	4.16	0.9707	0.1210
		0.4	4.27	0.9206	0.1186

图 6-15 为缝隙内溶液 pH 随本体溶液中咪唑啉缓蚀剂浓度的变化曲线。可以看出：缝隙内 pH 在添加 0.1％缓蚀剂和 0.2％缓蚀剂后迅速增加，随缓蚀剂浓度的继续增加，pH 增加缓慢。

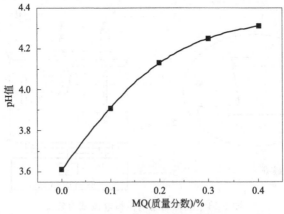

图 6-15　60℃条件下 MQ 浓度对缝隙内溶液 pH 的影响

由表 6-9 还可知，本体溶液中未添加缓蚀剂时，缝隙内 Cl⁻ 和 S²⁻ 的浓度迅速增加。这是由于缝隙内即闭塞区金属作为阳极，阳极腐蚀，缝隙内金属离子增多，溶液电正性增加。为保持缝隙内溶液的电中性，缝隙内的金属阳离子 Fe²⁺ 等会迁出缝隙，外部溶液中的负离子 Cl⁻、S²⁻ 等会迁移入缝隙内，使缝隙内 Cl⁻、S²⁻ 等成倍聚集。缝隙内 Cl⁻ 和 S²⁻ 等活性阴离子的存在会使 Fe 溶解的活化电位降低，即 Fe 的致钝电位升高而加速缝隙内金属的溶解，金属的溶解加速使溶液中 Fe²⁺ 的浓度增加，从而加速 Fe²⁺ 水解：

$$Fe^{2+} + 2H_2O \longrightarrow Fe(OH)_2 + 2H^+ \tag{6-17}$$

水解出的 H⁺ 使缝隙内氢离子浓度增加，溶液酸度继续增大，使缝隙内溶液的 pH 下降，

pH 下降又会加速金属的溶解，这就形成"缝隙内的自催化效应"。由表 6-9 可见，不加缓蚀剂极化 72h 后，缝隙内 Cl^- 和 S^{2-} 的浓度分别为 1.6110mol/L 和 0.1382mol/L，和初始 Cl^- 和 S^{2-} 的浓度 0.8471mol/L 和 0.1140mol/L 相比，分别是原来的 1.9 倍和 1.2 倍。添加咪唑啉缓蚀剂后，缝隙内溶液中的 Cl^- 和 S^{2-} 浓度逐渐减小，添加 0.4% 咪唑啉后，和同样条件下未添加缓蚀剂的缝隙内溶液相比较，缝隙内溶液中的 Cl^- 和 S^{2-} 浓度分别是原来的 0.59 和 0.87。图 6-16 为缝隙内溶液 Cl^- 和 S^{2-} 浓度随主体溶液中缓蚀剂浓度的变化曲线。由图 6-16 看出，本体溶液中添加 0.1% 咪唑啉缓蚀剂时，缝隙内溶液中的 Cl^- 和 S^{2-} 浓度迅速减小，继续增加主体溶液中缓蚀剂浓度，Cl^- 和 S^{2-} 浓度随之减小。

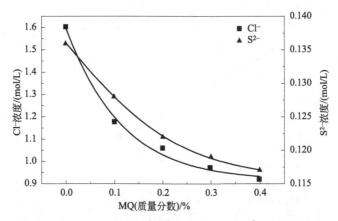

图 6-16 60℃ MQ 浓度对缝隙内溶液 Cl^- 和 S^{2-} 浓度的影响

MQ 缓蚀剂可使缝隙内的 pH 值升高，使 Cl^-、S^{2-} 浓度降低，主要是主体溶液中加入的咪唑啉缓蚀剂扩散进入到缝隙区溶液中，在阳极金属的表面吸附阻止阳极的腐蚀，防止了"缝隙的自催化效应"发生，使溶液的 pH 值下降缓慢。

(2) 温度对 MQ 缓蚀剂缝隙腐蚀的影响

表 6-10 是室温约 70℃ 条件下，J55 石油专用管在添加 0.4%MQ 缓蚀剂的 0.5% 乙酸＋5% NaCl＋饱和 H_2S 模拟腐蚀介质中，对缝隙内通入 1mA/cm^2 的正电流极化 72h 测得缝隙内的 pH 值、Cl^- 和 S^{2-} 浓度。由表 6-10 可见，未添加咪唑啉缓蚀剂时，极化温度从室温升高到 70℃，缝隙内溶液的 pH 值从 4.06 减小到 3.18；Cl^- 和 S^{2-} 浓度分别从 1.3412mol/L 和 0.1200mol/L 增加到 1.6603mol/L 和 0.1400mol/L。缝隙外介质中添加 0.4% 咪唑啉后，随着极化温度从室温升高到 70℃，极化后缝隙内溶液的 pH 值下降不明显，Cl^- 和 S^{2-} 的浓度增大也不明显。70℃ 时缝隙内的 pH 值也能保持在 4.1 以上，Cl^- 和 S^{2-} 的浓度分别为 0.9315 mol/L 和 0.1210mol/L。

表 6-10 不同温度下 MQ 对缝隙内溶液的化学成分的影响

极化电流	$w(MQ)$(质量分数)/%	T/℃	pH 值	$c(Cl^-)$/(mol/L)	$c(S^{2-})$/(mol/L)
$i=1mA/cm^2$	0	25	4.06	1.3412	0.1200
		40	3.72	1.4824	0.1302
		60	3.52	1.6100	0.1376
		70	3.18	1.6603	0.1400
	0.4	25	4.35	0.8604	0.1150
		40	4.29	0.9109	0.1140
		60	4.15	0.9286	0.1182
		70	4.14	0.9315	0.1210

图 6-17 为添加 MQ 缓蚀剂和无 MQ 缓蚀剂的情况下，不同温度下缝隙内溶液 pH 与温度的关系。从图 6-17 可知，未添加 MQ 缓蚀剂情况下，温度升高，缝隙内溶液 pH 下降；当缝隙外添加 0.4% MQ 缓蚀剂后，缝隙内溶液的 pH 虽下降，但下降速率缓慢。表明在 25~70℃情况下，缝隙外添加的咪唑啉很好地阻止了缝隙内酸化和腐蚀阴离子聚集。一般来讲，MQ 分子缝隙外扩散进入缝隙内，随着温度的升高扩散能力增大，但由第三节研究可知，温度升高，咪唑啉的缓蚀性能下降，因此，表 6-10 中缝隙内溶液的 S^{2-} 和 Cl^- 浓度增大，可看成是缝隙内材料的腐蚀速率增大，缓蚀率下降。

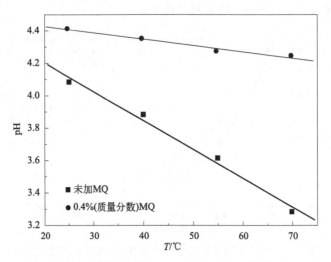

图 6-17 不同温度下 MQ 对缝隙内 pH 的影响

（3）不同时间 MQ 对缝隙内缓蚀能力研究

由于缝隙内的腐蚀产物不易扩散出来，随着时间的延长，腐蚀粒子会积累，甚至出现缝隙口结垢，形成闭塞电池，为此研究不同时间 MQ 对缝隙内缓蚀性能的影响，实验温度为室温，实验结果见表 6-11。

表 6-11 不同时间 MQ 对缝隙内介质成分的影响

极化电流	$w(MQ)$（质量分数）/%	t/h	pH 值	$c(Cl^-)/(mol/L)$	$c(S^{2-})/(mol/L)$
$i=1mA/cm^2$	0	0	4.5	0.8471	0.1140
		6	4.21	0.9176	0.1160
		12	3.96	0.9882	0.1180
		24	3.75	1.0589	0.1200
		48	3.62	1.2706	0.1280
		72	3.61	1.6000	0.1360
	0.4	0	4.5	0.8471	0.1140
		6	4.42	0.8706	0.1158
		12	4.38	0.8941	0.1167
		24	4.33	0.9059	0.1174
		48	4.31	0.9176	0.1178
		72	4.31	0.9176	0.1180

由表 6-11 可知，未添加 MQ 时，随着实验时间的延长，缝隙内溶液的 pH 值逐渐减小，在最初 24h 内，pH 值下降较快，24h 后下降变缓，逐渐趋于稳定状态。添加 MQ 缓蚀剂后，随着腐蚀试验的时间延长，缝隙内溶液的 pH 值也出现下降。与未添加 MQ 的情况相比，pH 值下降速率和幅度明显减小。例如，腐蚀试验 6h，缝隙内的 pH 值为 4.42，实验 12h 后，pH

值为4.38，继续延长试验时间，pH值基本不变，说明缝隙外介质中添加MQ缓蚀剂，能有效阻止缝隙内溶液的酸化。

从表6-11中还可以看到，随着极化时间的延长，缝隙内溶液中的Cl^-和S^{2-}浓度也发生了变化。未添加缓蚀剂时，6h后，Cl^-和S^{2-}开始在缝隙内聚集，初始闭塞区形成。随着极化时间的延长，离子聚集浓度增加，72h后，Cl^-和S^{2-}浓度分别为1.6000mol/L和0.1360mol/L，是未形成闭塞区时的1.89倍和1.19倍。此时，Cl^-和S^{2-}在闭塞区内的聚集浓度和极化时间分别近似满足以下线性关系：

$$c(Cl^-)=0.01175t+0.8471 \tag{6-18}$$
$$c(S^{2-})=3.33\times10^{-4}t+0.1140 \tag{6-19}$$

主体溶液中添加0.4%（质量分数）MQ缓蚀剂后，开始时未出现缝隙内Cl^-和S^{2-}的聚集，实验6h后，缝隙内Cl^-和S^{2-}浓度开始增加，但浓度增加极小，极化24h后，缝隙内Cl^-和S^{2-}浓度几乎不再增加。这是由于咪唑啉缓蚀剂进入缝隙内，作用于内试样形成稳定的钝化膜，阻止金属继续溶解。因此，即使延长极化时间，也不再发生Cl^-和S^{2-}向缝隙内迁移，离子浓度不再变化。极化24h后，Cl^-和S^{2-}浓度分别增加到0.9059mol/L和0.1174mol/L，缝隙内腐蚀性阴离子聚集得到显著缓解。MQ作用下缝隙内Cl^-和S^{2-}在闭塞区内的聚集浓度和极化时间分别满足下列指数关系：

$$c(Cl^-)=0.91831-0.07194e^{-t} \tag{6-20}$$
$$c(S^{2-})=0.11789-0.00386e^{-t} \tag{6-21}$$

二、缓蚀剂成膜速率

在实际应用中，开采的油品中含有一定的泥砂，泥砂的运动会对表面膜冲刷，导致膜破坏，这样就会影响缓蚀率。另外，被冲刷的地方会不会形成微电池，形成新的局部腐蚀？下面将在吸附理论的基础上，对缓蚀剂的成膜速率及成膜规律进行阐述。

1. 成膜速率研究方法

对缓蚀剂成膜速率的研究可采用快速划伤法，划伤装置如图6-18所示。划伤装置由一端封嵌在PTFE盖下的玻璃槽组成，容积大约为500mL。顶盖打有不同的孔，分别用来插入J55钢试样、参比电极、铂电极及划痕仪。划痕仪是由不锈钢棒顶端焊接金刚石刀头组装而成，可以水平旋转并快速向上移动。

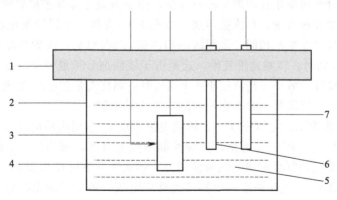

图6-18　划伤装置

1—聚四氟乙烯盖帽；2—玻璃槽；3—划刀；4—工作电极（J55钢）；
5—腐蚀介质；6—参比电极（SCE）；7—辅助电极

为保证缓蚀剂在试样表面稳定地吸附成膜，抛光好的试样浸泡在添加不同浓度缓蚀剂的模拟介质中，2h后将辅助电极和参比电极插入实验装置，并与CS350电化学工作站与电极分别对应连接，然后对试样进行恒电位极化测试。极化电位为钝化区间内的任一电位。极化开始大约60s，用划刀对试样表面进行快速划伤。由于实验中划刀采用手动控制，实验重现性较低，为了确保实验的重现性和每组实验之间的可比性，每组溶液中进行四次划伤（试样每面一次），划伤间隔20min，以确保前一次的电流暂态衰减完全。划伤实验完成后，移出试样，将试样表面烘干，然后在光学显微镜下观察试样表面及划痕区域腐蚀情况，并测量划痕长度和宽度。实验中选取划痕长度和宽度相似的数据，这样有利于对比分析电流密度随时间的衰减曲线。

膜生长速率的测定是在模拟石油介质中，即按照美国腐蚀工程师协会石油腐蚀测试标准，选0.5%乙酸+5%NaCl+饱和 H_2S 溶液体系，试样材料为J55石油专用管。在有缓蚀剂情况下，电流-时间曲线基本保持在一条直线上。为此，将试样放入带有缓蚀剂的介质中测试电流-时间曲线，在测试稳定后，用划针将试样表面划一条划痕，模拟膜破裂，此时电流增大，电流增大的最大值是划伤部分全部裸露时的电流。观察电流由最大变小的过程，电流随时间变小的过程可认为是膜生长速率。

2. 咪唑啉缓蚀剂的成膜速率

（1）浓度对膜成长速率的影响

在25℃条件下，J55石油专用管在模拟介质中分别添加0.05%、0.1%、0.2%、0.25%、0.3%、0.4%（质量分数）MQ缓蚀剂浸泡3h，在-600mV电压下恒电位极化后进行快速划伤，同时用CS350电化学工作站实时监测电流密度随时间的变化，如图6-19所示。由图6-19可知，添加不同浓度MQ缓蚀剂的模拟溶液腐蚀体系中，划伤进行前，试样在模拟腐蚀介质中的电流密度保持稳定，说明表面形成致密的吸附膜；划伤进行后，电流密度骤增，而后逐渐衰减至稳态。添加0.05%（质量分数）的MQ缓蚀剂后，划伤前后稳定电流密度差值为 $3.0mA/cm^2$；添加0.1%（质量分数）MQ缓蚀剂后，电流密度平台差值为 $2.0mA/cm^2$；添加0.2%（质量分数）MQ缓蚀剂后，划伤前后电流密度平台差值为 $0.54mA/cm^2$；添加0.25%（质量分数）MQ缓蚀剂以后，划伤前后电流密度稳定值相差 $0.01mA/cm^2$ 左右。由此可见，随着缓蚀剂用量的增加，电流平台差越来越小，表明吸附膜近似于初始成膜状态。

划伤后电流随时间的变化在初期衰减得较快，由于衰减速度等于成膜速率，说明缓蚀剂分子很快在裸露的钢铁表面吸附，形成吸附层。由图6-19可知，当缓蚀剂浓度在0.2%~0.4%之间时，电流的衰减速度基本相同；说明缓蚀剂达到0.2%以后，吸附速度已与缓蚀剂浓度无关。但浓度小于0.2%时，衰减速度较慢，这是由于缓蚀剂分子量较少，存在缓蚀剂的物理扩散，导致电流衰减较慢。另外，当浓度小于0.2%时，划伤前后稳态电流相差较大，说明划伤处由于缓蚀剂浓度小，吸附膜还没有在短时间内长为致密膜。

对图6-19中划伤前稳态电流密度 i_c、峰值电流密度 i_p 和划伤后电流密度 i'_c 随时间变化曲线特征参数见表6-12。由表6-12可见，随缓蚀剂浓度的增加，划伤前15s的稳态电流密度 i_c 减小，i_c 越小，说明缓蚀剂吸附膜的致密性越好，但缓蚀剂浓度在0.25%~0.4%之间，i_c 基本一致；峰值电流密度 i_p 代表裸露表面的最大反应电流，最大反应电流越小，即划伤后腐蚀速率越小，由表可知，i_p 随着咪唑啉浓度的增大而减小。i'_c 越小，说明膜修复越好，t 越小，说明膜修复时间越短。当MQ浓度为0.25%~0.4%时，膜修复时间仅为5~10s，表明膜的修复基本达到划痕前状态。

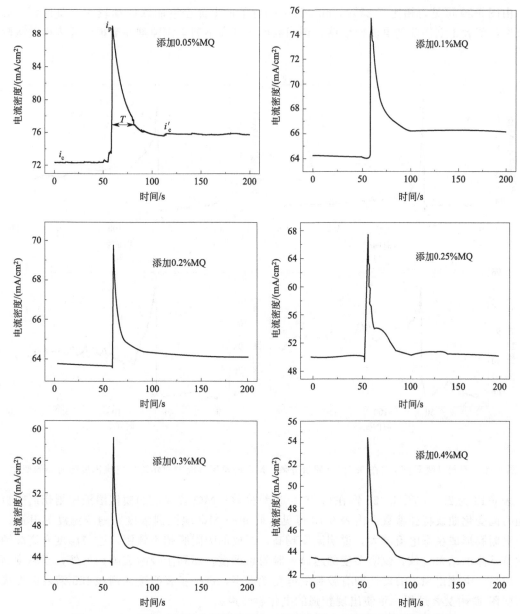

图 6-19　J55 石油专用管在不同浓度 MQ 模拟介质中电流密度随时间的变化

表 6-12　添加不同浓度 MQ 在模拟介质中电流密度随时间变化曲线特征参数

温度	缓蚀剂浓度（质量分数）/%	i_c/(mA/cm²)	i_p/(mA/cm²)	i_c'/(mA/cm²)	时间/s
25℃	0.05	72.70	89.10	76.80	40
	0.1	64.00	75.40	66.16	25
	0.2	64.00	69.91	64.15	10
	0.25	50.25	67.61	50.51	8
	0.3	43.50	59.00	43.51	5
	0.4	43.50	54.51	43.53	5

（2）温度对膜生长的影响

图 6-20 为 25℃、40℃、55℃、70℃条件下，J55 钢在添加 0.3％（质量分数）MQ 缓蚀剂的模拟溶液中浸泡 2h，进行快速划伤，划伤过程中电流密度变化的测量结果。

由图 6-20 可见，相比于 25℃，40～70℃条件下的电流密度曲线波动较大，而且划伤后的电流密度值大于划伤前的电流密度值，说明温度的升高不利于缓蚀剂在受损试样表面的吸附成膜反应。

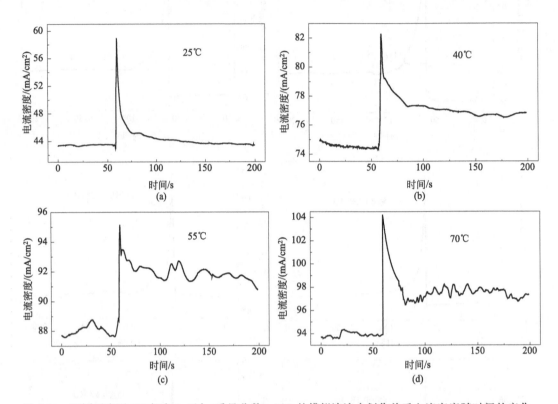

图 6-20　不同温度下 J55 钢在 0.3％（质量分数）MQ 的模拟溶液中划伤前后电流密度随时间的变化

表 6-13 为 25～70℃下 J55 钢在 0.3％（质量分数）MQ 缓蚀剂的模拟溶液中划伤后电流密度随时间变化曲线特征参数。由表 6-13 可见，同样的 MQ 缓蚀剂浓度，随着温度的升高，划伤后吸附膜形成稳态电流越大，说明温度越高，形成的吸附膜越不致密，这与温度升高缓蚀剂缓蚀率下降的结果一致。说明温度的越高，脱附越严重，不利于吸附成膜。另外，当温度高于 55℃以后，电流出现了波动，即有较强的电化学噪声，进一步表明缓蚀剂在 J55 钢表面形成较强的吸附-脱附交替过程，致使出现较强的电化学噪声。

表 6-13　不同温度下添加 0.3％（质量分数）MQ 缓蚀剂的模拟溶液中划伤后电流密度随时间变化曲线特征参数

缓蚀剂浓度（质量分数）/％	温度/℃	i'_c/(mA/cm²)	i'_p/(mA/cm²)	i'_c/(mA/cm²)	时间/s
0.3	25	43.50	59.00	43.52	10
	40	74.80	82.32	76.56	50
	55	89.10	95.24	92.12	20
	70	88.00	104.12	97.26	20

（3）MQ 缓蚀剂吸附膜生长动力学

通过膜的生长速率研究过程，可将电流-时间的衰减速度视为膜的成长速率，对峰值电流密度后的衰减部分用 Origin 软件进行拟合。根据衰减趋势采用单指数函数 $i(t) = I_{max} \exp(-vt)$ 进行拟合，即为指数曲线衰减速率，也可以认为是吸附膜的成长速率。图 6-21 和图 6-22 分别为添加不同 MQ 缓蚀剂和不同温度条件下 J55 试样在模拟溶液中电流衰减过程的拟合曲线与实测曲线对比图。由图 6-21 和图 6-22 可知，用 $i(t)=I_{\max}\exp(-vt)$ 这一函数可以很好地拟合实测电流密度衰减曲线，其拟合后的相关系数大于 90%。因此，采用该函数形式也可以表征模拟 MQ 缓蚀剂吸附膜在 J55 表面的吸附动力学规律。其中，v 表示缓蚀剂吸附膜的生长速率，t 值范围为 $t_p \leqslant t \leqslant 180s$，$t_p$ 为峰值电流密度所对应的时间，$I_{\max}$ 为峰值电流密度。

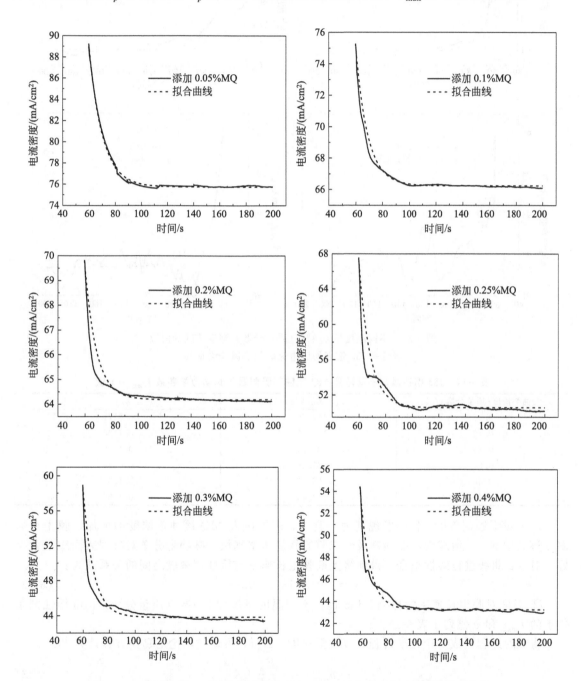

图 6-21　不同浓度 MQ 缓蚀剂模拟溶液中 J55 钢划伤后电流时间衰减拟合曲线

　　① 缓蚀剂浓度与膜成长速率 v 关系　J55 钢在添加不同浓度 MQ 缓蚀剂条件下的 $I_{\max}$、v 值列于表 6-14。

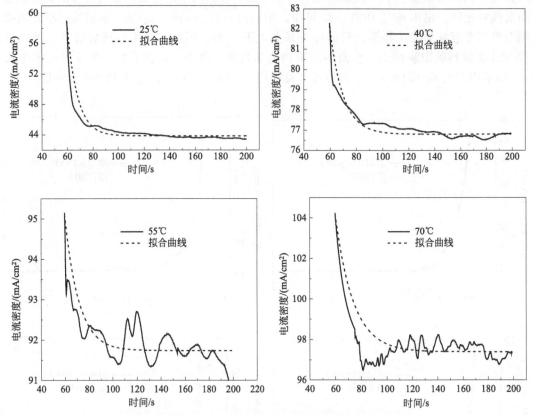

图 6-22　不同温度下 0.3％（质量分数）MQ 缓蚀剂模拟
溶液中 J55 钢划伤后电流时间衰减拟合曲线

表 6-14　J55 钢在添加不同浓度 MQ 缓蚀剂吸附膜生长动力学参数 I_{max} 和 v 值

缓蚀剂浓度（质量分数）/％	$I_{max}/(mA/cm^2)$	v/s^{-1}
0.05	89.26	0.0171
0.10	75.27	0.1108
0.20	69.81	0.1076
0.25	67.49	0.1282
0.30	58.76	0.1365
0.40	54.44	0.1432

以 v 对缓蚀剂浓度 c 作图发现其为一直线，表明随着 MQ 缓蚀剂浓度的增加，膜生长速率 v 逐渐增加。v 值越大，缓蚀剂吸附成膜的修复速率越快，咪唑啉分子对破损表面缓蚀效果好。对 v-c 曲线进行线性拟合，得到缓蚀剂膜生长速率与缓蚀剂浓度之间的关系式为：

$$v=0.04395+0.2932c \tag{6-22}$$

②　温度对膜生长速率的影响　J55 钢在不同温度下添加 0.3％（质量分数）MQ 缓蚀剂条件下的 I_{max} 和 v 值列于表 6-15。

将吸附过程看成一个化学过程，表观活化能（E_a），可通过阿伦尼乌斯方程计算出：

$$\ln(v_{corr})=-\frac{E_a}{RT}+A \tag{6-23}$$

以 $\ln v$ 对温度 $1/T$ 作图，结果如图 6-23 所示。由图 6-23 可知，随着温度的升高，膜生长速率 v 逐渐减小。v 值越小，表明缓蚀剂吸附成膜速率越慢。对 $\ln v$-$1/T$ 曲线进行线性拟合，得到 MQ 缓蚀剂膜生长速率与温度之间的关系式。

$$\ln v = 1618/T - 7.26555, k_0 = 6.9922 \times 10^{-4}, E = -13452.052$$
$$v = 6.9922 \times 10^{-4} \exp(1618/T)$$

由于吸附过程的速率与浓度为线性关系，即 $v = 0.04395 + 0.2932c$。根据化学反应动力学方程，反应速率 $r = Kc$，c 为缓蚀剂的浓度，K 为吸附常数，忽略常数项 0.04395，可以得到 MQ 吸附的速率方程为：

$$r = 0.2932 \times 6.9922 \times 10^{-4} \exp[13452.052/(RT)]c$$
$$= 2.05 \times 10^{-4} \exp[13452.052/(RT)]c \tag{6-24}$$

吸附时的表观活化能为正值，说明吸附过程为放热过程，温度越高，吸附越慢。

表 6-15　J55 钢不同温度下 MQ 缓蚀剂吸附膜生长动力学参数 I_{max} 和 v 值

温度/℃	$I_{max}/(mA/cm^2)$	v/s^{-1}
25	58.76	0.1765
40	82.01	0.1210
55	94.26	0.0967
70	102.91	0.0814

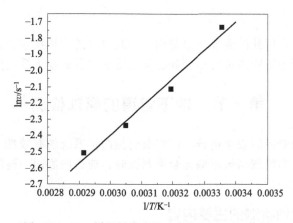

图 6-23　MQ 缓蚀剂膜生长速率 $\ln v$ 对 $1/T$ 作图

参 考 文 献

[1]　秦国治. 防腐蚀技术及应用实例 [M]. 北京：化学工业出版社，2002.

[2]　张静. 石油管道防腐专用缓蚀剂研究 [D]. 西安：西安理工大学，2013.

[3]　陈蕊，李善建，冯拉俊，等. 喹啉缓蚀剂对 N80 石油管道钢小孔腐蚀的影响 [J]. 焊管，2013（11）：15-19.

[4]　朱镭，于萍，罗运柏. 咪唑啉缓蚀剂的研究与应用进展 [J]. 材料保护，2003，36（12）：4-7.

[5]　张颖，董国强，胡凌艳. 注水介质中喹啉缓蚀剂对管线钢的缓蚀作用研究 [J]. 表面技术，2015（6）：88-92.

[6]　李善建，冯拉俊，张静. 喹啉衍生物缓蚀剂对油管钢材在模拟溶液闭塞区中的腐蚀研究 [J]. 应用基础与工程科学学报，2016（5）：1025-1033.

[7]　李善建，冯拉俊，董晓军，等. 喹啉与硫脲在含饱和 CO_2 气井采出水中的协同效应 [J]. 天然气工业，2015，35（5）：90-98.

[8]　白李，冯拉俊，卢永斌. 一种咪唑啉缓蚀剂的制备方法及其性能评价 [J]. 腐蚀与防护，2014，35（8）：813-817.

[9]　刘道新. 材料的腐蚀与防护 [M]. 西安：西北工业大学出版社，2006.

[10]　万德立，邵玉新，万家瑰. 石油管道、储罐的腐蚀及其防护技术 [M]. 北京：石油工业出版社，2006.

第七章

地下管道的检测及维护

由于地下管道较长，所处的腐蚀环境苛刻，因此再好的防护技术、优良的施工质量也还存在防腐缺陷、盲点。对地下管道进行检测和必要的维护是保证地下管道安全运行的重要措施。

第一节 地下管道的腐蚀检测

为了保证埋地钢制管道的安全运行，需对其腐蚀防护系统的有效性、运行情况和保护效果进行定期检测和评价。当检测结果不满足合格判据时，应查明原因、排除故障、重新检测，同时保存相应的记录和报告。

一、地下管道腐蚀检测的主要内容

地下管道检测包括运行检查和全面检验两方面。

1. 运行检查

运行检查包括宏观检查、外防腐层状况检测、阴极保护有效性检测以及排流保护有效性检测等。

2. 全面检验

全面检验包括外防腐层状况检测、阴极保护有效性检测、腐蚀环境调查、排流保护有效性检测，并在此基数上进行腐蚀防护系统的综合评价。

全面检验周期应符合相关法规与标准的要求，以下情况宜缩短检验周期：

a. 所需阴极保护电流大幅增加；

b. 发生管道外腐蚀穿孔；

c. 受自然灾害与第三方破坏；

d. 管道埋深不满足相关规范标准要求；

e. 检验人员和使用单位认为应该缩短检验周期的。

(1) 外防腐层状况检测

外防腐层状况检测包括防腐层整体状况不开挖检测、破损点定位不开挖检测和开挖检测等项目。外防腐层整体状况不开挖检测评价可采用外防腐层电阻率（R_g 值）、电流衰减率（Y 值）、破损点密度（P 值）等不开挖检测指标进行分析。检测时，需保证仪器不受周围信号的干扰。开挖检测应选择最可能出现的腐蚀活性点，检验时应首先按严重程度的不同对所有破损点进行分类并确定开挖检测顺序，开挖检测顺序见表 7-1。开挖检测项目包括外观检查、漏点检测、厚度检测、黏结力检测。当腐蚀层实测厚度低于 50% 设计厚度时，外防腐层直接判为 4 级；当黏结力大于设计值的 50% 时，不影响管道外防腐层分级。

外防腐层分级评价应充分考虑不开挖检测与开挖检测结果，并依据开挖检测结果，对不开挖检测结果进行修正，然后进行外防腐层状况分级评价（表 7-2）。

表 7-1 开挖检测顺序分类

一类	二类	三类
优先开挖	计划开挖	监控
①多个相邻管段外防腐层均被评为 4 级的管段上的破损点。 ②两种以上不开挖检测手段均评价为 4 级管段上的破损点。 ③初次开展外防腐层评价时，检测结果不能解释的点或采用不同的不开挖检测方法进行检测评价结果不一致的破损点。 ④存在于外防腐层等级为 4 级、3 级管段上，结合历史和经验判断有可能出现严重腐蚀的破损点。 ⑤无法判定腐蚀活性区域严重程度的破损点	①孤立的并未被列入一类中的 4 级的点。 ②只存在外防腐层等级评为 3 级管段上集中区域的点，且已有腐蚀事故记录	①不开挖检测判断为 2 级的点。 ②未被列入一类、二类的点

表 7-2 外防腐层开挖检验分级评价（外观检查与漏点检测）

	级别		1	2	3	4
外观描述	3LPE		色泽明亮，黏结力强，无脆化，无龟裂，无剥离；无破损	色泽略暗，黏结力较差，轻度脆化，少见龟裂，无剥离；极少见破损	色泽暗，黏结力差，发脆，显见龟裂，轻度剥离或充水；有破损	黏结力极差，明显脆化与龟裂，严重剥离；充水；多处破损
	沥青					
	硬质聚氨酯泡沫防腐保温层		防护层表面应光滑平整，无暗泡、麻点、裂口等缺陷。保温层应充满钢管和防护层的环形空间，无开裂、泡孔条纹及脱层、收缩等缺陷	防护层色泽略暗，表面光滑，无收缩、发酥、泡孔不均、烧芯等缺陷；保温层应充满钢管和防护层的环形空间，无开裂、泡孔条纹及脱层、收缩等缺陷，但有极少数空洞	防护层色泽暗，有收缩、发酥、泡孔不均、烧芯等缺陷；保温层有开裂、泡孔纹及脱层、收缩等缺陷，并有大量空洞	防护层色泽暗，有收缩、发酥、泡孔不均、烧芯等缺陷，并有大量龟裂；保温层有大量空洞，出现严重充水现象
漏点检测电压/kV	3LPE		$v \geqslant 25$	$25 > v \geqslant 15$	$15 > v \geqslant 5$	$v < 5$
	石油沥青	普通（$\geqslant 4$mm）	$v \geqslant 16$	$16 > v \geqslant 8$	$8 > v \geqslant 3.2$	$v < 3.2$
		加强（$\geqslant 5.5$ mm）	$v \geqslant 18$	$18 > v \geqslant 9$	$9 > v \geqslant 3.8$	$v < 3.8$
		特加强（$\geqslant 7$mm）	$v \geqslant 20$	$20 > v \geqslant 10$	$10 > v \geqslant 4.0$	$v < 4.0$
	环氧煤沥青	普通（$\geqslant 0.3$ mm）	$v \geqslant 2$	$2 > v \geqslant 1$	$1 > v \geqslant 0.4$	$v < 0.4$
		加强（$\geqslant 0.4$ mm）	$v \geqslant 2.5$	$2.5 > v \geqslant 1.25$	$1.25 > v \geqslant 0.5$	$v < 0.5$
		特加强（$\geqslant 0.6$mm）	$v \geqslant 3$	$3 > v \geqslant 1.5$	$1.5 > v \geqslant 0.6$	$v < 0.6$
	单层烧结环氧粉末	普通（$\geqslant 0.3$ mm）	$v \geqslant 1.5$	$1.5 > v \geqslant 0.8$	$0.8 > v \geqslant 0.3$	$v < 0.3$
		加强（$\geqslant 0.4$ mm）	$v \geqslant 2$	$2 > v \geqslant 1.0$	$1.0 > v \geqslant 0.4$	$v < 0.4$

（2）阴极保护有效性检测评价

阴极保护有效性检测可采用密间间隔电位检测方法。在一般情况下，阴极保护效果应满足：在阴极保护状态下，测得的管地电位至少达到 $-0.85V$（vs. CSE），但不能负于 $-1.2V$（vs. CSE），此测试值不包括 IR 降。在特殊情况下阴极保护效果应满足：①对于高强度钢（最小屈服强度大于 550MPa），极限阴极保护电位应正于实际析氢电位；②对于防腐层状况为 4 级或裸管，在阴极极化和去极化时，被保护管道表面与土壤接触、稳定的参比电极之间的阴极极化电位差应不小于 100mV；③当土壤中含有 SRB 且硫酸根质量分数大于 0.5% 时，测得的管地电位至少达到 $-0.95V$（vs. CSE），当土壤电阻率大于 $500\Omega \cdot m$ 时，测得的管地电位至少达到 $-0.75V$（vs. CSE）；④对存在杂散电流干扰的管道，可通过腐蚀危害检测、检查片腐蚀速率测试和均匀腐蚀速率或局部腐蚀速率现场测试等方法来评判阴极保护的有效性。

同时需根据测试结果计算保护率、保护度、运行率，计算出的保护率为 100%，保护度大于或等于 85%，才能认定其有效性。

$$保护率 = \frac{管道总长 - 未达到有效保护管道长}{管道总长} \times 100\% \quad (7\text{-}1)$$

$$保护度 = \frac{G_1/S_1 - G_2/S_2}{G_1/S_1} \times 100\% \quad (7\text{-}2)$$

式中，G_1 为未施加阴极保护检查片的失重（精度 0.1mg），g；S_1 为未施加阴极保护检查片的裸露面积（精度 $0.01cm^2$），cm^2；G_2 为施加阴极保护检查片的失重（精度 0.1mg），g；S_2 为施加阴极保护检查片的裸露面积（精度 $0.01\ cm^2$），cm^2。

$$运行率 = \frac{1年内有效运行时间(h)}{全年小时数(8760)} \times 100\%$$

（3）腐蚀环境调查

腐蚀环境调查应按第三章中内容和方法进行检测和评价。

（4）排流保护效果检测评价

排流保护措施实施后，应立即投入使用，在系统运行稳定后，可进行排流保护效果检测评价。排流保护效果检测评价包括直流排流保护效果检测评价和交流排流保护效果检测评价。

一般情况下，对于直流排流保护采取排流保护措施后应达到如下要求：①对于排流保护系统中的管道（包括共同防护构筑物），其任意点上的管地电位达到阴极保护电位标准或者达到或接近未受干扰时的状态；②对于排流保护系统中的管道（包括共同防护构筑物），管地电位最大负值尽可能不超过管道所允许的最大保护电位；③对排流保护系统以外的埋地管道或金属构筑物的干扰应尽可能小。如果检测评价的结果未能满足上述要求，则可通过正向偏移的电位平均值比进行直流排流保护效果的进一步评定，并符合如下规定：

a. 排流保护效果的评定点一般不应少于 3 点（不包括排流点），当干扰段较长、管道系统复杂、管地电位复杂多变时，不应少于 5 点（不包括排流点）；

b. 排流保护效果的评定点应包括排流点、干扰缓解较大的点和干扰缓解较小的点，其他评定点可根据实际情况选择；

c. 在测取排流保护前后参数时，应统一测试点、测试时间段、读数时间间隔、测试方法和仪表设备；

d. 所有评定点的评定结果均应满足表 7-3 中的指标要求。

直流排流保护效果评价指标见表 7-3。

表 7-3　直流排流保护效果评价指标

排流方式	干扰时管地电位/V	电位平均值比 η_E/%
直接向干扰源排流 （直接、极性、强制排流）	＞10	＞95
	≥5～10	＞90
	＜5	＞85
间接向干扰源排流（接地排流）	＞10	＞90
	≥5～10	＞85
	＜5	＞80

$$\eta_V=\frac{V_1(+)-V_2(+)}{V_1(+)}\times100\%$$

式中　$V_1(+)$——排流前，在规定时间段内的正管地电位算术平均值；

　　　$V_2(+)$——排流后，在规定时间段内的正管地电位算术平均值

交流干扰防护效果的评价应符合以下原则：防护效果的评价点应包括防护接地点、检查片安装点、干扰缓解较大的点、干扰缓解较小的点，其他评定点可根据实际情况选择；在测取干扰防护措施实施前、后参数时，应统一测量点、测定时间段、读数时间间隔、测量方法和仪表设备。

交流排流保护效果评价应符合表 7-4 的要求。

表 7-4　交流排流保护效果评价

周围土壤电阻率/Ω·m	保护效果要求
≤25	管道交流干扰电压低于 4V
＞25	交流电流密度小于 $60A/m^2$

（5）腐蚀防护系统综合评价

应根据外防腐层状况、阴极保护有效性、腐蚀环境、排流保护效果检测评价结果进行腐蚀防护系统综合评价。可采用模糊数学综合评价方法或由中国腐蚀与防护学会承压设备专业委员会等相关专业机构认可的其他可行方法进行。

二、地下管道腐蚀检测的主要方法

1. 外防腐层整体状况检测方法

（1）交流电流衰减法

本方法适用于埋地管道外防腐层整体状况的检测。此方法为多频管中电流法，其理论依据是"线传输函数"。将信号输入管道，理论上可视为单线-大地回路，电流沿管道纵向逐渐衰减，衰减率与防腐层质量优劣有关。该方法通过测取感应电流（代替管中电流）沿管线纵向传输系统的衰减来定性判断管道外防腐层的好坏，同时利用感应电流可对管道定位。

使用仪器为管道电流测量系统，仪器精度：定位精度±2.5%，电流检测精度±2.5%。测量步骤如下：

① 按仪器操作说明连接好电源、发射机与待测管道间的连线，注意正、负极性，选定检测频率。

② 设定电流强度。根据回路电阻情况调节发射机输出电流，尽量使其稳定输出，应降低回路电阻，以提高检测长度与效果。导线的各接触部位应打磨、接地极安装在土壤电阻低的位置、增加接地极的个数等是增加电流输出的有效办法。

③ 检查接收机电池，必要时更换新电池。

④ 设定接收机探测频率，必须与发射机工作在同一频率上。

⑤ 避开盲区开始测量电流值，盲区位置可以通过在其他位置加入信号再进行测量。可以

用峰值法或零值法对管道定位，在管道正上方测量并记录电流值，一般情况数据采集距离为 50m；也可根据实际需要确定是加密还是放宽采集距离。

⑥ 检测数据由埋地钢质管道腐蚀防护系统综合评价软件进行处理，绘制电流衰减曲线，计算电流衰减率。

（2）电流-电位法

该方法适用于长度为 500～10000m（一般为 5000m）的埋地管道的外防腐层电阻率测试。应用本方法时，要求所测管段无分支、无接地装置；在新建管道上测量应保证管道回填土沉降完全、密实；测量段必须不受阳极地电位影响；测量段距离通电点不小于 πD；测量段保护电流方向应同向流回通电点，否则应重新分段；在动态杂散电流区域，应在测量段两端同时测量管地电位和管内电流。该方法涉及的仪器及工具如下：

① 数字万用表　内阻不小于 $10M\Omega$，精度不低于 0.5 级；直流电压量程为 0～2V，直流电流最小量程为 0～$200\mu A$。

② 饱和硫酸铜参比电极一支，要求流过硫酸铜电极（CSE）的允许电流密度不大于 $5\mu A/cm^2$，且电位漂移不能超过 30mV。

③ 恒电位仪或能提供 0.1A 以上的直流电源一组。

④ 同步断续器　中断频率宜为通电 12s，断电 3s。

该方法的测量简图见图 7-1。

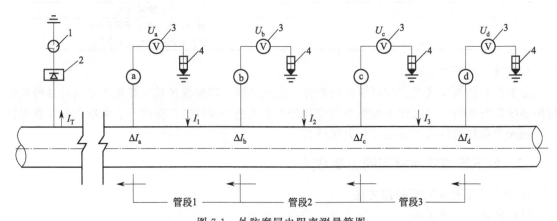

图 7-1　外防腐层电阻率测量简图

1—同步断续器；2—恒电位仪或临时电源；3—数字万用表；4—CSE

a. 在测量之前，应确认测量段管道已经充分极化，保护电流稳定，且在靠近通电点附近的断电电位没有出现比 $-1150mV$（对厚度小于 1mm 的防腐层为 $-1100mV$）（vs. CSE）更负的过保护电位。

b. 获取测量段的长度，精确到 1.0m。

c. 在测量期间，对测量区间有影响的阴极保护电源应安装电流同步断续器，并设置合理的通/断周期，同步误差小于 0.1s。通/断周期设置宜为通电 12s，断电 3s。

d. 按地表参比法测量各测量点的通电电位和断电电位，测量点的通/断电位差计算公式如下。例如 a 点：

$$\Delta E_a = E_{a\text{-}on} - E_{a\text{-}off} \tag{7-3}$$

式中，ΔE_a 为测量点的通/断电位差，V；$E_{a\text{-}on}$ 为测量点的通电电位，V；$E_{a\text{-}off}$ 为测量点的断电电位，V。

e. 计算每对相邻两测量点的电位差比率 K，K 值应在 0.625～1.6 之间，否则应在中间再增加一处或多处测量点，直至 K 值位于 $0.625 \sim 1.6$ 之间。

$$K = \frac{\Delta E_a}{\Delta E_b} \qquad (7\text{-}4)$$

式中，K 为第一段管的电位差比率；ΔE_a 为 a 测量点的通/断电位差，V；ΔE_b 为 b 测量点的通/断电位差，V。

f. 测量各测量点处通电状态和断电状态下的管内电流，其通电和断电状态下的管内电流应有明显的变化，测量点的管内保护电流的计算公式如下所示。例如 a 点：

$$\Delta I_a = I_{a\text{-on}} - I_{a\text{-off}} \qquad (7\text{-}5)$$

式中，ΔI_a 为 a 测量点的管内保护电流，A；$I_{a\text{-on}}$ 为 a 测量点通电状态下的管内电流，A；$I_{a\text{-off}}$ 为 a 测量点断电状态下的管内电流，A。

g. 完成各测量段每一测量点的测量，并将测量数据和基本计算结果填写在表 7-5 中。

表 7-5 电阻率测量基本参数记录表

测试位置	里程/km+m	管地电位 E_i			K	管内电流 I_i		
		$E_{i\text{-on}}$	$E_{i\text{-on}}$	ΔE_i		$I_{i\text{-on}}$	$I_{i\text{-off}}$	ΔI_i

h. 数据处理，以第 1 测量段为例：

计算第 1 测量段的平均通/断电位差（ΔE_1）和电流漏失量（ΔI_1）：

$$\Delta E_1 = \frac{\Delta E_a + \Delta E_b}{2} \qquad (7\text{-}6)$$

$$\Delta I_1 = \Delta I_a - \Delta I_b \qquad (7\text{-}7)$$

式中，ΔE_1 为第 1 测量段的平均通/断电位差，V；ΔI_1 为第 1 测量段的保护电流漏失量，A。

计算出第 1 测量段的防腐层电阻 R_1：

$$R_1 = \frac{\Delta E_1}{\Delta I_1} \qquad (7\text{-}8)$$

计算第 1 测量段的平均防腐层电阻率 r_{u1}：

$$r_{u1} = R_1 \pi D L \qquad (7\text{-}9)$$

式中，R_1 为第 1 测量段防腐层电阻，Ω；D 为管道外径，m；L 为第 1 测量段的长度，m。

最后依照上述计算方法完成相应各测量段的数据计算，并将计算出的数据按表 7-6 进行填写记录。

表 7-6 测量段平均防腐层电阻率数据表

测量管段	管段长度 /m	平均通/断电位差 ΔE_i/V	电流漏失量 ΔI_i/A	防腐层电阻 R_i/Ω	管段表面积 /m^2	平均电阻率 r_{u1}/$\Omega \cdot$ m^2

2. 防腐层破损点定位不开挖检测方法

（1）交流电位梯度检测方法（ACVG）

① 交流地电位差测量法　交流地电位差测量法是采用埋地管道电流测量系统与交流地电

位差测量仪（A 字架），通过测量土壤中交流地电位梯度的变化，从而对埋地管道防腐层破损点进行查找和准确定位。检测原理见图 7-2。

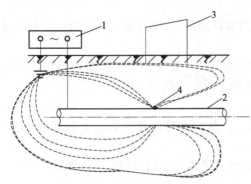

图 7-2 交流地电位差测量法检测原理示意
1—发射主机；2—埋地管道；3—交流地
电位差测量仪；4—防腐层破损点

该方法适用于除钢套管、钢丝网加强的混凝土配重层（套管）外的远离高压交流输电线地区、任何交变磁场能穿透的覆盖层下的管道外防腐层破损点的定位检测。另外，当交流地电位差测量仪距离发射机较近，或测量不可到达的区域（如河流穿越）及管道上方覆盖物导电性很差的管段（如位于钢筋混凝土铺砌路面、沥青路面、冻土、含有大量岩石回填物下的管段）会影响本方法测量结果的准确性，甚至无法测量。

交流地电位差测量法检测设备包括发射机、接收机、交流地电位差测量仪，以及配套的电源设备、连接线、接地电极等。具体测量步骤如下所示：

a. 将发射机接线连接好，并用接收机对管道定位。

b. 按仪器的使用说明书将接收机固定在交流地电位差测量仪上，连接好接线后，在目标管道正上方沿管道的路由，以一定间隔将交流地电位差测量仪的两支探针插入地面。检测时，如某处附近存在防腐层"破损点"，则在两支探针之间的电位差会在接收机面板上以稳定的向前（后）的箭头指示及电位梯度值显示。

c. 当交流地电位差测量仪正好位于破损点正上方时，显示的箭头为两个方向，同时显示的电位梯度值读数最小。此时，将两支探针脚连线划出一条直线，再将两支探针旋转 90°，并沿与刚划出的直线垂直的方向再进一步准确定位，使两探针向前（后）稍加移动至箭头变回反向为止。两条线的交叉点即为管道防腐层破损点位置。但需要指出的是，利用电位梯度值的大小判断破损的相对大小时，需考虑破损处的管道埋深、土壤的干湿等情况。

d. 破损点定位后，应做好破损点位置坐标与周围环境的文字描述记录，并在地面做出明显标识，便于查找。

② 音频检漏（Pearson）法 音频检漏法适用于一般地段的埋地管道防腐层检漏，不适用于套管内的管道、架空管道、外防腐层导电性很差的管道、水下管道的防腐层破损点检测；水田或沼泽地、高压交流电力线附近的埋地管道，使用本方法进行防腐层破损点检测比较困难。Pearson 检漏法检测简图见图 7-3。音频检漏仪主要由发射机、探管仪、接收系统及其配套的电源系统组成。

测量步骤如下：

a. 检查发射机、探管仪、接收机电源电量是否充足，并在合适的地方，将发射机的信号输出端用仪器的短线与管道连接，长线与接地极连接。

b. 按仪器的使用说明书调节发射机的输出电流。

c. 按仪器的使用说明书设定探管仪的探管方式和接收机的灵敏度。

d. 两名操作人员按使用说明书戴好腕表，接好电缆，在距发射机接地点 30m 以后，沿管顶一前一后走，前面人员携带探管仪，后面人员携带检测仪，保证两名操作人员一直沿着管顶前进。

e. 当接收机的声、电信号越来越强时，预示着前进方向出现破损点，当手持探管仪者走到破损点正上方时，声、电信号最强；两人继续前进，声、电信号逐步减弱；当破损点位于两

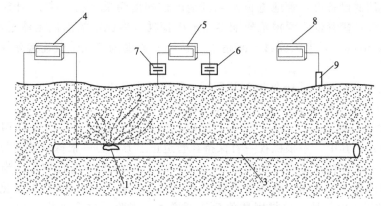

图 7-3 Pearson 检漏法检测简图
1—埋地管道；2—破损点；3—埋地管道；4—发射机；5—检测仪；
6—探头 A；7—探头 B；8—探管仪；9—探头 C

人的几何中心点时，声、电信号最弱；两人继续前进，声、电信号又逐步增强；当后面持检测仪者位于破损点正上方时，声、电信号第二次达到最强。

f. 测量中两次声、电信号最强，一次声、电信号最弱的位置，即为防腐层破损点的正上方。确定破损点准确位置后，做好地面标志和记录坐标位置。

（2）直流地电位梯度法

直流地电位梯度法（DCVG）原理见图 7-4。采用周期性同步通/断的阴极保护直流电流施加在管道上后，利用两根硫酸铜参比电极探杖，以密间隔测量管道上方土壤中的直流地电位梯度，在接近破损点附近时，电位梯度会增大。破损面积越大，电位梯度也越大，根据测量的电位梯度变化，可确定防腐层破损点位置；通过检测破损点处土壤中电流的方向，可识别破损点的腐蚀活性；依据破损点 IR 降（%）定性判断破损点的大小及严重程度。

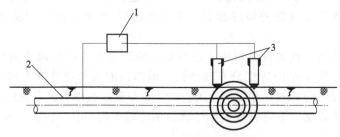

图 7-4 直流地电位梯度法原理
1—测量主机；2—埋地管道；3—探杖

直流地电位梯度法测量技术适用于埋地管道外防腐层破损点的查找和准确定位，并对破损点腐蚀状态进行识别。结合密间隔管地电位测量技术还可对外防腐层破损点的大小及严重程度进行定性分类。本方法不适用于对处于套管内破损点未被电解质淹没的管道、防腐层剥离未与外界电连通管道的检测。另外，下列情况会使本方法应用困难或使测量结果的准确性受到影响：

a. 交流地电位差测量仪距离发射机较近；

b. 测量不可到达的区域，如河流穿越；

c. 管道上方覆盖物导电性很差的管段，如位于钢筋混凝土铺砌路面、沥青路面、冻土、含有大量岩石回填物下的管段。

该方法所使用的设备有：管地电位及直流地电位梯度测量主机一套；GPS 卫星同步电流断续器两台或更多；探管仪；两根硫酸铜参比电极探杖（参比电极需满足流过 CSE 的允许电流密度不大于 $5\mu m/cm^2$ 且电位漂移不能超过 30mV）；配套测量线轴及连接导线。该方法的具体测量步骤如下：

a. 在测量之前，应确认阴极保护正常运行，管道已充分极化。

b. 检查测量主机电池电量，并对两参比电极进行校正。

c. 将两根探杖与测量主机相连，按密间隔电位测量法的相关要求设置好相关参数后，测量人员沿管道行走。其中，一根探杖一直保持在管道正上方，另一根探杖放在管道正上方或垂直于管道并与第一根探杖保持固定间距（1~2m），以 1~3m 间隔进行测量。当两根探杖都与地面接触良好时读数，记录同步断续器接通和断开时直流地电位梯度读数的变化。

d. 当接近破损点时，地电位梯度数值会逐渐增大；当跨过这个破损点后，地电位梯度数值则会随着远离破损点而逐渐减小，变化幅度最大的区域即为破损点疑似位置。

e. 在破损点疑似位置，返回复测，以精确确定破损点位置。在管道正上方找出地电位梯度读数显示为零的位置；然后在与管道走向垂直的方向重复测量一次。两条探杖连线的交点位置就是防腐层破损点的正上方。

f. 在确定一个破损点后，继续向前测量时，宜先以约 0.5m 的间隔测量一次。在离开这个梯度场后，若没有出现地电位梯度读数及极性的改变，可按常规间距继续进行测量；否则，说明附近有新的破损点。

g. 在确定的破损点位置处，通过观察测量主机上电流方向柱状条的显示方向，对管道在通电和断电状态下土壤中电流流动的方向分别进行测量与辨别，以判断破损点部位管道的腐蚀活跃性。所测结果按表 7-7 填写记录，原则上对破损点腐蚀状态的评价分为阴极/阴极（C/C）、阴极/中性（C/N）、阴极/阳极（C/A）和阳极/阳极（A/A）四种类型。

h. 在确定的破损点位置处，测量并记录该点的通电电位（E_{on}）、断电电位（E_{off}）、电位梯度（$E_{G\text{-}on}$ 和 $E_{G\text{-}off}$）、GPS 坐标或里程；同时，应记录附近的永久性标志、参照物及它们的位置等信息，并在破损点位置处做好标识，尤其是通/断状态下电流均从破损点流出到土壤的点。

i. 将现场测量数据下载到计算机中，进行数据处理分析。以距离为横坐标、直流地电位梯度为纵坐标绘出测量段的 DCVG 分布曲线图；根据破损点位置处测量的数据，计算表征破损点的大小及严重程度的 α 值，并根据使用经验、典型破损点的验证开挖结果分类记录。根据破损点位置处测量的数据，将测量数据和计算结果填写在表 7-7 中。根据表 7-8 进行破损点严重程度分级。

$$\alpha = \frac{\Delta E_{on} - \Delta E_{off}}{E_{on} - E_{off}} \times 100\% \tag{7-10}$$

式中，α 为破损点位置处百分比 IR 降；ΔE_{on} 为通电状态时测得的直流地电位梯度值，mV；ΔE_{off} 为断电状态时测得的直流地电位梯度值，mV；E_{on} 为破损点位置处的通电电位，mV；E_{off} 为破损点位置处的断电电位，mV。

表 7-7 破损点 DCVG 测量数据

编号	位置	管地电位/mV		直流地电位梯度/mV		电流方向		腐蚀状态类型	α	备注
		E_{on}	E_{off}	ΔE_{on}	ΔE_{off}	通电	断电			

表 7-8 破损点严重程度分级

级别	1	2	3	4
IR 值/%	1~15	16~35	36~60	61~100

3. 阴极保护系统有效性评价（密间隔电位检测）

对管道阴极保护系统的有效性进行全面评价时采用密间隔电位进行检测。本方法可测得管道沿线的通电电位和断电电位，全面评价管线阴极保护系统的状况。

对保护电流不能同步中断（如存在多组牺牲阳极与待检管道直接相连不可拆开，或待检管道的外部强制电流设备不能被中断）的管道，本方法不适用。另外，下列情况会使本方法应用困难或测量结果的准确性受到影响：管道上方覆盖物导电性很差的管段，如位于钢筋混凝土铺砌路面、沥青路面、冻土、含有大量岩石回填物下的管段；剥离防腐层下或绝缘物造成电屏蔽的位置，如破损点外包覆或衬垫绝缘物的管道。图 7-5 为密间隔电位测试简图。

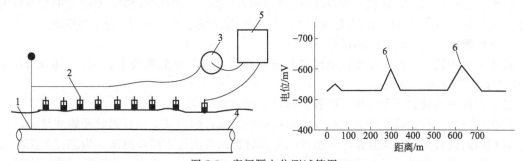

图 7-5 密间隔电位测试简图

1—测试点；2—参比电极位置；3—电连线轴；4—管道；5—测量主机或数字万用表；6—测量值

测试过程需要的仪器有密间隔电位测量仪或数字万用表，同步断续器，探管仪。该方法的测试步骤如下。

a. 在测量之前，应确认阴极保护正常运行，管道已充分极化。

b. 同步断续器的连接。测量时，对测量区间有影响的阴极保护电源应安装电流同步断续器，并设置合理的通/断周期，同步误差小于 0.1s。合理的通/断周期和断电时间设置原则是：断电时间应尽可能短，但又应有足够长的时间在消除冲击电压影响后采集数据。断电期不宜大于 3s。典型的通/断周期设置为：通电 12s，断电 3s。

c. 密间隔电位测量仪/数字万用表的连接。将长测量导线一端与密间隔电位测量仪主机（或与数字万用表）相连，另一端与测试桩连接，将一支 CSE 与密间隔电位测量仪主机（或与数字万用表）连接。

d. 打开密间隔电位测量仪主机，设置密间隔电位测量仪测量模式，设置与同步断续器保持同步运行的通/断循环时间与断电时间，并设置合理的断电电位测量延迟时间。典型的延迟时间设置宜为 50~100ms。

e. 当采用数字万用表时，将仪器调至适宜的量程上，读取数据，读数应在通/断电 0.5s 之后进行。

f. 测量时，利用探管仪对管道定位，保证 CSE 放置在管道的正上方。

g. 从测试桩开始，沿管线管顶地表以密间隔（一般是 1~3m）逐次移动 CSE（数据采集间距可以根据实际需要确定），每移动一次就记录一组通电电位和一组断电电位，以此完成全线的测量。

h. 同时应使用米尺、GPS 坐标测量或其他方法确定 CSE 安放处的位置，应记录沿线的永久性标志、参照物等信息，并应对通电电位和断电电位的异常位置处做好标志与记录。

i. 某段密间隔测量完成后，若当天不再测量，应通知阴极保护站维护人员恢复连续供电状态。

j. 数据处理：将现场测量数据输入计算机中，进行数据处理分析；对每处的通电电位和断电电位分别取其算术平均值，代表该测量点的通电电位和断电电位；以距离为横坐标、电位为纵坐标，分别绘出测量段的通电电位和断电电位分布曲线图。在直流干扰和平衡电流影响可忽略不计的地方，断电电位曲线代表阴极保护电位分布曲线。

4. 排流保护效果检测

排流保护效果检测评价包括直流排流保护效果检测评价和交流排流保护效果检测评价。检测方法分别为直流干扰管地电位测试和管道交流干扰电压测试。

（1）直流干扰管地电位测试

该方法适用于直流干扰引起的埋地钢质管道侧的管地电位测试。涉及的仪器宜选用数字万用表：内阻不小于 10MΩ，精度不低于 0.5 级；便携式自动平衡记录仪：内阻 20kΩ～10MΩ，精度 0.5 级，量程 ±5mV～±10V，10 档，零点可调，走纸速度可调；参比电极 CSE：流过 CSE 的允许电流密度不大于 $5\mu A/cm^2$ 且电位漂移不能超过 30mV。测试点的选择和分布宜符合下列原则。

预备性测试：利用现有的测试桩（点）；

排流工程测试：宜根据预备性测试结果布设在干扰较严重的管段上，测试点间距以 50～200m 为宜，不应大于 500m；

排流工程效果测试：在排流工程各实施点中选定测试点。

其次，排流工程测试及排流工程效果测试时各测试点的测试工作宜同时开始和结束，各测试点以相同的读数间隔记录数据，干扰源和干扰管道两方面也需同步测试。为进行干扰的识别和评价，需要测试管道无干扰状态下的自然电位。一般情况下，应在干扰源处于非工作状态并保证管道充分去极化的条件下直接测试。当不具备这一条件时，也可采用极化探头和现场埋设试片等特殊方法测试。所有测试连接点必须保证电接触良好。在电磁干扰严重的环境，应采取防干扰措施。例如，使用带有屏蔽层的电线作为测试线。干扰防护系统关闭状态下的管地电位和电压等的测试作业，应待阴极保护和排流保护等防护设施关闭 24h 后进行。干扰防护系统运行状态下的管地电位和电压等的测试作业，应待阴极保护和排流保护等防护设施稳定运行 24h 后进行。图 7-6 为直流干扰管地电位测试接线示意。

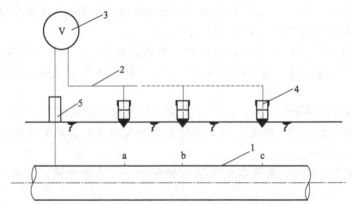

图 7-6　直流干扰管地电位测试接线示意

1—管道（被测体）；2—测试导线（多股铜芯绝缘线；在有电磁干扰的地区采用屏蔽导线）；
3—数字万用表；4—参比电极；5—测试桩；a，b，c—检测点示意

直流干扰管地电位测试接线的操作要求如下。

a. 测定时间段应分别选择在干扰源的高峰、低峰和一般负荷 3 个时间段上，测定时间段一般为 60min，对运行频繁的电气化铁路可取 30min；

b. 读数时间间隔一般为 10～30s，电位交变激烈时，不应大于 1s；

c. 对拟定的排流点、实际排流点、排流效果评定点及其他具有代表性的点，进行 24h 连续测试；

d. 所有测试的次数不宜少于 3 次，每次的起止时间、测试时间段、读数时间间隔、测定点均应详细记录。

数据处理的步骤如下。

a. 对每个测试值计算管地电位相对于自然腐蚀电位的偏移值（简称电位偏移值）：

$$\Delta E = E - E_0 \tag{7-11}$$

式中，ΔE 为电位偏移值，V；E 为管地电位测试值，V；E_0 为管道自然腐蚀电位，V。

b. 从所有的电位偏移值中选择最大值和最小值。

c. 计算管地电位正、负向偏移值的平均值：

$$\overline{E}(\pm) = \frac{\sum\limits_{i=1}^{n} \Delta E_i(\pm)}{n} \tag{7-12}$$

式中，$\overline{E}(\pm)$ 为规定的测试时间段内正、负向电位偏移值的平均值，V；$\sum\limits_{i=1}^{n} \Delta E_i(\pm)$ 为分别计算的正、负向电位偏移值的总和，V；n 为规定的测试时间段内全部读数的总次数。

d. 建立直角坐标系，纵轴表示电位，横轴表示时间，将某一测试点在规定测试时间段内的各次电位测试值记入坐标中，则绘制成该测试点的电位-时间曲线；如把电位测试值换成电位偏移值则绘制成电位偏移值-时间曲线。

e. 建立直角坐标系，纵轴表示电位，横轴表示距离，将各测试点的正、负电位偏移值的平均值和最大值、最小值记入坐标中，则绘制成某一干扰管段的电位偏移值-距离曲线，即是电位偏移值分布曲线。

（2）管道交流干扰电压测试

该方法适用于交流干扰引起的管道交流干扰电压测试，宜选用内阻不小于 10MΩ、精度不低于 0.5 级的数字万用表，如长期测量应使用存储式交流电压测量仪，参比电极可采用钢棒电极或 CSE。采用钢棒电极时，钢棒直径不宜小于 15mm；采用 CSE 电极时，要求流过 CSE 的允许电流密度不大于 $5\mu A/cm^2$ 且电位漂移不能超过 30mV。

预备性测试时测试点应选在与干扰源接近的管段，间隔宜为 1km，应尽量利用现有测试桩；对与高压交流输电线路接近的管段，各点测试时间不少于 5min；对与交流电气化铁路接近的管段，测试宜选择在列车运行的高峰时间段上；应记录每次测量的时间和位置。

排流工程测试时测试点应根据预备性测试结果布设在干扰较严重的管段上，干扰复杂时宜加密测试点；测定时间段应分别选择在干扰源的高峰、低峰和一般负荷 3 个时间段上，测定时间段一般为 60min，对运行频繁的电气化铁路可取 30min；对强度大或剧烈波动的干扰，普查测试期间测得的交流干扰电压最大和交流电流密度最大的点，以及其他具有代表性的点，应当进行 24h 连续测试，或者直到确立和干扰源负载变化的对应关系；每次测试的起止时间、测定时间段、读数时间间隔、测试点均应相同；各测试点以相同的读数时间间隔记录数据。

排流工程效果测试评定应在所有排流工程测试点进行，测定时间段一般为 8h；接地点、检查片安装点、干扰缓解较大的点和较小的点，测定时间段为 24h；在安装检查片的测试点应进行交流电流密度的测量；在安装减轻干扰的接地点应测量接地线中的交流电流；其他原则与排流工程测试相同；应绘制实施干扰防护措施前、后，原干扰段的管地交流电位分布曲线和测试点的电压-时间曲线。

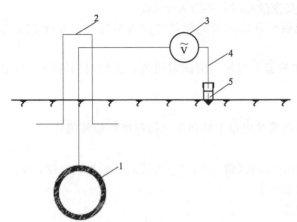

图 7-7 管道交流干扰电压测试接线示意
1—埋地管道；2—测试桩；3—交流电压表；
4—测试导线；5—参比电极

上述各类测试中，读数时间间隔一般为 $10 \sim 30s$。干扰电压变动剧烈时，宜为 $1s$。图 7-7 为管道交流干扰电压测试接线示意。

测试点交流干扰电压平均值的计算公式如下所示：

$$U_p = \frac{\sum_{i=1}^{n} U_i}{n} \qquad (7-13)$$

式中，$\sum_{i=1}^{n} U_i$ 为规定测试时间段内测试点交流干扰电压各次读数的总和；n 为规定的测试时间段内全部读数的总次数。

根据计算值绘制出测试点的电压-时间曲线及干扰管段的最大、最小、平均干扰电压-距离曲线，即干扰电压分布曲线即可。

第二节 地下钢质管道腐蚀防护评价

地下钢质管道腐蚀防护评价是基于埋地钢质管道外防腐层状况、阴极保护有效性、土壤腐蚀性、杂散电流干扰、排流保护效果全面检验基础上，对腐蚀防护系统进行分级的模糊综合评价方法，包括基于层次分析与专家打分两种模糊综合评价方法。

一、基于层次分析法的模糊综合评价

1. 建立模糊集

（1）建立因素集

依据影响埋地钢质管道腐蚀防护系统分级评价的五个因素：外防腐层状况 u_1、阴极保护有效性 u_2、土壤腐蚀性 u_3、杂散电流干扰 u_4、排流保护效果 u_5，建立因素集 $U = [u_i] = [u_1, u_2, u_3, u_4, u_5]$ $(i=1, 2, 3, 4, 5)$，即：$U = \{$外防腐层状况 u_1，阴极保护有效性 u_2，土壤腐蚀性 u_3，杂散电流干扰 u_4 排流效果 $u_5\}$。因素集 $U = [u_i]$ 中各因素 u_i 的性能优劣分别由相应的评价指标进行评判。

（2）建立评价集

按埋地钢质管道腐蚀防护系统等级属性（对应表 7-9 中的 4 个等级），建立评价集 V，即：

$$V = [v_j] = [v_1, v_2, v_3, v_4] = [1, 2, 3, 4] \quad (j=1, 2, 3, 4)$$

表 7-9 埋地钢质管道腐蚀防护系统分级

等级	评语 c_j 分值区间	分级属性及检验周期
1	$90 \leq c_1 \leq 100$	腐蚀防护系统功能完好，满足设计要求，在 6 年的检验周期内能有效使用
2	$80 \leq c_2 \leq 90$	腐蚀防护系统基本完好，但存在一些不影响防护效果的缺陷，能基本满足设计要求，$3 \sim 6$ 年的检验周期内能使用
3	$70 \leq c_3 \leq 80$	腐蚀防护系统整体状况较差，存在缺陷，不能完全满足设计要求，在使用单位采取适当措施后，可在 $1 \sim 3$ 年检验周期内在限定的条件下使用
4	$60 \leq c_4 \leq 70$	腐蚀防护系统缺陷严重，不能满足设计要求，不能有效防止金属管体腐蚀，使用单位应立即采取重大维修措施

2. 建立单因素评价矩阵

（1）评价向量

确定因素集 $U=[u_i]$ 中各因素 u_i 的评价指标对评价集 $V=[v_j]$ 中各评价等级 v_j 的隶属度值，建立单因素 u_i 的评价向量 $R_i=[r_{ivj}(x)]$（$i=1,2,3,4$；$j=1,2,3,4$）。其中，$r_{ivj}(x)$ 为因素集中各因素 u_i 的隶属度函数，表示各因素 u_i 隶属于评价等级 v_j 的程度，其值在 $[0,1]$ 上取值，见图 7-8，图中 x 为因素集中各因素 u_i 对应评价指标的实际检测值。x_1，x_2，x_3 为评价指标在本标准中进行等级划分时的指标值。在确定隶属度函数时，首先确定各评价指标的取值范围，即通过因素集中各单因素对应评价指标的评价标准来确定。由于该方法把因素集中各评价指标的分级定为 4 级，因此，各评价指标的取值范围划为 4 个区间，即 $(-\infty,x_1]$、$(x_1,x_2]$、$(x_2,x_3]$、$(x_3,+\infty)$ 与 $[x_3,+\infty)$、(x_2,x_3)、$(x_1,x_2]$、$(-\infty,x_1]$，分别对应评价指标值越小越安全与评价指标值越大越安全两种情况。

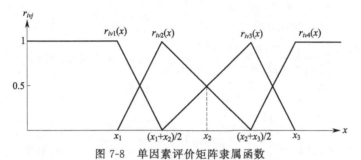

图 7-8　单因素评价矩阵隶属函数

① 对于指标值越小越安全的情况，选取 4 个区间的 3 个端点值 x_1、x_2、x_3，并取两端点的中点 $(x_1+x_2)/2$、$(x_2+x_3)/2$，建立降梯形分布函数 $r_{iv1}(x)$、升梯形分布函数 $r_{iv1}(x)$ 以及折线函数 $r_{iv2}(x)$、$r_{iv3}(x)$ 作为因素集中各因素的隶属度函数，即：

$$r_{iv1}(x)=\begin{cases}1 & x\leqslant x_1\\[2mm]\dfrac{x-(x_1+x_2)/2}{x_1-(x_1+x_2)/2} & x_1<x\leqslant(x_1+x_2)/2\\[2mm]0 & 其他\end{cases}$$

$$r_{iv2}(x)=\begin{cases}\dfrac{x-x_1}{(x_1+x_2)/2-x_1} & x_1\leqslant x\leqslant(x_1+x_2)/2\\[2mm]\dfrac{x-(x_2+x_3)/2}{(x_1+x_2)/2-(x_2+x_3)/2} & (x_1+x_2)/2<x\leqslant(x_2+x_3)/2\\[2mm]0 & 其他\end{cases}$$

$$r_{iv3}(x)=\begin{cases}\dfrac{x-(x_1+x_2)/2}{(x_2+x_3)/2-(x_1+x_2)/2} & (x_1+x_2)/2\leqslant x\leqslant(x_2+x_3)/2\\[2mm]\dfrac{x-x_3}{(x_2+x_3)/2-x_3} & (x_2+x_3)/2<x\leqslant x_3\\[2mm]0 & 其他\end{cases}$$

$$r_{iv4}(x)=\begin{cases}\dfrac{x-(x_2+x_3)/2}{x_3-(x_2+x_3)/2} & (x_2+x_3)/2\leqslant x\leqslant x_3\\[2mm]1 & x>x_3\\[2mm]0 & 其他\end{cases}$$

② 对于指标值越大越安全的情况，因素集中各因素的隶属度函数为：

$$r_{iv1}(x)=\begin{cases}\dfrac{x-(x_2+x_3)/2}{x_3-(x_2+x_3)/2} & (x_2+x_3)/2\leqslant x\leqslant x_3 \\ 1 & x>x_3 \\ 0 & 其他\end{cases}$$

$$r_{iv2}(x)=\begin{cases}\dfrac{x-(x_1+x_2)/2}{(x_2+x_3)/2-(x_1+x_2)/2} & (x_1+x_2)/2\leqslant x\leqslant(x_2+x_3)/2 \\ \dfrac{x-x_3}{(x_2+x_3)/2-x_3} & (x_2+x_3)/2<x\leqslant x_3 \\ 0 & 其他\end{cases}$$

$$r_{iv3}(x)=\begin{cases}\dfrac{x-x_1}{(x_1+x_2)/2-x_1} & x_1\leqslant x\leqslant(x_1+x_2)/2 \\ \dfrac{x-(x_2+x_3)/2}{(x_1+x_2)/2-(x_2+x_3)/2} & (x_1+x_2)/2<x\leqslant(x_2+x_3)/2 \\ 0 & 其他\end{cases}$$

$$r_{iv4}(x)=\begin{cases}1 & x\leqslant x_1 \\ \dfrac{x-(x_1+x_2)/2}{x_1-(x_1+x_2)/2} & x_1<x\leqslant(x_1+x_2)/2 \\ 0 & 其他\end{cases}$$

(2) 建立单因素评价矩阵

把因素集中各因素 u_i 对应评价指标的实际检测值 x 代入隶属函数，计算各单因素评价指标对评价集中 v 的隶属度值 r_{ivj} (x)，建立单因素评价矩阵 $\boldsymbol{R}=[R_i]^{\mathrm{T}}=[r_{ivj}(x)]^{\mathrm{T}}$，即：

$$\boldsymbol{R}=[R_i]^{\mathrm{T}}=[u_{ivj}(x)]=\begin{bmatrix}r_{1v1}(x) & r_{1v2}(x) & r_{1v3}(x) & r_{1v4}(x) \\ r_{2v1}(x) & r_{2v2}(x) & r_{2v3}(x) & r_{2v4}(x) \\ r_{3v1}(x) & r_{3v2}(x) & r_{3v3}(x) & r_{3v4}(x) \\ r_{4v1}(x) & r_{4v2}(x) & r_{4v3}(x) & r_{4v4}(x) \\ r_{5v1}(x) & r_{5v2}(x) & r_{5v3}(x) & r_{5v4}(x)\end{bmatrix}$$

(3) 单因素评价矩阵计算方法

首先依据给出的单因素评价矩阵隶属函数，计算各单因素 u_i 的评价指标对各评价等级 v_j 的隶属度值 r_{ivj} (x)，建立单因素 u_i 的评价向量 $R_{i=}$ $[r_{ivj}$ $(x)]$。

① 外防腐层状况 u_1　在不开挖检测情况下进行外防腐层状况评价时，选择外防腐层绝缘电阻率（R_g 值）（分级标准见表 7-10）、电流衰减率（Y 值）（分级标准见表 7-11）、破损点密度（P 值）（分级标准见表 7-12）等评价指标中最具代表性的一个指标进行评价，通过根据隶属度函数计算其评价向量尺 $R_1=[r_{1v1}\ r_{1v2}\ r_{1v3}\ r_{1v4}]$。在开挖检测情况下，以外观检查、漏点检测、外防腐厚度和黏结力中等级最差的一个作为开挖检测的评价指标进行评价。对于漏电检测，依据分级标准（分级标准见表 7-11），通过隶属度函数计算其评价向量 $R_1=[r_{1v1}\ r_{1v2}\ r_{1v3}\ r_{1v4}]$。对于外观检查、外防腐厚度和黏结力检测，由于没有明确的分级评价指标值，可将评价向量简化为 $R_1=[1\ 0\ 0\ 0]$、$[0\ 1\ 0\ 0]$、$[0\ 0\ 1\ 0]$、$[0\ 0\ 0\ 1]$，分别对应评价集中的 4

个等级（分级标准见表 7-12），依据实际检验结果直接选取其中一组向量；对于只有合格与不合格两种分级结果，依据检验结果直接选取 $R_1 = [1\ 0\ 0\ 0]$ 或 $[0\ 0\ 0\ 1]$，不需要计算隶属度。

表 7-10　外防腐层电阻率 R_g 值分级评价　　　　　　　　　　　单位：$\Omega \cdot m^2$

防腐类型	级别			
	1	2	3	4
3LPE	$R_g \geqslant 100$	$20 \leqslant R_g < 100$	$5 \leqslant R_g < 20$	$R_g < 5$
硬质聚氨酯泡沫防腐保温层和沥青防腐层	$R_g \geqslant 10$	$5 \leqslant R_g < 10$	$2 \leqslant R_g < 5$	$R_g < 2$

注：R_g 值是基于线传输理论计算所得；电阻率是基于标准土壤电阻率 $10\Omega \cdot m$。

表 7-11　外防腐层电流衰减率 Y 值分级评价　　　　　　　　　　　单位：dB/m

外防腐层类型	管径/mm	级别			
		1	2	3	4
3LPE	323	$Y \leqslant 0.013$	$0.013 < Y \leqslant 0.06$	$0.06 < Y \leqslant 0.129$	$Y > 0.129$
	660	$Y \leqslant 0.02$	$0.02 < Y \leqslant 0.072$	$0.072 < Y \leqslant 0.158$	$Y > 0.158$
	813	$Y \leqslant 0.021$	$0.021 < Y \leqslant 0.078$	$0.078 < Y \leqslant 0.2$	$Y > 0.2$
硬质聚氨酯泡沫防腐保温层和沥青防腐层	219	$Y \leqslant 0.08$	$0.008 < Y \leqslant 0.11$	$0.11 < Y \leqslant 0.2$	$Y > 0.2$
	323	$Y \leqslant 0.093$	$0.093 < Y \leqslant 0.129$	$0.129 < Y \leqslant 0.216$	$Y > 0.216$
	529	$Y \leqslant 0.11$	$0.11 < Y \leqslant 0.15$	$0.15 < Y \leqslant 0.22$	$Y > 0.22$
	660	$Y \leqslant 0.112$	$0.112 < Y \leqslant 0.158$	$0.158 < Y \leqslant 0.24$	$Y > 0.24$
	813	$Y \leqslant 0.114$	$0.114 < Y \leqslant 0.2$	$0.02 < Y \leqslant 0.28$	$Y > 0.28$
	914	$Y \leqslant 0.15$	$0.15 < Y \leqslant 0.24$	$0.24 < Y \leqslant 0.3$	$Y > 0.3$

注：1. Y 是基于标准土壤电阻率 $10\Omega \cdot m$ 情况下的计算值，根据实际情况，在试验分析的基础上，分界点可以适当调整。

2. dB 值 $= 20 \mid \lg(I_1/I_2) \mid$，$I_1$、$I_2$ 为相邻 2 个检测点的实测电流值，此电流值为在管道上施加 128Hz 电流的检测值，仪器采用不同频率时，分级评价可参照执行。

3. 位于两者之间的管径，采用插值法，位于表中所列范围之外的，参照上表最接近的管径执行，可根据经验进行适当调整。

表 7-12　外防腐层破损点密度 P 值分级评价　　　　　　　　　　　单位：处/100m

外防腐层类型	级别			
	1	2	3	4
3LPE	$P \leqslant 0.1$	$0.1 < P < 0.5$	$0.5 \leqslant P \leqslant 1$	$P > 1$
硬质聚氨酯泡沫防腐保温层和沥青防腐层	$P \leqslant 0.2$	$0.2 < P < 1$	$1 \leqslant P \leqslant 2$	$P > 2$

注：相邻最小距离不超过 2 倍管道中心埋深的两个破损点可当作一处。

② 阴极保护有效性 u_2　通过测试阴极保护系统的管地保护电位以及计算阴极保护系统的保护率、保护度、运行率等评价指标来评价阴极保护的有效性，评价结果只有合格和不合格两种情况。依据检验结果，选取评价向量 $R_2 = [1000]$ 或 $[0001]$，分别对应评价集中的 1 级和 4 级，不需要计算隶属度。在进行评价时，管地保护电位、保护率、保护度、运行率中只要有一个评价指标不合格，评价结果即为不合格。

③ 土壤腐蚀性 u_3　对于土壤腐蚀性评价，首先对土壤电阻率、管道自然腐蚀电位、氧化还原电位、土壤 pH 值、土壤质地、土壤含水量、土壤含盐量、土壤 Cl^- 含量等评价指标进行测试。根据测试结果，依据表 7-13 分别计算上述 8 个评价指标的评价指标分数 N_i（$i = 1$，2，3，4，5，6，7，8）及其和值 N，然后依据表 7-14 给出的土壤腐蚀性分级标准，通过隶属度函数，计算土壤腐蚀性评价向量 $R_3 = [r_{3v1}\ r_{3v2}\ r_{3v3}\ r_{3v4}]$。如果评价土壤腐蚀性的 8 个检测

指标不全时，可根据实际情况估算一个缺项检测指标的评价分数 N_i。

表 7-13　土壤腐蚀性单项检测指标评价分数

序号	检测指标	数值范围	评价分数	序号	检测指标	数值范围	评价分数
1	土壤电阻率 /Ω·m	<20	4.5	5	土壤质地	砂土(强)	2.5
		≥20~50	3			壤土(轻、中、重壤土)	1.5
		>50	0			黏土(轻黏土、黏土)	0
2	管道自然 腐蚀电位 (vs. CSE)/mV	<−550	5	6	土壤含水量/%	>12~25	5.5
		≥−550~−450	3			>25~30 或>10~12	3.5
		>−450~−300	1			>30~40 或>7~10	1.5
		>−300	0			>40 或≤7	0
3	氧化还 原电位 (vs. SHE)/mV	<100	3.5	7	土壤含盐量/%	>0.75	3
		≥100~200	2.5			<0.15~0.75	2
		>200~400	1			>0.05~0.15	1
		>400	0			≤0.05	0
4	土壤 pH 值	<4.5	6.5	8	土壤 Cl⁻ 含量/%	>0.05	1.5
		≥4.5~5.5	4			>0.01~0.05	1
		>5.5~7.0	2			>0.005~0.01	0.5
		>7.0~8.5	1			≤0.005	0
		>8.5	0				

注：表中"%"含量均指质量分数。

表 7-14　土壤腐蚀性评价等级

N 值	土壤腐蚀性等级	N 值	土壤腐蚀性等级
19<N≤32	4(强)	5<N≤11	2(较弱)
11<N≤19	3(中)	0≤N≤5	1(弱)

④ 杂散电流干扰 u_4　对于直流干扰，以实际检测的管地电位较自然电位正向偏移值或土壤表面的地电位梯度值（评价标准见表 7-15）作为评价指标进行评价，根据隶属度函数计算其评价向量 $R_4 = [r_{4v1}\ r_{4v2}\ r_{4v3}\ r_{4v4}]$。对于交流干扰，以管道交流干扰电压和交流电流密度作为评价指标进行评价。当管道上任意一点上的交流干扰电压都小于 4mV 时，可认为不存在交流干扰，评价向量直接选取 $R_4 = [1000]$，可不采取交流干扰防护措施；高于此值时采用交流密度（评价标准见表 7-16）作为评价指标，并根据隶属度函数计算其评价向量 R_4。对于发现有杂散电流干扰，但又无法判断是直流或交流干扰时，通过实际检测管地电位波动值或感应电流波动值（评价标准见表 7-17）作为评价指标，并根据隶属度函数计算其评价向量尺。

表 7-15　直流干扰程度的评价指标

直流电流干扰程度评价参量	弱	中	强
管地电位正向偏移/mV	<20	≥20~200	≥200
土壤表面电位梯度/(mV/m)	<0.5	≥0.5~5.0	≥5.0

表 7-16　交流干扰程度的评价指标

交流干扰程度	弱	中	强
交流电流密度/(A/m²)	<30	≥30~100	>100

表 7-17　特殊情况下干扰程度的评价指标

杂散电流干扰腐蚀危害程度	弱	中	强
管地电位波动值/mV	<50	≥50~350	>350
感应电流波动值/A	<1	≥1~3	>3

在通过隶属度函数计算评价向量时，由于表 7-15～表 7-17 给出的评价标准只有"弱、中、

强" 3 级，即评价指标的取值范围只有 $(-\infty, a)$、$[a, b]$、$(b, +\infty)$ 3 个区间，为能够使给出的隶属度函数计算评价指标的评价向量，通过插值法将 $[a, b]$ 区间等分成 $[a, (a+b)/2)$、$[(a+b)/2, b]$ 两个区间，从而将评价指标的取值范围扩展成 $(-\infty, a)$、$[a, (a+b)/2)$、$[(a+b)/2, b]$、$(b, +\infty)$ 4 个区间，分别对应"弱、较弱、较强、强"4 个等级，并按照指标值越小越安全的情况，选择相应的隶属度函数计算因素 u_4 的评价向量 R_4。

⑤ 排流保护效果 u_5 对于直流排流保护效果评价，根据实际检测的干扰管地电位，通过计算其电位平均值进行评价（评价标准见表 7-3）；对于交流排流保护效果评价，通过实际检测被测管道周围土壤电阻率值，再根据管道交流干扰电压（土壤电阻率 $\leqslant 25\Omega\cdot m$）与交流电流密度（土壤电阻率 $>25\Omega\cdot m$）进行排流效果评价（评价标准见表 7-4）；不管是直流排流保护效果评价，还是交流排流保护效果评价，评价结果只有合格与不合格两种情况。因此，其评价向量取 $R_5 = [1\ 0\ 0\ 0]$ 或 $R_5 = [0\ 0\ 0\ 1]$，分别对应评价集中的 1 级和 4 级，不需要计算隶属度。

依据上述计算出的单因素评价向量，建立埋地钢质管道腐蚀防护系统的单因素评判矩阵 $\boldsymbol{R} = [R_i]^{\mathrm{T}} = [r_{ivj}(x)]$，即：

$$\boldsymbol{R} = [R_i]^{\mathrm{T}} = \begin{bmatrix} R_1 \\ R_2 \\ R_3 \\ R_4 \\ R_5 \end{bmatrix} = \begin{bmatrix} r_{1v1}(x) & r_{1v2}(x) & r_{1v3}(x) & r_{1v4}(x) \\ r_{2v1}(x) & r_{2v2}(x) & r_{2v3}(x) & r_{2v4}(x) \\ r_{3v1}(x) & r_{3v2}(x) & r_{3v3}(x) & r_{3v4}(x) \\ r_{4v1}(x) & r_{4v2}(x) & r_{4v3}(x) & r_{4v4}(x) \\ r_{5v1}(x) & r_{5v2}(x) & r_{5v3}(x) & r_{5v4}(x) \end{bmatrix}$$

3. 基于层次分析法确定评价指标的权重

(1) 构造判断矩阵

应用层次分析法（analytical hierarchy process，AHP 法）确定因素集 $U = [u_i]$ 中各因素 u_i 在评判埋地钢质管道腐蚀防护系统等级时所占的权重大小 W_i，建立评价指标的权重向量 $W = (W_1\ W_2\ W_3\ W_4\ W_5)$。首先需要对因素集 $U = [u_i]$ 中各因素 u_i 进行两两比较，建立判断矩阵 $\boldsymbol{B}$，即：

$$\boldsymbol{B} = [b_{ij}] = \begin{bmatrix} b_{11} & b_{12} & b_{13} & b_{14} & b_{15} \\ b_{21} & b_{22} & b_{23} & b_{24} & b_{25} \\ b_{31} & b_{32} & b_{33} & b_{34} & b_{35} \\ b_{41} & b_{42} & b_{43} & b_{44} & b_{45} \\ b_{51} & b_{52} & b_{53} & b_{54} & b_{55} \end{bmatrix} \quad (i, j = 1, 2, 3, 4, 5)$$

判断矩阵的结构如表 7-18 所示。

表 7-18 构造判断矩阵 B

B	u_1	u_2	u_3	u_4	u_5
u_1	b_{11}	b_{12}	b_{13}	b_{14}	b_{15}
u_2	b_{21}	b_{22}	b_{23}	b_{24}	b_{25}
u_3	b_{31}	b_{32}	b_{33}	b_{34}	b_{35}
u_4	b_{41}	b_{42}	b_{43}	b_{44}	b_{45}
u_5	b_{51}	b_{52}	b_{53}	b_{54}	b_{55}

判断矩阵 $\boldsymbol{B} = (b_{ij})_{5\times5}$ 具有下述性质：

$$b_{ij} > 0, b_{ij} = \frac{1}{b_{ji}}, b_{ii} = 1 \quad (i, j = 1, 2, 3, 4, 5)$$

式中，b_{ij} 代表因素 u_i 与 u_j 相互之间重要性的比例标度，其值反映了因素集中各因素 u_i 之间的相对重要性，采用 $1\sim9$ 比例标度对各因素 u_i 之间的相对重要性程度进行赋值，赋值原则如表 7-19 所示，其标度由专家根据实际检验结果判定两两因素之间的重要性并赋值。

表 7-19 判断矩阵标度及其含义

标度	含义
1	表示两个因素相比,具有同等重要性
3	表示两个因素相比,前者比后者稍微重要
5	表示两个因素相比,前者比后者明显重要
7	表示两个因素相比,前者比后者强烈重要
9	表示两个因素相比,前者比后者极端重要
2,4,6,8	表示上述相邻判断的中间值
倒数	因素 u_i、u_j 的重要性之比为 b_{ij}，因素 u_i、u_j 的重要性之比为 $b_{ji}=1/b_{ij}$

(2) 计算权重值 W

采用方根法计算判断矩阵 $\boldsymbol{B}=(b_{ij})_{5\times5}$ 的最大特征根 $\lambda_{\max}$，$\lambda_{\max}$ 所对应的判断矩阵 $\boldsymbol{B}$ 的特征向量即为因素集 $U=[u_i]$ 中各因素 u_i 的权重值，其计算步骤如下：

计算判断矩阵 $\boldsymbol{B}=(b_{ij})_{5\times5}$ 每一行各元素的乘积 M_i：

$$M_i = \prod_{j=1}^{5} b_{ij} \tag{7-14}$$

计算乘积 M_i 的 5 次方根 $\overline{W_i}$：

$$\overline{W_i} = \sqrt[5]{M_i} \tag{7-15}$$

对向量 $W=(W)=(W_1,W_2,W_3,W_4,W_5)^{\mathrm{T}}$ 进行正规化：

$$W_i = \frac{W_i}{\sum\limits_{i=1}^{5} W_i} \tag{7-16}$$

所得 $W=(W_1,W_2,W_3,W_4,W_5)^{\mathrm{T}}$ 即为 $\lambda_{\max}$ 所对应的特征向量，也即因素集 $U=[u_i]$ 中各因素 u_i 的权重值。

计算判断矩阵 $\boldsymbol{B}=(b_{ij})_{5\times5}$ 的最大特征根 $\lambda_{\max}$：

$$\lambda_{\max} = \sum_{i=1}^{5} \frac{(\boldsymbol{BW})_i}{5W_i} \tag{7-17}$$

式中，$(\boldsymbol{BW})_i$ 表示向量 $\boldsymbol{BW}$ 的第 i 分量。

(3) 一致性检测

计算出判断矩阵 $\boldsymbol{B}=(b_{ij})_{5\times5}$ 的最大特征根 $\lambda_{\max}$ 后，需要检验判断矩阵 $\boldsymbol{B}$ 的一致性是否满足要求，首先定义一致性指标 CI，即：

$$\mathrm{CI} = \frac{\lambda_{\max}-5}{4} \tag{7-18}$$

将 CI 与平均随机一致性指标 RI（见表 7-20）进行比较。

表 7-20 1~9 阶矩阵的平均随机一致性指标

阶数	1	2	3	4	5	6	7	8	9
RI	0.00	0.00	0.58	0.90	1.12	1.24	1.32	1.41	1.45

然后，检验判断矩阵 $\boldsymbol{B}$ 的随机一致性比例 CR＝CI/RI。由于本判断矩阵 $\boldsymbol{B}$ 的阶数为 5 阶，则 CR＝CI/1.12。若 CR＜0.10，判断矩阵 $\boldsymbol{B}$ 具有满意的一致性；否则，需要重新调整判断矩阵 $\boldsymbol{B}$ 中的标度，即两两因素比较的值。

4. 腐蚀防护系统模糊综合评价

腐蚀防护系统的综合评价结果 A，即：

$$A = WR = (W_1, W_2, W_3, W_4, W_5) \begin{bmatrix} R_1 \\ R_2 \\ R_3 \\ R_4 \\ R_5 \end{bmatrix}$$

$$= (W_1, W_2, W_3, W_4, W_5) \begin{bmatrix} r_{1v1}(x) & r_{1v2}(x) & r_{1v3}(x) & r_{1v4}(x) \\ r_{2v1}(x) & r_{2v2}(x) & r_{2v3}(x) & r_{2v4}(x) \\ r_{3v1}(x) & r_{3v2}(x) & r_{3v3}(x) & r_{3v4}(x) \\ r_{4v1}(x) & r_{4v2}(x) & r_{4v3}(x) & r_{4v4}(x) \\ r_{5v1}(x) & r_{5v2}(x) & r_{5v3}(x) & r_{5v4}(x) \end{bmatrix}$$

经过模糊计算得到的腐蚀防护系统综合评价结果 $A = [a_j]$（$j = 1, 2, 3, 4$），具有一定的模糊性。为了能准确评价腐蚀防护系统的状况，对评价集 $V = [v_j] = [v_1, v_2, v_3, v_4,]$ 中的评价等级 v_j 采用百分制记分的方法进行量化处理，即用评语 $90 \leqslant c_1 \leqslant 100$（代表 1 级 v_1）、$80 \leqslant c_2 < 90$（代表 2 级 v_2）、$70 \leqslant c_3 < 80$（代表 3 级 v_3）、$60 \leqslant c_4 < 70$（代表 4 级 v_4）表示，从而得到评语的分数向量 $C = [c_i] = [c_1, c_2, c_3, c_4]$，计算评语得分：

$$S = \frac{1}{4} AC^T = \frac{\sum\limits_{j=1}^{4} a_j c_j}{\sum\limits_{j=1}^{4} a_j} \tag{7-19}$$

由于各评语得分为一区间，通过计算评语的高、中、低得分 S_h、S_m、S_l，用它们的平均值 S 作为评价管道腐蚀防护系统状况等级的依据，即：

$$S_k = \frac{\sum\limits_{i=1}^{4} a_i C_{ki}}{\sum\limits_{i=1}^{4} a_i} \quad (k = h, m, l) \tag{7-20}$$

$$\bar{S} = \frac{S_h + S_m + S_l}{3} \tag{7-21}$$

式中，h，m，l 分别代表评价等级分数的高、中、低；C_{hi} 为区间上限组成的评语分数向量，$C_{hi} = (c_{h1}, c_{h2}, c_{h3}, c_{h4}) = (100, 89, 79, 69)$；$C_{mi}$ 为区间中间向量组成的评语分数向量，$C_{mi} = (c_{m1}, c_{m2}, c_{m3}, c_{m4}) = (95, 85, 75, 65)$；$C_{li}$ 为区间下限组成的评语分数向量，$C_{li} = (c_{l1}, c_{l2}, c_{l3}, c_{l4}) = (90, 80, 70, 60)$。

最后，由计算出的 S 值所在评语区间 c_j（$j = 1, 2, 3, 4$）对应的评语作为评定腐蚀防护系统等级的依据。

二、　基于专家打分法的模糊综合评价

1. 建立模糊集

依据影响埋地钢质管道腐蚀防护系统分级的 5 个因素：外防腐层状况 u_1、阴极保护有效性 u_2、土壤腐蚀性 u_3、杂散电流干扰 u_4、排流保护效果 u_5，建立因素集 $U = [u_i] = [u_1, u_2, u_3, u_4, u_5]$（i =

1,2,3,4,5），因素集 $U= [u_i]$ 中各因素 u_i 的性能优劣分别由相应的评价指标进行评判。

依据腐蚀防护系统的等级属性，将埋地钢质管道的腐蚀防护系统分为 4 级，建立评价集 $V= [v_j]= [v_1,v_2,v_3,v_4]= [1.2,3,4](j=1,2,3,4)$。

2. 建立单因素评价矩阵

依据专家打分法建立单因素评价矩阵。选取数量一定的专家，针对因素集 $U= [u_i]$ 中的各因素 u_i 对应评价指标的检测值（对于单个因素 u_i 有多个评价指标的情况，选取最具代表性的一个评价指标），依据各评价指标对应的评价标准，通过统计分析方法，确定外防腐层状况 u_1、阴极保护有效性 u_2、土壤腐蚀性 u_3、杂散电流干扰 u_4、排流保护效果 u_5 各因素相对于评价集 V 中各等级 v_j 的隶属度。设专家总数为 M，对某一因素 u_i 评级为 2 的专家数为 N_{ij}，则因素 u_i 隶属于等级 v_j 的隶属度为：

$$r_{ivj}(x)=\frac{N_{ij}}{M} \quad (i=1,2,3,4,5;j=1,2,3,4) \tag{7-22}$$

3. 基于专家打分法确定评价指标的权重

由专家打分法确定因素集 $U= [u_i]$ 中各因素 u_i 在评判埋地钢质管道腐蚀防护系统等级时所占的权重大小 W_i，建立评价指标的权重向量 $\boldsymbol{W}= (\boldsymbol{W}_1, \boldsymbol{W}_2, \boldsymbol{W}_3, \boldsymbol{W}_4, \boldsymbol{W}_5)$。

选取数量一定的专家，依据埋地钢制管道腐蚀防护系统的实际检测结果，针对各因素 u_i 在评定埋地钢质腐蚀防护系统状况等级时的重要程度进行打分。设专家总数为 M，认为因素 u_i 的重要程度最大的专家数为 N_i，则因素 u_i 在评判埋地钢质管道腐蚀防护系统等级时所占的权重大小 $\overline{W}_i$ 为：

$$\overline{W}_i=\frac{N_i}{M} \quad (i=1,2,3,4,5) \tag{7-23}$$

对权重 $\overline{W}_i$ 进行归一化处理，则有：

$$W_i=\frac{\overline{W}_i}{\sum\limits_{i=1}^{5}\overline{W}_i} \tag{7-24}$$

因此，各因素在评判埋地钢质管道腐蚀防护系统等级时的权重向量 $W_i= (\boldsymbol{W}_1, \boldsymbol{W}_2, \boldsymbol{W}_3, \boldsymbol{W}_4, \boldsymbol{W}_5)$。

4. 腐蚀防护系统模糊综合评价

计算腐蚀防护系统的评价结果 A，即：

$$A=W \cdot R= (W_1,W_2,W_3,W_4,W_5) \begin{bmatrix} R_1 \\ R_2 \\ R_3 \\ R_4 \\ R_5 \end{bmatrix} = [a_1,a_2,a_3,a_4]$$

由此得到的评价对象隶属于各个评价等级的隶属度向量 $A= [a_j](j=1,2,3,4)$。腐蚀防护系统等级进行评判的具体方法与基于层次分析法的模糊综合评价中的腐蚀防护系统模糊综合评价方法相同。

第三节　地下管道维护

一、管道垢层清理

管道内表面的清理方法取决于它所输送的介质。对于输水管道，一般设计内涂层，清理方法主要有三种：一是高压水射流清除；二是化学清洗；三是机械清理。对于输油管道，一般不设计内涂层，清洗方法主要采用高压水射流清除和化学清洗。下面对清理方法进行简单介绍。

1. 高压水射流清除

高压水射流清除的基本原理是：用高压泵打出的高压水经过喷嘴把高压低速水转化为低压高速水，以正向或切向冲洗被清洗物表面，从而完成清洗作业，同时利用水对管壁的后推动作用力在管道中移动，也可由机械牵引喷头进行往复清洗。清洗采用的主要设备有往复式高压水泵，相应的配件有压力表、压力调节阀、软管及喷嘴等。高压水泵的压力可根据清除对象在零至几百兆帕之间任意调节，清除速度可根据需要控制。

2. 化学清洗

（1）"步进法"浸泡、清洗技术

该技术是利用两个封堵器中间夹带化学药剂，一步前进的距离不得大于夹带药液在管段内的长度。每前进一步要停一定时间，以便让化学药液对管道进行充分浸泡，达到预定浸泡时间后再前进一步。"步进法"主要是靠化学药液对管道内表面垢物的溶解及化学反应达到清洗的目的。清洗药液可根据具体清洗的对象进行筛选。

（2）连续高效清洗技术

该项技术是在两个或数个可双向行驶的除锈器或密封器之间夹带化学药液，除锈器上带有钢丝刷子，靠化学药液与钢丝刷子的联合作用连续不断地对管道内表面进行清洗。可从观察孔目测或用内窥镜检查清洗效果，并检查药液是否饱和。该技术的关键是设计可连续双向运行的除锈器。

化学清洗常用药剂特性见表 7-21。表 7-22 为化学清洗常用的清洗配方。

表 7-21 化学清洗常用药剂特性

清洗剂	作用	使用范围	备注
硫酸	可同铁氧化物反应生成可溶物	用于碳钢制件	不宜用于清除钙垢,不宜用于钝性金属
盐酸	可同水垢和铁氧化物反应生成可溶物	用于碳钢设备	不宜用于钝性金属和对 Cl^- 有限制的系统
氢氟酸	可同铁氧化物迅速反应,对硅垢有特效	用于碳钢设备、 不锈钢设备	操作控制较危险,不宜用于清除钙垢
柠檬酸	加氨后可溶解铁氧化物,形成螯合物	用于各种设备	对钙垢不是好的溶剂
氨基磺酸	固体便于运输,可同水垢反应形成可溶物	用于碳钢设备,不锈钢设备	不宜用于清洗铁垢
磷酸	可同铁垢反应形成可溶物,可形成保护膜	用于精密钢制件	不宜用于清洗水垢
乙酸	可同水垢反应生成可溶物	用于清洗换热器水垢	有不良气味
EDTA	可同水垢和铁氧化物反应生成螯合物	可用于各种设备	价格较贵
草酸	可同铁氧化物反应生成可溶物	可用于各种设备	不宜用于清洗水垢
硝酸	可同水垢反应生成可溶物	用于不锈钢设备,其他钢、铜设备	操作控制较危险
硝酸-氢氟酸	可同水垢和腐蚀产物反应生成可溶物	主要用于不锈钢设备,也可用于钢、铜设备	操作控制较危险
磷酸三钠	可除去油脂类物质,转化难溶水垢	可用于各种设备	不宜用于较重油垢
碳酸钠	可除去油脂类物质,转化难溶水垢	可用于各种设备	不宜用于严重油垢
氢氧化钠	可除去油脂类物质,转化难溶水垢	可用于各种设备	操作较危险
硅酸钠	用于除去油脂类物质	可用于各种设备	不宜用于清洗水垢
三聚磷酸钠	用于除去油脂类物质	可用于各种设备	不宜用于严重油垢

表7-22 化学清洗常用的清洗配方

序号	程序	药剂配方（质量分数）/%	控制条件				适用对象	废液处理	备注
			流速/(m/s)	时间/h	温度/℃	pH值			
1	水冲洗	清洁水	0.2~0.5	至进出口水质基本一致	常温~50	—	—	—	—
2	脱脂	氢氧化钠 3~5，硅酸钠 1~2，硫酸三钠 0.5~1	0.2~0.5	2~3	40~50	—	用于管件清洗	酸中和	浸泡清洗
		氢氧化钠 0.5~2，硅酸钠 1~3，硫酸三钠 1~2	0.2~0.5	8~24	80~85	—	用于系统清洗	酸中和	循环清洗
3	水清洗	洁净水	0.2~0.5	至 pH<9	50~66	—	—	—	脱脂后水冲洗
4	酸洗	柠檬酸 3~5，缓蚀剂 0.3~0.4，氨水适量，还原剂 0.3~0.5	0.2~0.5	4~6	80~90	3.5~4	用于系统循环清洗	碱中和	用氨水调到 pH值 3.5~4
		盐酸 4~7，缓蚀剂 0.3~0.5，还原剂 0.3~0.5	0.2~0.5	4~6	40~55	—	用于碳钢和低合金钢的清洗	碱中和	循环、浸泡清洗
		盐酸 8~10，缓蚀剂 0.3~0.4，还原剂 0.3~0.5	0.2~0.5	0.5	常温	—	用于碳钢和低合金钢的清洗	碱中和	浸泡清洗
		磷酸 10，氢氟酸 0.3~0.5	0.2~0.5	0.5	50~60	—	用于不锈钢管件清洗	石灰中和	浸泡清洗
		硝酸 5~8，缓蚀剂 0.3~0.4，还原剂 0.3~0.5	0.2~0.5	4~6	常温	—	用于不锈钢系统清洗	石灰中和	循环清洗
		氢氟酸 0.5~2，缓蚀剂 0.3~0.5，还原剂 0.3~0.5	0.2~0.5	1~2	常温	—	用于不锈钢系统清洗	石灰中和	循环、浸泡清洗
		磷酸 5~8，缓蚀剂 0.3~0.5，还原剂 0.3~0.5	0.2~0.5	4~6	50~60	—	用于不锈钢系统清洗	碱中和	循环清洗
		氨基磺酸 5~10，缓蚀剂 0.3~0.5，还原剂 0.3~0.5	0.2~0.5	4~6	50~60	—	用于不锈钢和碳钢系统清洗	碱中和	循环清洗
		硫酸 3~9，缓蚀剂 0.3~0.4，还原剂 0.3~0.5	0.2~0.5	7~8	40~55	—	用于碳钢系统清洗	碱中和	循环清洗
5	水冲洗	清洁水	—	至 pH=4.0~4.5，铁离子含量 50mg/g	50~65	—	—	—	属于酸洗后水冲洗，时间宜短
6	漂洗	柠檬酸 0.1~0.3，缓蚀剂 0.3~0.4，氨水适量	0.2~0.5	2h，铁离子含量 300mg/L	80~90	3.5~4	用于不锈钢和碳钢系统清洗	碱中和	循环清洗
		盐酸 0.5~1，缓蚀剂 0.3~0.4	0.2~0.5	2h，铁离子含量 300mg/L	常温	—	用于碳钢清洗	碱中和	循环、浸泡清洗
		硝酸 1~2，缓蚀剂 0.2~0.3	0.2~0.5	2h，铁离子含量 300mg/L	常温	—	用于不锈钢和碳钢系统清洗	碱中和	循环、浸泡清洗

续表

序号	程序	药剂配方（质量分数）/%	控制条件 流速/(m/s)	时间/h	温度/℃	pH值	适用对象	废液处理	备注
7	中和	氨水 1~2	0.2~0.5	1	常温	—	用于不锈钢和碳钢系统清洗	—	循环清洗
		碳酸钠 0.5~1	0.2~0.5	1	常温	—	用于不锈钢和碳钢系统清洗	—	循环清洗
		氢氧化钠 0.3~1	0.2~0.5	0.3	常温	—	用于不锈钢和碳钢系统清洗	—	浸泡清洗
8	钝化	亚硝酸钠 1~3，用氨水调 pH值	0.2~0.5	8~12	50~60	9.5~11	用于不锈钢和碳钢系统清洗	酸中和	循环清洗
		亚硝酸钠 5~6	0.2~0.5	2	常温	10~11	用于不锈钢和碳钢系统清洗	酸中和	浸泡清洗
		磷酸三钠 1~2	0.2~0.5	8~24	80~90	—	用于不锈钢和碳钢系统清洗	酸中和	循环清洗
9	钝化液冲洗	亚硝酸钠 0.5，氨水适量	0.2~0.5	2~4	常温	10~11	用于不锈钢和碳钢系统清洗	氨基磺酸中和	钝化液比较脏或者设备对铁离子敏感

二、外管道的防腐涂层修复

经检测确认后埋地管道外防腐层发生龟裂、剥离、残缺破损，有明显的腐蚀和防腐层老化迹象，不能满足业主运行管理的安全质量要求时，应进行防腐层修复。检测确认需修复管段的缺陷点分布零散时，应进行局部修复；需修复管段的缺陷点集中且连续时，应对整段管道进行大修。

防腐层修复应在金属管体超标缺陷修复后进行。管道防腐层修复应由具有相关资质的单位及人员进行施工。所选用的防腐材料应互相匹配，并由同一生产厂家配套供应。在防腐材料的外包装上，应有明显标识，并注明生产厂家的名称、厂址、产品名称、型号、批号、生产日期、保存期、保存条件等。防腐材料均应有产品使用说明书、合格证、检测报告等，并宜进行抽样复验。防腐材料在使用前和使用期间不应受到污染或损坏，应分类存放，并在保质期内使用。

1. 防腐材料的选择

（1）一般要求

管道外防腐层修复用防腐材料的选择应考虑以下几个方面：

a. 原防腐层材料的失效原因；

b. 与管道原防腐层材料及等级的匹配性；

c. 是否适于野外施工，是否施工简便；

d. 与埋设环境及运行条件的适应性，对人员及环境无毒害；

e. 液体涂料在环境温度不低于 15℃的条件下，实干时间不宜超过 6h；

f. 对于高温管段，应使用耐高温的防腐材料（可在最高运行温度下长期工作）。当管道原有防腐层为高温型时，修复材料应与之相匹配。不同出站温度下采用耐高温防腐材料的距离见表 7-23。

表 7-23　不同出站温度下采用耐高温防腐材料的距离

出站温度/℃	出站方向采用耐高温大修材料的距离/km
≥60	15
55～59	10
50～54	5

（2）常用防腐层修复材料及结构

管道外防腐层修复材料应根据原防腐层类型、修复规模及管道运行工况等条件选择，常用管道防腐层修复材料见表 7-24；也可采用经过实验验证且满足技术要求的其他防腐材料。

表 7-24　常用管道防腐层修复材料

原防腐层类型	局部修复			大修
	缺陷直接≤30mm	缺陷直接＞30mm	补口修复	
石油沥青、煤焦油瓷漆	石油沥青、煤焦油瓷漆、冷缠胶带①、黏弹体＋外防护带②	冷缠胶带、黏弹体＋外防护带	黏弹体＋外防护带、冷缠胶带	无溶剂液体环氧/聚氨酯、无溶剂环氧玻璃钢、冷缠胶带
烧结环氧、液态环氧	无溶剂液体环氧	无溶剂液体环氧	无溶剂液体环氧/聚氨酯	
三层聚乙烯/聚丙烯	热熔胶＋补伤片、压敏胶＋补伤片、黏弹体＋外防护带	黏弹体＋外防护带、压敏胶热收缩带、冷缠胶带	黏弹体＋外防护带、无溶剂液体环氧＋外防护带、压敏胶热收缩带	

① 天然气管道常温段宜采用聚丙烯冷缠胶带。

② 外防护带包括冷缠胶带、压敏胶热收缩带。

2. 防腐层局部修复

（1）管道开挖

防腐层局部修复时应以缺陷点位置为中心进行人工开挖，应注意与管道同沟敷设的通信光缆安装不应对管道防腐层造成新的损伤。

（2）旧防腐层清除及表面处理

应彻底清除存在缺陷的防腐层，防腐层修复处的金属管体表面处理不应低于 GB/T 8923.2 规定的 St3 级，并应符合防腐材料生产商要求。缺陷四周 100mm 范围及需周向缠绕的外防腐层表面的污物应清理干净并打毛，缺陷区防腐层边缘应处理成坡面，厚涂层坡面处理角度宜为 30°～45°。

（3）防腐层修复施工

① 热熔胶＋聚乙烯补伤片　贴覆聚乙烯补伤片之前，应先对处理过的管体表面和周边防腐层进行预热，热熔胶涂覆厚度应与原防腐层厚度一致。聚乙烯补伤片四角应剪成圆角，并保证其边缘覆盖原防腐层不小于 100mm。贴补时应边加热边用辊子滚压或戴耐热手套用手挤压，排出空气，直至补伤片四周胶豁剂均匀溢出。

② 黏弹体＋外防护带　黏弹体采用贴补或缠绕方式施工。胶带搭接宽度不应小于 10mm，胶带始端与末端搭接长度应大于 1/4 管周长且不小于 100mm，接口应向下，其与缺陷四周管体原防腐层的搭接宽度应大于 100 mm。外防护带为热收缩带时，热收缩带轴向宽度应与黏弹体一致。

③ 无溶剂液态环氧＋外防护带　涂覆液态环氧前钢管表面处理应执行 GB/T 8923.2 的规定，表面处理等级达到 Sa2.5 级。环氧涂料可采用喷涂、刮涂、刷涂或滚涂涂装。修补区域、搭接区域（与已有防腐层或非连续防腐段之间）应采用适当的喷扫或打磨措施进行打毛处理，处理范围宽度宜为 40～80mm。超出产品说明书推荐的最大重涂间隔时，应对上道涂层进行打毛处理。

④ 压敏型热收缩带　安装热收缩带前钢管表面处理应执行 GB/T 8923.2 的规定，表面处理等级达到 Sa2.5 级。无配套环氧底漆时，表面处理宜为 St3 级。热收缩带的施工应按照生产商的说明书进行，可采用火把或其他热源对修复部位预热。热收缩带的安装位置确保能覆盖缺陷区域，且与原防腐层有效搭接，搭接宽度应大于 50mm。将热收缩带加热到指定温度，安装过程中，宜控制火焰强度，缓慢加热，但不应对热收缩带上任意一点长时间烘烤。收缩过程中用指压法检查胶的流动性，手指压痕应自动消失。

⑤ 冷缠胶带　冷缠胶带防腐层的施工宜采用人工机械缠绕或自动机械缠绕。缠绕方式和工艺应符合材料说明书的要求。胶带的两端接头应做好防尘处理。局部防腐层缺陷修复时，宜采用无背材焊缝填充带填平缺陷，然后缠绕冷缠胶带。

两层结构应采取搭接宽度大于或等于 55％一次成型；三层结构两次成型。前两层应采取搭接宽度大于或等于 55％一次成型，第三层缠绕搭接宽度应大于或等于 10％。在原防腐层与胶带搭接处，应将原防腐层处理成坡面，搭接宽度应大于 200mm。胶带始端与末端搭接长度应大于 1/4 管周长且不小于 100mm，接口应向下。

⑥ 无溶剂液态环氧涂料　涂覆无溶剂液态环氧涂料前，表面处理等级应达到 GB/T 8923.2 规定的 Sa2.5 级，涂料施工执行与无溶剂液态环氧＋外防护带相同。

⑦ 无溶剂液态聚氨酯涂料　涂覆聚氨酯涂料前，表面处理等级应达到 GB/T 8923.2 规定的 Sa2.5 级。可采用感应线圈、火焰等适当方式对被涂覆区域加热，应控制加热时间及温度，避免造成管体表面氧化或原防腐层损坏。涂覆过程应按照产品说明书的要求进行，测试湿膜厚度，与原防腐层的搭接宽度应大于 50mm。

⑧ 石油沥青和煤焦油瓷漆 石油沥青防腐层的施工应执行 SY/T 0420 中防腐层补伤的规定，煤焦油瓷漆防腐层的施工应执行 SY/T 0379 中防腐层补伤的规定。

3. 防腐层大修

① 施工流程 管道防腐层大修宜按图 7-9 所示的流程进行。

图 7-9 管道防腐层大修流程

② 前期准备 大修前需落实管道防腐大修临时征地，查明大修管段的位置、埋深、记录在案的外接物、交叉管道或光/电缆及辅助设施情况，并根据需要进行现场检查，对可能存在不明外接物的区段制定相应的应对措施。施工单位应编制详细的施工组织设计并报业主审查，审查通过后方可填写开工申请报告。

③ 管道开挖 管道防腐层大修一般采用不停输开挖、沟下作业方式，宜采用机械开挖与人工开挖相结合的方法。开挖之前首先采用检测仪器探明管道实际走向和埋深。对于存在同沟敷设光电缆的管道，应沿管道每 100m 人工开挖探坑，确认同沟敷设光电缆位置，确保开挖过程中不损伤光/电缆。

管顶上部 0.8m 以上、带管堤的管段管顶上部 0.5m 以上的覆土可采用机械推（挖）土作业，其余覆土和管沟内的土方应进行人工开挖。机械开挖应在人工监控下进行。推土机作业应垂直于管道进行，挖掘机宜沿管道轴向作业。在任何情况下，不应使管道承受来自挖掘机械的压力。

机械推（挖）管沟连续作业管段长度不应超过 200m；对于坡地弹性敷设段、管沟内有积水段，连续开挖作业管段的长度不应超过 100m；在进出站、阀室和固定墩附近 200m 以内，连续开挖作业段的长度不应超过 50m。

管沟开挖时，应将挖出的土、石方堆放到防腐大修施工设备对面一侧的沟边，堆土应距沟边 0.5m 以外。耕作区开挖管沟时，应将表层耕作土与下层土分层堆放。在地质较硬地段应将细土、沙、硬土块分开堆放，以利于回填。

移动测试桩时不应损坏连接导线或电缆。施工完毕，应将测试桩、里程桩或标志桩及其他原有附属设施恢复原貌。

对于热油管道，应根据修复施工能力安排开挖长度，管道一旦开挖，应立即进行修复施工。无论开挖长度大小，开挖管段按规定程序完成防腐层修复并满足回填要求时，应立即回填。

埋地管道开挖修复应避开雨季。热油管道在站间选定的修复段内，一般应沿油流动方向从上游向下游方向开挖。不应将开挖管段浸泡在水中，对易积水段应按开挖管段浸泡在水中的条件计算开挖长度。

对于定期清蜡，特别是上游加热站热负荷余量不大的站间，在水力条件允许的情况下，修复期间宜适当延长清蜡周期。

埋地管道开挖应按照图 7-10 所示，采用间断开挖、分段修复的方式进行。首先开挖 1 段、3 段、5 段……，2 段、4 段、6 段……作为支撑墩，支撑墩长度应不小于 5m，最长不超过允许悬空长度减 3m。1 段、3 段、5 段……修复完成并回填后，再开挖、修复 2 段、4 段、6 段……。

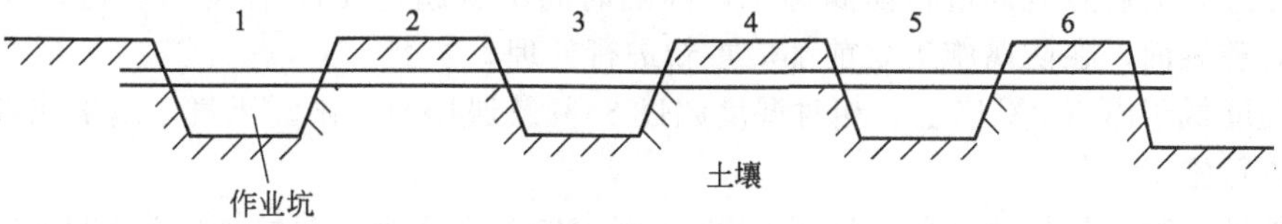

图 7-10 分段间隔开挖、修复示意

输气管道的开挖悬空长度应满足表 7-25 的要求。

表 7-25 输气管道的开挖允许悬空长度

管道直径/mm	100	150	200	250	300	350	400	450	500	600	650	700	800	900	≥1000
悬空长度/m	6	9	12	13	15	16	17	18	19	21	22	23	24	25	26

管沟开挖底宽为管道直径加 1.0m（管道向下投影两侧各 0.5m），管沟深度一般开挖至管底悬空 0.5m。采用特殊机具施工时，可适当放宽管沟尺寸。管沟边坡的坡度应根据土壤类别和管沟开挖深度确定。深度在 5m 以内（不加支撑）的管沟，最陡边坡的坡度可按表 7-26 确定。

表 7-26 深度在 5m 以内（不加支撑）管沟最陡边坡的坡度

土壤类别	最陡边坡坡度		
	坡顶无载荷	坡顶有静载荷	坡顶有动载荷
中密度的砂土	1∶1.00	1∶1.25	1∶1.50
中密的碎石类土（填充物为砂土）	1∶0.75	1∶1.00	1∶1.25
硬塑的轻亚黏土	1∶0.67	1∶0.75	1∶1.00
中密的碎石类土（填充物为黏性土）	1∶0.50	1∶0.67	1∶0.75
硬塑的亚黏土	1∶0.33	1∶0.50	1∶0.67
老黄土	1∶0.10	1∶0.25	1∶0.33
软土(经井点降水)	1∶1.00	—	—
硬质岩	1∶0	1∶0	1∶0

沙漠地区管道或埋深超过 5m 的一般土壤地区的管道，管沟边坡可根据实际情况适当放缓，加支撑或采取阶梯式开挖措施。

④ 旧防腐层清除与表面处理

a. 旧防腐层清除　旧防腐层清除方法宜采用动力工具清除、手工工具清除、水力清除、溶剂清除等或几种方法相联合。清除后的表面应无明显的旧涂层残留，清除过程中应避免损伤管体金属。

b. 表面处理　管道重新防腐前，宜对表面进行喷砂处理，如不能进行喷砂处理且选用的防腐材料允许时，可采用动力工具进行表面处理。

管体表面存在的任何缺陷，包括焊渣、不合要求的外接物、焊缝缺陷（错边、未融合、嘶嘴等）、腐蚀损伤、机械损伤、变形等，均应按要求进行处理或修复。粗糙的焊缝和尖锐凸起均应打磨平滑。腐蚀坑内残留的旧涂层或腐蚀产物应彻底清理。

表面处理完成后宜立即进行防腐施工，间隔时间不宜超过 4h。任何出现返锈或者未涂装过夜的已处理表面，在防腐施工之前都应重新进行处理。

管壁温度低于露点 3℃以上、相对湿度超过 85%及遇扬沙、雨雪天气，应采取有效的防护措施后再进行施工。

喷砂处理：喷砂处理应达到 GB/T 8923.2 规定的 Sa2.5 级，锚纹深度为 $50\sim90\mu m$。每次重新装填磨料后以及每次连续喷砂 4h 都应进行锚纹深度测试。采用的磨料及压缩空气应干燥、洁净，磨料不得回收循环使用。

动力工具处理：动力工具处理等级应达到 GB/T 8923.2 规定的 St3 级。

表面吹扫：处理过的表面应采用干燥空气吹扫或清洁刷除去表面上的粉尘和残留物。

⑤ 防腐施工 防腐施工前需检查管体表面，确认管体表面缺陷均已采用适当方式修复，粗糙的焊缝和尖锐凸起均已打磨平滑。表面清洁度和粗糙度应符合要求。

a. 冷缠胶带 冷缠胶带防腐层的施工宜采用人工机械缠绕或自动机械缠绕。缠绕方式和工艺应符合材料说明书的要求。胶带的两端接头应做好防尘处理。局部防腐层缺陷修复时，宜采用无背材焊缝填充带填平缺陷，然后缠绕冷缠胶带。

两层结构应采取搭接宽度大于或等于 55%一次成型；三层结构两次成型，前两层应采取搭接宽度大于或等于 55%一次成型，第三层缠绕搭接宽度应大于或等于 10%。在原防腐层与胶带搭接处，应将原防腐层处理成坡面，搭接宽度应大于 200m。胶带始端与末端搭接长度应大于 1/4 管周长，且不小于 100nm，接口应向下。

b. 液体涂料 防腐施工应严格按照产品说明书的要求进行，应避免出现涂装缺陷。可采用喷涂、刮涂、刷涂或滚涂涂装。修补区域、搭接区域（与已有防腐层或非连续防腐段之间）应采用适当的喷扫或打磨措施进行打毛处理，处理范围宽度宜为 $40\sim80mm$。超出产品说明书推荐的最大重涂间隔时，应对上道涂层进行打毛处理。

c. 无溶剂环氧玻璃钢 可对管体表面凹坑及焊缝两侧刮涂环氧腻子，形成平滑过渡表面，调配好的腻子应在 1h 内用完。钢管表面预处理合格后，应尽快刷底漆。底漆涂装应均匀、无漏涂、无气泡、无凝块，湿膜厚度不低于 $50\mu m$。环氧涂料可采用刷涂、滚涂或刮涂等方式涂装；玻璃纤维布采用手工贴敷，沿管周对接包围，对接压边及两侧搭接宽度应大于或等于 50mm。

在涂装过程中，应采用湿膜测厚仪控制防腐层厚度。除底漆外，各层湿膜厚度不应低于 $150\mu m$。缠绕的玻璃布应表面平整、无褶皱、无鼓包，必要时用滚刷滚压或刮刀刮压排除气泡并压实，使漆料充分浸润玻璃布。与已有防腐层搭接时，应对已有防腐层表面进行打毛处理并覆盖涂装至少 50mm。

4. 质量检验

防腐层修复后应检验外观、厚度、漏点。每 50 处至少检验一次黏结性能，不足 50 处按 50 处处理。检验程序如下。

（1）干性检查

干性检查仅针对反应固化型液体涂料，且按涂料说明书指示的涂料固化时间进行固化检查。

表干：用手轻触防腐层不粘手，或虽发黏但无漆料粘在手指上。

实干：用手指用力推防腐层不移动。

固化：用手指甲用力刻防腐层不留痕迹。

（2）防腐层外观

冷缠胶带：应对防腐层 100%进行目测检查，防腐层表面应平整、搭接均匀，无永久性气泡、无褶皱和破损。

液体涂料：目视检查防腐层表面应平整，色泽均匀，不应有褶皱、漏涂、流挂、龟裂、鼓泡和分层等缺陷。

无溶剂环氧玻璃钢：应对防腐层100％进行目测检查，防腐层表面应平整、颜色均匀一致，无开裂、褶皱、空鼓、流挂、脱层、发白以及玻璃纤维外露等缺陷，压边和搭接均匀且粘接紧密，玻璃布网孔为漆料所灌满。

（3）防腐层厚度

液体涂料施工过程中，施工人员应采用湿膜测厚仪测量厚度，确保厚度达到要求，且均匀一致。

湿膜厚度采用四象限测量方法（即时钟位置0：00，3：00，6：00和9：00）。固化或完成施工后的防腐层应采用无损测厚仪检测厚度。

　　a. 四象限测量：作为最低要求，沿管道长度方向每个作业坑至少测量一组数据。

　　b. 每个测点一个读数：在直径为4cm的圆内至少要读取三个数据的平均值，舍弃任何不具重现性的高、低读数，取可以接受的作为该测点的测量值，计算平均值。

　　c. 厚度要求：防腐层的最小厚度应符合要求，每组测量平均值不得低于规定的最小厚度，90％的单个测量点值不得低于规定的最小厚度，单个测量点值不得低于规定最小厚度的90％。

　　d. 如果任意作业坑内的干膜厚度不符合厚度要求时，则应进行附加测量以确定不符合要求的区域，并进行修补。

（4）漏点检测

防腐层漏点检测应满足下列要求：

　　a. 所有防腐大修管段应100％进行电火花漏点检测。

　　b. 冷缠胶带施工完成24h后，液体涂料固化后，方可进行漏点检测。

　　c. 冷缠胶带防腐层检漏电压：10kV；液体涂料或无溶剂环氧玻璃钢防腐层检漏电压：5V/μm。

　　d. 单个作业坑：漏点小于或等于5个，进行修补处理；超过5个漏点，全面修复。

　　e. 检测期间，应每天对电火花检漏仪输出电压进行校核。

　　f. 回填完成后，应进行地面检漏。

（5）黏结力测试

各类防腐层黏结力测试方法如下：

冷缠胶带：每1km至少抽查1个作业段（100m），每个作业段抽查2处。若1处不合格，应在同一作业段再抽查2处，如仍有不合格，该作业段全部返修；同时另外抽查一个作业段，如果不合格，该1km全部返修。

液体涂料：每1km大修段检查3～4处，若1处不合格，应在同一管段再抽查2处，如仍有不合格，全部返修。

无溶剂环氧玻璃钢：用锋利刀刃垂直划透防腐层，形成边长约40mm、夹角45°～60°的V形切口，用尖刀从切割线交点挑剥切口内的防腐层，用力撕开切口处的防腐层。实干后的防腐层，撕开面积约50cm²，撕开处应不露铁，底层与面层普遍黏结；或者固化后很难将防腐层挑剥并撕裂，挑剥防腐层呈脆性点状断裂，无成片翘离或层间剥离，则认为防腐层黏结力合格。

防腐层表面进行重新修补后应按照如下规定进行检测：大修完工的防腐层，若存在厚度不够、漏点等缺陷或不符合要求时都应进行补涂、修补。对于液体涂料，补涂前应对存在缺陷的表面（如厚度不够、漏点等）进行打毛处理，采用粗砂纸或动力磨砂机打磨，露出完好的涂层或基体。为了保证层间黏结，缺陷部分周围应呈放射状多处理40mm左右。用干燥的压缩空气或者干布去除处理完表面的松散颗粒和粉尘，然后进行重新防腐。新涂装的涂层和周围涂层的搭接宽度不低于 25mm。对于缠带类防腐层，修补前应清除缺陷处的防腐层，并进行打毛处理，然后用干燥的压缩空气或者干布去除处理完表面的松散颗粒和粉尘。缠带时需将缺陷覆盖并缠绕一周半，和周围涂层的搭接宽度不低于 25mm。修补涂层的漏点检测采用和原涂层相同的检测电压和相同的检测方法。

5. 回填

防腐层大修管段重涂完毕，经检查确认合格并达到规定的稳定时间后，方可进行土方回填。回填时应避免在中午太阳直射的高温状态下进行，并应从管道两边将管道底部回填土夯实。耕作土地段的管沟应分层回填，表面耕作土置于最上层。管沟内如有积水，应抽干积水后再回填干土。管道水平中心线以下的回填土不应为湿的松软土壤。对于弹性敷设的管段，如果管体有较大变形，回填前在应力释放侧全段用干土草袋垒实加固。回填宜按以下步骤进行：

a. 管沟底至管顶上方 200mm，用过筛细土进行小回填，细土的粒径应小于或等于 5mm。

b. 管道水平中心线以下，必须人工分层回填并夯实，每层厚 200mm；在管道无法夯实的情况下，应采取加固措施。

c. 小回填完成后方能采用机械大回填。

d. 地面整形：管道水平中心线以上松填，一般应高出地面 30～50cm。有管堤的管道，管堤应统一整形，以管道中心线达到面、角整齐。

连续修复管段的两端、固定墩、阀室、进出站等处回填时应自然放坡撼砂施工，放坡长度 30m。砂面斜坡以上及撼砂管段以外的其余管沟为人工夯实的回填土。

地下水位较高且连续管段较长无法放坡时，连续修复管段两端各撼砂 20m，中间部分每隔 10m 撼砂 2m，不足 10m 以 10m 计。水撼砂至管道中心线处（撼砂点两侧用编织袋装沙子垒砌堆实，撼砂长度包括沙袋）。

在管沟回填过程中，沿线施工时破坏的地面设施应按原貌恢复，并检查测试桩的电缆引线是否良好。管道中心线以上 500mm 应设置警示带。

三、管道带压堵漏技术

管道泄漏后，最重要的是能在最短时间内把泄漏口堵住，无论是估算泄漏量、启动应急预案还是其他一切工作，都要以封堵泄漏口为中心。堵不住泄漏口，前期所做泄漏特性的研究或是编制应急预案的工作就没有了意义，由泄漏造成的经济损失及社会危害性也会越来越大。因此，堵漏技术研究是极为重要的环节。

带压堵漏是"管道容器不动火、不停输、快速带压堵漏行业"的简称。带压堵漏指原来有密封或原来没有密封的各种材质管道容器和附件因腐蚀穿孔或人为损坏等原因发生泄漏后，立即使用带压堵漏领域内的一种技术或多种技术复合堵漏过程。带压堵漏行业内已有 10 种技术、160 多种产品，可以有效解决各类材质管道容器因腐蚀穿孔或人为损坏等原因而引发的各类泄漏问题。

根据压力、温度、介质的不同，带压堵漏技术分为 10 种：注剂式带压密封技术、包扎捆扎技术、冷焊粘补技术、钳卡速堵技术、钢带拉紧技术、连接修补技术、高频捻缝技术、阀门胶堵技术、法兰卡带技术、窃油阀堵技术。使用这 10 种技术即可全面解决埋地输油管道不动火、不停输、快速带压堵漏的问题。

本节以注剂式带压密封技术为例对管道带压堵漏技术进行讨论。

1. 注剂式带压密封技术原理

注剂式带压密封技术是专门研究如何在流体介质外泄的情况下（即温度、压力和泄漏流量同时存在的条件下），迅速在泄漏缺陷部位建立密封体系的一门技术。该技术采用特制的夹具、专用密封注剂及液压注射工具可迅速消除流体工程领域内所发生的各类介质泄漏。

首先在泄漏部位合理地选择或制造夹具，用其原有的密闭空腔，或在泄漏部位加上一个新的密封空腔，将具有可塑性、固化性、能耐泄漏介质和温度的密封胶注入密封腔，使腔内的压力大于系统内的压力。密封胶在一定条件下迅速固化，从而建立起一个固定的密封结构，达到消除泄漏的目的，其结构形式及作用原理如图 7-11 所示。

2. 密封材料及密封形式

注剂式带压密封技术的密封材料主要是密封注剂，其密封形式属于注剂密封。

密封注剂是实现带压密封的重要物质，它是由有机材料与无机材料再配以适当助剂经专用设备加工而成，并能在一定温度下借助夹具而起到直接密封各种泄漏介质的作用。其质量的好坏，将直接关系到带压密封的效果。所以，密封注剂是带压密封能否成功的关键所在。

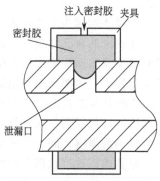

图 7-11　注剂式带压密封技术结构形式及作用原理

在带压密封作业过程中，密封注剂一经注射到夹具与泄漏部位外表面所形成的密封空腔内，便与泄漏介质直接接触，是将要建立的密封结构的第一道防线。密封注剂的各项性能直接涉及注剂式带压密封技术的使用范围，它的优劣也直接影响密封结构的使用寿命。

目前，我国自主研发的密封注剂品种已达 20 多个，可大致分为热固化型和非热固化型两类。

热固化密封注剂主要以高分子合成橡胶为基料，同时加入固化剂、改进剂、增塑剂、促进剂和填充剂等单组分，属于热固性剂料，常温下比较坚硬，无流动性。一般按照注剂枪的尺寸做成各种规格的棒状固体。未固化的这类密封注剂随着环境温度的升高，塑性和流动性迅速增强，特别是在实际带压密封作业时，当密封注剂接触到较热的泄漏介质后，其塑性和流动性更加接近流体，在夹具与泄漏部位外表面所形成的密闭空腔内，可以充满所有的裂纹、凹槽、孔洞缝隙，最终使整个密闭空腔均会被密封注剂所充满。密封注剂不断从泄漏部位获取热量，最终完成固化过程，形成一个连续、具有一定弹性、有一定强度的新密封结构。

非热固化密封注剂的基础材料根据密封注剂的性能要求，可以是高分子合成树脂、油品、石墨、塑料以及其他无机材料等，固化机理多为反应型及高温碳化型或单纯填充型，可以适应常温、低温及超高温场合的带压密封作业要求，其产品也多制成棒状固体或双组分的腻状材料。

选用密封注剂的主要依据是密封介质的温度和性质。如果选择不合适就达不到预期的密封效果，或者根本就是失败。选用密封注剂一般要满足以下条件。

注射压力：25℃时≤30MPa，50℃时≤28MPa；热失重：≤25%；溶胀度：−5%～10%；溶重度：−5%～10%。特别要注意密封注剂与泄漏介质之间的化学作用、溶解、溶胀等，对于在食品、电力等方面使用的密封注剂，需考虑密封注剂污染和电绝缘性能等。

3. 施工工具

注剂式带压密封技术所用工具比较简单，不必动火就可实施操作过程，可以在易燃易爆区施工。带压密封工程施工作业的注剂工具包括注剂枪、液压泵、液压胶管、压力表、快换接头、注剂阀、注剂接头、夹具及防爆工具等。

4. 施工工艺流程

对于直管、弯头、三通、法兰及阀门等各种泄漏部位的密封，先对泄漏原因进行仔细检查、分析。例如，各部位是否是由于介质强烈冲刷、腐蚀而使壁厚减薄，或是由于强度下降而引起失效，再或是由于材质选用有误使其在介质温度、压力作用下产生严重变形等，这些情况下不宜采用注剂式带压密封方法。只有能继续承受原有设计压力、温度及介质作用，同时还具备原有强度的部位发生泄漏才能应用这种密封方法。

直管、三通及弯头的带压堵漏密封时，选择管件上的平滑表面作为与夹具结合部位的密封面。然后，向夹具与管件密封面的沟槽中注入密封注剂。注剂接头的安装位置必须根据夹具结构的大小、是否方便注射操作等实际情况加以考虑和确定。

对于阀门的密封填料，可根据不同情况采用装设注剂接头、C形卡具、特殊夹具等工艺流程。

装设注剂接头工艺首先对产生泄漏的填料函壁厚进行测量，然后在其壁上打一与注剂接头孔尺寸相配的盲孔并攻丝，再装上注剂接头，打开旋塞后用长钻头将盲孔钻透。此时应对填料函的厚度及连接注剂接头的螺纹强度加以考虑。如阀门过小、填料函壁厚太薄，则不能直接装设注剂接头，需要采用专用的C形卡具。

C形卡具工艺是将此卡具卡在填料函外侧，并通过顶丝注射嘴的内孔用长钻头将阀门填料函臂钻透，然后再注入密封注剂。C形卡具本身就是一个带注剂接头的专用卡具，这样既能保证填料函的强度，同时也简化装设注剂接头的程序，因而特别适用于小型阀门填料函的密封。

对其他特殊形状部位的泄漏（如斜三通或阀体等），可根据实际需要设计制造相应的专用夹具。

阀门填料函密封之后，如果阀门开闭频繁，工作一段时间后仍可能发生泄漏，但只需将注剂枪接上再注射一次，即可立即消除泄漏，非常简便。

5. 管道夹具

管道夹具是安装在泄漏缺陷部位外部的密闭空腔内并提供强度和刚度保证的金属构件。可以说在注剂式带压密封技术应用中，主要是围绕夹具的构思、设计和制作而进行的，也是用户较难掌握的一项技术。夹具一般用钢板制造，除包容密封注剂外，还应承受泄漏介质和注射密封注剂的压力；既要有密封保证，又要有强度保证。管道注剂式带压密封中使用的夹具为盒式夹具。盒式夹具是由壁面和端板组成的包容式夹具。管道夹具按使用部位的不同可分为直管夹具、变径管夹具、弯头夹具、三通夹具和四通夹具等。设计、制造盒式夹具的准则如下：

① 夹具必须有足够的强度和刚度，并且设计时严禁出现对泄漏缺陷形成拉应力的夹具结构形式。

② 夹具与泄漏部位的外表面应构成可注入密封注剂的密闭空腔　空腔的宽度应当超过泄漏缺陷实际尺寸 20～40mm。空腔的高度，即形成新密封结构的密封注剂的厚度应在 5～20mm。夹具两侧端板必须安装在泄漏点两侧壁厚未见有明显缺陷的部位。

③ 夹具泄漏部位的接触间隙应满足注入密封比压的要求，不能满足时应增设辅助密封结构。

④ 注剂孔开设　为了把注剂枪连接在夹具上，并通过注剂枪把密封注剂注射到泄漏区域内，夹具上应设置带有内螺纹的注剂孔。注剂孔的数量和分布以能顺利地将密封注剂注满整个密闭空腔为宜，一般夹具上至少应设有两个以上注剂孔。注剂孔间距离小于或等于100mm。

⑤ 夹具的剖分设计合理　夹具应当是分块结构的，安装在泄漏部位上后再连成刚性整体，以形成一个封闭的密封空腔。根据夹具的大小，并结合泄漏部位的具体情况，夹具可以设计成2等份、3等份或更多份数。当泄漏的管道外形尺寸较大，而泄漏缺陷只是一个点或处在某一小区域内时，夹具通常应设计成局部式。

⑥ 材料及制作工艺　夹具所用材料应根据泄漏介质的化学性质及操作工艺参数来选择，材料许用应力可按 GB 150.2《压力容器第 2 部分：材料》的规定选取。夹具的加工工艺可以采用铸造、车削、铣削、铆焊及锻造等方式。夹具可以根据使用单位情况，逐步实现标准化、

系列化，以便于选用和制造。

四、管道内除垢防腐实例分析

某油田注水管道直径 $\phi_内$ 300mm，长约 10km；长期使用后水垢严重，注水泵送水压力增大，流量减少，现计划对管道内垢层清除并涂防腐涂料，现确定施工方案。

1. 除垢方案分析

对于管内除垢，常用方案为高压水冲和化学药剂除垢。若采用高压水冲，必然要有高压水喷头，而喷头要在管内伸长 10km，施工难度较大，成本高。化学药剂清洗，若用静泡法，必然要将整个管路全部浸满，药剂浪费大；若采用"进步法"化学除垢，管道太长，消耗药品太大，且管道内垢层厚度不均，对进步器清洗机尺寸的要求较高。根据注水管道在野外的特点，确定吹砂除垢方案。

确定吹砂除垢方案时，首先对管路的三通等分支管道进行封堵，只留一条无分支的管道，在管道的法兰或阀门处，将管道分断如图 7-12 所示。

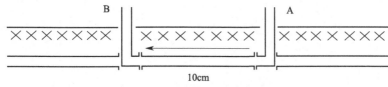

图 7-12 地下管道的除垢和内涂涂料

在 A 端接压入式喷砂罐，喷砂砂粒选择干的河流砂，压缩气体为 0.6MPa、3m³/min 的高压空气，B 端接箱式过滤框。当喷砂开始后，砂粒在管道内流动，必然会撞击管道内壁，使管道内砂粒为折线形式向前，在砂粒碰撞到垢层后，就将垢层冲击落入高压气流中，被气流带入 B 端流出。若 B 端的垢层被清除干净，则管内基本达到喷砂除垢的效果。

2. 内涂防腐涂料方案

首先计算涂料的用量，即通过涂层厚度、管线长度计算出涂料的体积，然后设计涂刷器。涂刷器前端为一个圆球，材料以橡胶材料为宜，直径与管道内径相同，涂刷器后端为圆球，圆球直径按下式计算：

$$d + 2\sigma = D_内 \tag{7-25}$$

式中，d 为后涂刷器球直径；σ 为涂料厚度；$D_内$ 为管子直径。

先将涂刷器的前端圆球放入管子 A 段，压入，然后向管子中注入涂料。涂料注完后，将涂刷器后端的圆球放入。用高压空气压入后球，使涂刷器均匀前进。当涂刷器的两个圆球从 B 端流出，第一道涂料涂刷完毕。等涂料凝固后，可涂第二道涂料。

这种方案的优点是省时、效率高、便于野外操作和施工，缺点是喷砂灰尘飞扬大，对于有折弯的管道，会存在砂粒的沉积，不宜对折弯的管道进行施工。

参 考 文 献

[1] GB/T 19285—2014 埋地钢质管道腐蚀防护工程检验.
[2] 郭旭航. 埋地管道腐蚀检测的研究与应用 [D]. 大庆：东北石油大学，2013.
[3] 石仁委. 埋地管道腐蚀检测技术的探讨 [J]. 石油工程建设，2006，32（2）：30-31.
[4] 黎超文. 长输管线在役焊接烧穿失稳机制及安全评价研究 [D]. 青岛：中国石油大学（华东），2011.
[5] 张恒洋. 在役输油管线盗油孔焊接修复的安全评价研究 [D]. 北京：中国石油大学，2011.
[6] SY/T 6554—2011 石油工业带压开孔作业安全规范.
[7] 曹凤祥，宁国良. 带压焊接技术 [J]. 华东电力，1990（12）：36-39.